大数据应用人才能力培养
新形态系列

大数据采集、预处理 与可视化

微课版

葛继科 张晓琴 陈祖琴◎编著

人 民 邮 电 出 版 社
北 京

图书在版编目（CIP）数据

大数据采集、预处理与可视化：微课版 / 葛继科，
张晓琴，陈祖琴编著. -- 北京：人民邮电出版社，
2023.7
（大数据应用人才能力培养新形态系列）
ISBN 978-7-115-61435-3

Ⅰ. ①大… Ⅱ. ①葛… ②张… ③陈… Ⅲ. ①数据采
集－教材②可视化软件－数据处理－教材 Ⅳ. ①TP274
②TP317.3

中国国家版本馆CIP数据核字(2023)第051342号

内 容 提 要

为了适应数字经济时代的新发展趋势，培养新时代大数据专业人才，编者通过总结多年的教学经验，借鉴国内外相关领域的教学优势，详细剖析大数据采集、预处理与可视化的基础理论、关键技术、相关工具和应用案例，进而编成本书。

本书是集理论与实践于一体的应用型教材。全书共 7 章，包括大数据概述、Python 程序设计、大数据采集、大数据预处理技术、Excel 数据获取与预处理、Python 数据预处理、数据可视化技术。本书在编写中着重介绍基本原理，同时突出工程应用，并以清晰、容易理解的方式展现大数据采集、预处理与可视化的基础知识、基本任务、常用方法、实用场景和主要流程，力图做到基本概念准确、阐述条理清晰、主体内容精练、重点难点突出、理论联系实际。此外，本书还将反映相关领域新技术的发展情况。

本书可作为计算机、人工智能、大数据、电子商务、电气、电子、统计学、会计学等相关专业的大数据技术类课程的教材，也可供相关领域的科技人员参考使用，还可作为数据分析及应用类认证培训课程用书。

◆ 编　著　葛继科　张晓琴　陈祖琴
　　责任编辑　王　宣
　　责任印制　王　郁　陈　犇
◆ 人民邮电出版社出版发行　　北京市丰台区成寿寺路 11 号
　　邮编　100164　电子邮件　315@ptpress.com.cn
　　网址　https://www.ptpress.com.cn
　　大厂回族自治县聚鑫印刷有限责任公司印刷
◆ 开本：787×1092　1/16
　　印张：18.25　　　　　　　　　2023 年 7 月第 1 版
　　字数：440 千字　　　　　　　2024 年 11 月河北第 4 次印刷

定价：69.80 元

读者服务热线：(010)81055256　印装质量热线：(010)81055316
反盗版热线：(010)81055315
广告经营许可证：京东市监广登字 20170147 号

大数据作为继云计算、物联网之后信息技术领域又一颠覆性的技术，是当前新一代人工智能技术的基础，备受人们的关注，对人类社会的生产和生活产生了深远的影响。"大数据时代"已然到来，数据革命正在发生。大数据重塑了传统产业的结构和形态，催生了众多的新产业、新业态和新模式，已成为全球科技和产业竞争的新的制高点。

大数据不仅是单一的技术发展领域和战略新兴产业，还涉及科技、社会、伦理等诸多方面。大数据的发展是一个复杂的系统工程，需要学术界、教育界和产业界等社会各界广泛参与和通力合作。人们需要以开放的心态和发展的眼光，采用数据思维方式，积极主动地适应大数据时代所带来的深刻变革。大数据正在改变着人们的生活、工作甚至思维方式，越来越多的行业开始"拥抱"大数据，越来越多的用户开始考虑使用大数据解决方案来提升自己的业务水平。

本书是数据科学及大数据应用领域为数不多的理论与实践相结合的教材，它通过详细剖析大数据采集、预处理与可视化的基础理论、关键技术、相关工具和应用案例，系统展现了大数据采集、预处理与可视化的基础知识、基本任务、常用方法和实用场景等。在内容设置和知识传授上，本书与其他大数据采集及预处理类的图书有很大的不同。本书不需要读者具备复杂的大数据平台的综合应用技能，适用于很多专业的课堂教学或者学生的自主学习。本书通过重点讲解大数据采集、预处理与可视化相关的技术、方法和应用，注重理论与实践的无缝衔接，力求寓晦涩难懂的理论于浅显易懂的案例之中，进而为读者提供有趣、实用的学习体验。

本书是重庆科技学院与重庆市信息通信咨询设计院等单位长期合作的重要成果，是实施大数据技术应用型人才培养的又一力作。祝贺《大数据采集、预处理与可视化（微课版）》的出版，期待该书受到广大读者的喜爱。

中国工程院院士 谭建荣

2023 年 2 月于杭州

■ 时代背景

大数据时代已然到来，数据革命正在发生。

党的二十大报告中提到："培养造就大批德才兼备的高素质人才，是国家和民族长远发展大计。功以才成，业由才广。"任何国家都不能漠视大数据所带来的全局性的冲击与变革；任何组织都不能漠视大数据所带来的颠覆性的机遇与挑战；任何个人都不能漠视大数据所带来的全方位的渗透与影响。学术界已经把数据科学作为继实验科学、理论科学、计算科学之后的又一科学研究范式。

目前，与大数据技术相关的教材有成百上千种，它们在素材选择、内容组织上各不相同。现有教材多以 Hadoop 系统的搭建与应用为主，知识体系复杂，应用工具繁多，学生入门困难，并且容易给学生造成学习上的困惑，也很难让学生从数据生命周期的角度学习并掌握完整的知识体系；同时，理论与实践脱节严重，学生学完后不能很好地将理论知识应用到生活及未来的工作中，实用性不强。

■ 本书特点

编者基于多年的教学与实践经验认为，大数据技术涉及理论、技术与工具等诸多内容，知识体系复杂且技术应用领域广泛，任何一门课程或者一本教材都很难把大数据技术囊括。因此，作为学习大数据技术的教材，其不应该追求大而全，也不应该要求读者具备完整的大数据平台的综合应用技能，而应该满足以下几方面的要求，这也是本书的特点。

1．知识讲解宜读易懂，语言表述顺畅自然

讲述大数据技术中通用的基础知识，为读者进一步研究理论和应用技术打下坚实的基础。基本概念清晰、准确、精练，语言表述顺畅、宜读、自然，尽量避免使用晦涩难懂的语言描述深奥的理论和技术知识。

2．系统构建知识体系，培养读者的大数据思维

建立恰当的知识体系，并把相关知识进行合理组织，而不是杂乱无章地堆砌。注重大数据技术的科学分析，有利于培养读者的大数据思维。

3．理论与实践相结合，注重培养实战型人才

针对大数据技术的相关应用，通过对应用案例进行分析，读者能够深入且全面地理解并掌握大数据技术的具体应用方法，进而提高自身独立分析问题和解决问题的能力。

■ 本书内容

按照上述原则，本书以新颖的视角、独到的见解、系统的研究，论述大数据采集、预处理与可视化的相关理论和技术，及其在各领域的应用方法和具体案例。本书各章内容如下。

第 1 章大数据概述，主要介绍大数据相关概念及特征、大数据系统、大数据思维、大数据伦理及大数据安全。

第 2 章 Python 程序设计，是选学内容，为具有一定的程序设计语言基础但没有学过 Python 的读者，在进行大数据应用时提供必需的程序设计语言相关知识和技能。

第 3 章大数据采集，主要阐述大数据采集的相关概念及方法、网络爬虫技术和数据抽取技术，并通过案例介绍如何使用数据采集方法采集数据。

第 4 章大数据预处理技术，主要讨论数据可能存在的质量问题、数据预处理的主要任务及常用工具，阐述数据清洗、数据集成、数据变换、数据归约和数据脱敏等数据预处理常用技术，并通过案例展示数据预处理技术的应用。

第 5 章 Excel 数据获取与预处理，主要介绍如何使用 Excel 进行数据获取、数据清洗与转换、数据抽取与合并，并通过案例展示 Excel 在数据预处理中的应用。

第 6 章 Python 数据预处理，主要介绍科学计算库 NumPy 和数据分析库 pandas 在数据预处理中的作用，讨论数据的分组、分割、合并和变形，以及缺失值、异常值和重复值的处理，时间序列数据的处理及文本数据的分析，并通过案例介绍如何使用 Python 进行数据预处理。

第 7 章数据可视化技术，主要介绍数据可视化的定义及作用、数据可视化的理论基础、Python 及 pyecharts 数据可视化方法。

■ 配套资源

党的二十大报告中提到："坚持以人民为中心发展教育，加快建设高质量教育体系，发展素质教育，促进教育公平。"

为了更好地服务院校教学，助力大数据领域工程型人才培养，编者为本书配套打造了多种教辅资源，如课程 PPT、教学大纲、教案、源代码、案例包、课后习题答案、微课视频等，选用本书的教师可以到人邮教育社区（www.ryjiaoyu.com）下载相关资源。

■ 编者团队

本书第 1 章、第 4 章和第 6 章由葛继科教授编写，第 2 章和第 5 章由张晓琴博士编写，第 3 章和第 7 章由陈祖琴博士编写；全书由葛继科统稿。

■ 编者致谢

本书在编写过程中得到了谭建荣院士的指导，同时，在校研究生武承志、刘浩因、陈超、刘苏、程文俊、胡庭恺、胥纪超等承担了大量资料及图片的收集与处理工作。此外，编者在编写本书时还参考了众多知名专家与学者的专著、学术论文等成果，在此一并表示衷心感谢！

由于编者水平有限，书中难免存在疏漏或不妥之处，敬请读者批评指正。

编　者

2023 年 2 月于重庆

目录
Contents

第4章

大数据
预处理技术

第5章

**Excel 数据
获取与预处理**

第1章 大数据概述

大数据（Big Data）是人们获得新的认知、创造新的价值的源泉，也是改变市场环境、组织机构及政府与公民关系的方法。近年来，"大数据"一词被越来越多地提及，人们用它来描述和定义"信息爆炸时代"所产生的海量数据，并用它来命名与其相关的技术发展与创新，它的影响力正迅速波及社会的各个角落。本章主要介绍大数据时代，大数据的概念、发展历程、特征、作用、应用领域及关键技术，大数据系统，大数据思维，大数据伦理及大数据安全等内容。

1.1 大数据时代

随着计算机和互联网的广泛应用，人类产生、创造的数据量呈爆炸式增长，数据处理能力大幅提升，数据应用已渗透到我们生活中的每个角落。数据智慧已经开启，人类已进入全新的大数据时代。要充分理解和应用好大数据，需要从不同的维度和视角进行思考。大数据是一种技术、一种产业、一种资源，也是一种理念和一种思维方式，甚至可以说是一个新的时代（即大数据时代）。大数据已经融入经济社会发展的方方面面，做任何事情都可能会涉及大数据，甚至可以用大数据来指导各行各业，也就是用大数据来改进各项流程、推动各项工作。比较常见的是通过大数据技术预测未来经济社会的发展趋势及变化，从而改变现有的工作方式，提高资源配置的效率。实践表明，大数据在推动经济转型与升级、服务社会民生、促进政府治理体系和治理能力数字化等方面发挥着越来越显著的作用。

最早提出大数据时代到来的是全球知名的咨询公司麦肯锡，麦肯锡称："数据已经渗透到当今每一个行业和业务职能领域，成为重要的生产因素。人们对于海量数据的挖掘和运用，预示着新一波生产率增长和消费者盈余浪潮的到来。"

2020 年 3 月 30 日，中共中央、国务院发布《关于构建更加完善的要素市场化配置体制机制的意见》（以下简称《意见》）。《意见》提出加快培育数据要素市场，具体包括：推进政府数据开放共享，提升社会数据资源价值，加强数据资源整合和安全保护。从中可以看出，数据已经作为一种新型生产要素而被写入中央文件，这体现了大数据时代的新特征。当前数字经济正在引领新经济发展。数字经济覆盖面广且渗透力强，与各行业融合发展，并在社会治理（如城市交通、老年服务、社会安全等方面）中发挥着重要作用。数据作为基础性资源和战略性资源，是数字经济高速发展的基石，也将成为"新基建"极为重要的生产资料之一。数据要素的高效配置，是推动数字经济发展的关键一环。各个国家与地区分别把发展大数据战略上升为国家战略，并视其为"未来的新石油"。

从技术上看，大数据与云计算就像一枚硬币的正反面一样密不可分。大数据一般无法用单台计算机进行处理，而必须采用分布式架构。分布式架构的特色在于对海量数据进行分布式数据挖掘。但是，它必须依托与云计算相关的分布式处理、分布式数据库、云存储、虚拟化等技术。

简单来说：大数据＋云计算＝大数据时代。

1.2 大数据的相关概念及特征

随着大数据时代的到来，大数据已经成为互联网信息技术行业的流行语，以大数据为代表的信息资源正在向生产要素形态演进，数据已同其他要素一起融入经济价值的创造过程中。

1.2.1 大数据的概念

通常而言，大数据是指无法在一定时间范围内用常规软件工具进行采集、管理和处理的数据集，是需要新处理模式才能使其具有更强的决策力、洞察发现力和流程优化力的海量、高增长率和多样化的信息资产。不同机构和组织对大数据提出了多种定义，简要描述如下。

大数据的概念

在维克托·迈尔-舍恩伯格及肯尼斯·库克耶编写的《大数据时代》中，大数据指不用随机分析法（抽样调查）这样的捷径，而采用所有数据进行分析处理。

研究机构高德纳（Gartner）给出的大数据的定义：大数据是大容量、高增长率、多样化的信息资产，它需要新的数据处理模式来增强决策力、提升洞察力、优化处理过程。

麦肯锡全球研究院给出的大数据的定义：大数据是一种规模大到在获取、存储、管理、分析方面大大超出传统数据库软件工具能力范围的数据集，其具有海量的数据规模、快速的数据流转、多样的数据类型和价值密度低等四大特征。

大数据的战略意义不在于掌握庞大的数据，而在于对这些有意义的数据进行专业化的处理。如果把大数据比作一种产业，这种产业实现盈利的关键在于提高对数据的"加工"能力，通过"加工"实现数据的"增值"。在具体应用中，可以从以下 3 个方面来丰富和发展大数据的相关概念及其应用。

1．大数据重新定义了数据的价值

大数据既代表一类技术，也代表一个产业，更代表一种发展趋势。大数据技术指的是围绕数据价值化的一系列相关技术，包括数据的采集、存储、管理、分析、可视化、服务、公开等。而大数据产业，则是指以大数据技术为基础的各种各样的产业生态。目前，大数据的产业生态才刚刚起步，还有待进一步开发、创新和完善。大数据将成为一个重要的创新领域，具有较大的发展空间。

2．大数据为智能化社会奠定了基础

人工智能的发展需要 3 个基础，分别是数据、算力和算法。可以说，大数据对于人工智能的发展具有重要的意义。目前，人工智能技术在应用效果上取得了较为明显的成就，一个重要的原因就是具有大量的数据作为基础，在强大算力的支持下，数据对算法的训练过程和验证过程具有非常高效的支撑作用，从而提升了算法的应用质量。

3．大数据促进了社会资源的数据化进程

大数据产业的发展使得数据产生了更大的价值，这个发展过程会在很大程度上促进社

会资源的数据化进程。而更多的社会资源实现数据化之后，大数据的功能边界也会得到不断拓展，从而带动一系列基于大数据的创新应用。例如，大数据正在重新定义工业的未来。大数据正在从设计到生产，从运维到管理等方面，驱动传统工业向前发展，助力工业提质增效，实现转型升级。

目前，大数据之所以受到世界各国的高度重视，其重要原因是大数据不但重新定义了数据的概念和意义，开辟了一个新的价值领域，而且将逐渐成为一种重要的生产材料，甚至可以说大数据将是智能化社会的一种新兴能源，将推动产业的高速变革和社会的巨大进步。

想要系统地认知大数据，可以从理论、实践和技术 3 个维度来理解它，如图 1-1 所示。

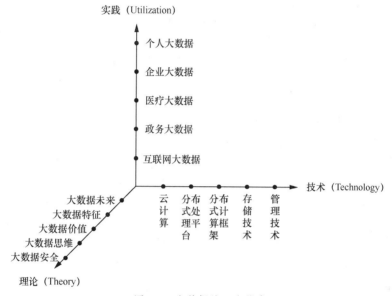

图 1-1　大数据的 3 个维度

1.2.2　大数据的发展历程

从发展过程来看，大数据的发展历程大致分为 3 个阶段：萌芽期、成熟期和应用期。

1．萌芽期（20 世纪 90 年代至 21 世纪初）

随着数据挖掘理论和数据库技术的逐渐成熟，商务智能工具和知识库管理技术开始应用，如数据仓库、知识管理系统等，为大数据的产生提供了前提条件。

1997 年 10 月，美国国家航空航天局武器研究中心的大卫·埃尔斯沃思和迈克尔·考克斯在第八届美国电气电子工程师学会（Institute of Electrical and Electronics Engineers，IEEE）关于可视化的会议论文集中，发表了题为《为外存模型可视化而应用控制程序请求页面调度》的文章，文中首次使用了"大数据"的概念。1998 年，《科学》杂志发表了一篇题为《大数据科学的可视化》的文章，大数据作为一个专用名词正式出现在公共期刊上。

在这一阶段，大数据只是作为一个概念，少数学者对其进行了研究和讨论，其意义仅限于数据量的巨大，业界对数据的采集、处理和存储没有作进一步的探索。

2．成熟期（21 世纪初至 2010 年）

随着 Web 2.0 应用的快速发展，半结构化、非结构化数据大量产生，传统数据处理系

大数据概述 | 第1章

统难以应对，从而带动了大数据技术的快速突破，大数据解决方案逐渐走向成熟，形成了并行计算与分布式系统两大核心技术。谷歌文件系统（Google File System，GFS）、大数据分布式计算框架 MapReduce、非关系数据库 NoSQL、分布式数据存储系统 BigTable 等大数据技术受到热捧，Hadoop 平台开始盛行。

2001 年 2 月，美国梅塔集团分析师道格·莱尼发布《3D 数据管理：控制数据容量、处理速度及数据种类》研究报告，提出了大数据的"3V"特性，即数据总量大（Volume）、数据类型多（Variety）、数据处理速度快（Velocity）。2005 年，Hadoop 技术应运而生，成为数据分析的主流技术。2008 年，《自然》杂志推出了大数据专刊，详细讨论了一系列大数据的问题。2010 年，美国信息技术顾问委员会发布了一份题为《规划数字化未来》的报告，详细描述了政府工作中大数据的收集和使用。

在这一阶段，大数据作为一个新名词，开始受到理论界的关注，其概念和特点得到进一步丰富，相关的数据处理技术层出不穷，大数据开始显现出活力。

3. 应用期（2011 年至今）

大数据应用渗透到各行各业，数据驱动决策，信息社会智能化程度大幅提升。大数据已经从单纯的技术架构和技术体系走向了社会基础设施。

2011 年 2 月 11 日，《科学》杂志刊登"数据处理"（Dealing with Data）专题（杂志封面如图 1-2 所示），从互联网技术、互联网经济学、超级计算、环境科学、生物医药等多个方面介绍了海量数据所带来的技术挑战。2012 年 3 月，美国政府发布了《大数据研究和发展倡议》，正式启动大数据发展计划，大数据上升为美国的国家发展战略，被视为美国政府继"信息高速公路"计划之后在信息科学领域的又一重大举措。2012 年，在瑞士举行的世界经济论坛讨论了一系列与大数据有关的问题，发表了题为《大数据，大影响》的报告，并正式宣布了大数据时代的到来。2013 年 12 月，中国计算机学会发布《中国大数据技术与产业发展白皮书（2013）》，系统总结了大数据的核心科学与技术问题，推动了中国大数据学科的建设与发展，并为政府部门提供了战略性的意见与建议。因此，2013 年也被称为"大数据元年"。

2014 年 5 月，美国政府发布《大数据：抓住机遇、守护价值》的研究报告，鼓励使用数据来推动社会进步。2017 年 4 月，我国《大数据安全标准化白皮书（2017）》正式发布，从法规、政策、标准和应用等角度，勾画了我国大数据安全的整体轮廓。2020 年 2 月，欧盟委员会发布《欧洲数据战略》，通过建立跨部门治理框架、加强数据基础设施投资、提升个体数据权利和技能、打造公共欧洲数据空间等措施，力争将欧洲打造成全球最具吸引力、最安全和最具活力的数据敏捷经济体。2020 年 5 月，工业和信息化部发布《关于工业大数据发展的指导意见》，对我国工业大数据发展进行了全面部署，进一步促进大数据与工业深度融合发

图 1-2　《科学》杂志"数据处理"专题的封面

展。2020 年 5 月，社会科学文献出版社出版《大数据蓝皮书：中国大数据发展报告 No.4》。蓝皮书首次构建包括全球数字竞争力指数、大数据发展指数、大数据法治指数、大数据安全指数、大数据金融风险防控指数与治理科技指数六大指数在内的评价指数群，通过指数构建和数据分析，真实、客观地反映国家、地区和城市大数据发展和建设的现状、特点、趋势，展示地区数字中国建设取得的成就和存在的问题。2021 年 11 月，工业和信息化部发布《"十四五"大数据产业发展规划》，明确了六大主要任务：加快培育数据要素市场；发挥大数据特性优势；夯实产业发展基础；构建稳定高效产业链；打造繁荣有序产业生态；筑牢数据安全保障防线。

科技自立自强

2011 年之后，大数据进入了全面应用的时期，越来越多的学者对大数据的研究从基本的概念、特性转到数据资产、思维变革等多个角度。大数据也渗透到各行各业之中，不断变革原有行业的技术并创造出新的技术，大数据的发展呈现出蓬勃之势。同时，大数据产业作为以数据生成、采集、存储、加工、分析、服务为主的战略性新兴产业，是激活数据要素潜能的关键支撑，是加快经济社会发展质量变革、效率变革、动力变革的重要引擎。

1.2.3　大数据的特征

对于大数据的特征，有数据总量大、数据类型多、数据处理速度快等特征的"3V"描述，也有添加价值性（Value）特征的"4V"描述，还有添加真实性（Veracity）特征的"5V"描述。本书以"5V"特征进行介绍。

大数据的特征

1．数据总量大

大数据首先体现了"大"的特点，包括采集、存储和计算的量都非常大。大数据的计量单位从一开始的 GB 级别，增长到 PB（1 PB=1 024 TB，1 TB=1 024 GB）、EB（1 EB=1 024 PB）甚至是 ZB（1 ZB=1 024 EB）级别。随着信息技术的飞速发展，数据更是得到了爆发式增长。比如，微博、微信、抖音等应用平台每天都会产生海量的数据；工业生产领域、公共交通领域的各种传感器和摄像头每时每刻都在自动产生大量的数据。因此，亟需开发智能的算法、强大的数据处理平台和新的数据处理技术，来统计、分析、预测和实时处理大规模的数据。

2．数据类型多

随着传感器、智能设备以及社交协作技术的飞速发展，众多的数据来源决定了大数据形式的多样性。从数据类型来看，既包括关系型数据这种结构特征明显的结构化数据，也包括图片、音频、视频等非结构化数据，还包括网页、系统日志等半结构化数据。同时，数据来源也越来越多样，金融大数据、交通大数据、生物大数据、医疗大数据、电子大数据、工业大数据等呈现井喷式增长。大数据不仅产生于组织内部，也产生于组织外部。

3．数据处理速度快

在数据处理速度方面，有一个"1s 定律"，即要在秒级时间范围内给出分析结果，超出这个时间，数据就失去价值了。这是大数据挖掘区别于传统数据挖掘最显著的特征之一。

大数据处理速度快的特征体现在两个方面。一是数据产生速度快。通过各种联网设备及不同应用场景中的传感器，大数据的产生速度十分快。二是数据处理时效性强。花费大量资金去存储作用较小的历史数据，这样是很不划算的，因而这些数据应该及时处理，以

大数据概述　第 1 章

便能够及时地从数据中提取知识。大数据对处理速度有很严格的要求，服务器中很多的资源都用于处理和计算数据，很多平台都需要做到实时分析。数据时刻都在产生，所以谁的处理速度更快，谁就会有优势。

4．价值性

随着大数据的体量不断加大，单位数据的价值密度在不断降低，但是数据的整体价值在提高。与传统的小数据相比，大数据最大的价值是可以从众多不相关的各种类型的数据中，挖掘出对未来趋势与模式预测分析有价值的数据。同时大数据还可以通过机器学习方法、人工智能方法或数据挖掘方法去深度分析，发现新规律和新知识，并运用于工业、农业、金融、医疗等不同领域，最终达到改善社会治理、提高生产效率、推进科学进步的效果。

5．真实性

数据的重要性在于对决策的支持，数据的真实性和质量是获得知识和问题解决思路最重要的因素，是制定成功决策最坚实的基础。大数据中的内容是与真实世界中发生的事情息息相关的，研究大数据就是从庞大的数据中提取出能够解释和预测现实事件的过程，通过大数据的分析处理，最后能够解释结果和预测未来。

1.2.4 大数据的作用

大数据虽然孕育于信息通信技术，但它对社会、经济、生活产生的影响绝不仅限于技术层面，它为人们看待世界提供了一种全新的方法，即决策行为将日益依赖于大数据分析，而不像过去那样更多的是凭借经验和直觉。

1．大数据代表了一条新的产业链

从当前的技术体系结构来看，大数据技术涵盖了从数据采集、传输、存储到分析、可视化、应用和共享的一系列环节，大数据技术体系也正在从数据分析（基于大数据平台）向数据采集和数据应用两端发展，同时出现了更加明确的行业分工。所以，当前的大数据本身就代表了一条产业链，这条产业链的规模也将随着大数据的落地应用而不断发展和壮大。

2．大数据开辟出新的价值空间

从大数据的应用层面来看，大数据正在开辟出一个新的价值空间，这是大数据被广泛重视的重要原因。大数据的价值空间非常大，基于大数据的价值空间可以完成大量的创新，而这些创新本身也将推动大数据全面与行业领域的结合。大数据技术的落地应用将全面促进行业资源的数据化，这会进一步提升数据自身的价值密度。

3．大数据促进了行业领域的创新发展

从行业领域来看，大数据的作用可以从 3 个方面来理解：一是大数据能够提升行业领域的管理能力，当前基于大数据的管理模式正在从互联网行业向传统行业覆盖，例如工业互联网的兴起，关键点在于价值衡量体系的打造；二是大数据能够促进行业领域的创新，这个过程也会促进物联网和人工智能等技术的落地应用；三是大数据能够为行业领域带来新的价值增量，并且这个价值增量的空间非常大。

简而言之，大数据的意义或作用可以归结为 4 个字：辅助决策。利用大数据分析，能够总结经验、发现规律、预测趋势，这些都可以为决策者提供辅助服务。人们掌握的数据信息越多，在进行决策时才能更加科学、精确、合理。从另一个方面看，大数据本身不具有价值或者不产生价值，而大数据必须和其他具体的领域、行业相结合，给相关决策提供帮助之后，大数据才具有价值。这就使得很多企事业单位都可以借助大数据来提升管理水平、决策水平。

1.2.5 大数据的应用领域

大数据应用无处不在，包括制造业、金融行业、电商行业、电信领域、能源领域、安防领域、物流领域、生物技术、医疗领域等在内的社会各行各业都有大数据的典型应用。表 1-1 简要列举了大数据在部分领域的应用情况。

表 1-1 大数据在部分领域的应用情况

领域	大数据的应用
电商行业	电商行业是最早将大数据用于精准营销的行业之一，它可以根据消费者的习惯提前生产物料，进行物流管理，这样有利于社会的精细化生产
金融行业	大数据在金融交易和信贷风险分析等领域的使用非常广泛，主要用在交易过程中。例如，许多股权交易使用大数据算法进行分析，这些算法能够考虑社交媒体和网站新闻，决定接下来的几秒内是选择购买还是出售
制造业	利用工业大数据提升制造业水平，包括产品故障诊断与预测、分析工艺流程、改进生产工艺、优化生产过程、节能降耗等
生物技术	基因技术是人类未来挑战疾病的重要武器。科学家可以利用大数据技术，加速人类基因和其他动物基因的研究过程，为人类未来治疗疾病提供帮助。大数据技术还可以改良作物，利用遗传技术培育人体器官、消灭细菌等
教育领域	通过大数据进行学习分析，能够为每位学生创设量身定做的个性化课程，为人们的终身学习提供富有挑战性而非逐渐厌倦的学习计划
交通领域	利用大数据技术可以预测未来交通情况，为改善交通状况提供优化方案，有助于交通部门提高对道路交通的把控能力，缓解和防止交通拥堵，提供更加人性化的交通服务
电信领域	电信行业拥有庞大的数据，大数据技术可以应用于网络管理、客户关系管理、企业运营管理等，并且使数据对外商业化，实现数据价值的单独盈利
安防领域	大数据在保障安全和提高执法能力方面得到了广泛应用。政府利用大数据技术，可以构建国家安全保障体系，也可以助力疫情防控和防疫物资的精确调配。企业利用大数据技术，可以检测和防止网络攻击。警察可以运用大数据来抓捕罪犯，预测犯罪活动。信用卡公司可以使用大数据来检测欺诈交易等
传媒领域	新闻传媒相关机构通过收集各式各样的数据，对其进行分类筛选、清洗、深度加工，实现对读者和受众需求的准确定位和把握，并追踪用户的浏览习惯，不断进行信息优化
医疗领域	医疗行业通过临床数据对比、实时统计分析、远程患者数据分析、就诊行为分析等，辅助医生进行临床决策、规范诊疗路径、提高工作效率
政府部门	"智慧城市"已经在多地尝试运营，通过大数据，政府部门得以感知社会的发展变化需求，从而更加科学化、精准化、合理化地为市民提供相应的公共服务以及资源配置
个人生活	利用与每个人相关联的个人大数据，能够分析个人生活行为习惯，为其提供更加贴心的个性化服务
社交网络与元宇宙	随着移动互联网的发展，网民的数量呈指数上升，社交网络进入了强调用户参与和体验的时代，各种社交网络平台不断涌现，产生了社会学、传播学、行为学、心理学、舆论学等众多领域的大量的社交数据。对这些数据进行挖掘分析，可以更加精确地把握事态变化的动向，为元宇宙虚拟世界的空间结构、场景、主体等实体的构建提供数据支撑

1.2.6 大数据的关键技术

大数据的关键技术

大数据，并非仅指数据本身，而是数据和大数据技术二者的综合。所谓大数据技术，就是从各种类型的数据中快速获得有价值信息的技术。大数据的关键技术涵盖数据采集、存储、处理、应用等多方面的技术。根据大数据的处理过程，可将大数据的关键技术分为大数据采集技术、大数据预处理技术、大数据存储与管理技术、大数据计算模式、大数据分析与挖掘技术、大数据展示与可视化技术、大数据安全技术等，如图1-3所示。

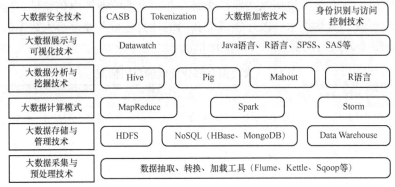

图1-3 大数据关键技术的框架

1．大数据采集技术

大数据采集技术是指通过各种技术手段把多种数据源产生的数据实时或非实时地采集到以供利用的技术。

因为数据源多种多样，数据量大，产生速度快，所以大数据采集技术面临着许多技术挑战，必须保证数据采集的可靠性和高效性，还要避免重复数据。

2．大数据预处理技术

大数据预处理技术主要是指完成对已接收数据的辨析、抽取、清洗、填补、平滑、合并、规范化及一致性检查等操作。

因获取的数据可能具有多种结构和类型，大数据预处理就是将这些复杂的数据转化为单一的或者便于处理的结构，以达到快速分析处理的目的。

3．大数据存储与管理技术

大数据存储与管理的主要目的是利用分布式文件系统、数据仓库、关系数据库、NoSQL数据库、云数据库、图数据库等存储技术把采集到的数据存储起来，实现对结构化、半结构化和非结构化数据的存储与管理。

4．大数据计算模式

大数据计算模式是指根据大数据的不同数据特征和计算特征，从大数据计算问题和需求中提炼并建立的各种抽象模型。面向大数据处理的数据查询、统计、分析、挖掘等需求，促生了大数据计算的不同模式。我们整体上可以把大数据计算模式分为3种：离线批处理、流计算、交互式分析。典型代表技术包括MapReduce、Spark、Storm等。其中，Hadoop系统的 MapReduce 分布式处理模式常用于离线的、复杂的大数据处理，其能够很容易地将多个通用批数据处理任务和操作在大规模集群上并行化，并且有自动化的故障转移功能；Spark 常用于离线的、快速的大数据处理；Storm 常用于在线的、实时的大数据处理。

5．大数据分析与挖掘技术

大数据分析与挖掘技术是指从大数据集中寻找规律的技术。由于大数据存在复杂、高维、多变等特性，如何从真实、复杂、无模式的大数据中挖掘出人们感兴趣的知识，迫切需要更深刻的机器学习理论进行指导。目前，常用的大数据挖掘方法主要有分类、聚类、回归分析、关联规则、趋势分析等。

6．大数据展示与可视化技术

大数据可视化是指利用计算机图形学等技术，将数据通过图形化的形式展示出来，从而直观地表达数据中蕴含的信息、规律和逻辑，从而便于用户进行观察和理解。大数据可视化主要利用包括图形展示（散点图、折线图、柱状图、地图、饼图、雷达图、K 线图、箱形图、热力图、关系图、矩形树图、平行坐标、漏斗图、仪表盘等）、文字展示等技术，对大数据分析结果进行可视化呈现，帮助人们更好地理解数据、分析数据和应用数据。

7．大数据安全技术

在从大数据中挖掘潜在商业价值和学术价值的同时，需要构建隐私数据保护体系和数据安全体系，从而有效保护个人隐私和数据安全。同时，还需要加强针对数据跨境流动的安全防御能力。

1.3 大数据系统简介

大数据行业经过最近几年的跨越式发展，产生了一系列与之相关的核心技术，形成了目前极为著名的 Hadoop 和 Spark 等大数据系统，这些系统的不断成熟和完善，促进了大数据时代的不断进步。

1.3.1 Hadoop 生态系统

Hadoop 是 Apache 软件基金会旗下的一款开源分布式计算平台，能够以可靠、高效、可伸缩的方式对大量数据进行分布式处理。利用 Hadoop 平台，用户可以在不了解分布式底层细节的情况下，开发分布式程序。Hadoop 具有以下特性。

（1）高可靠性。Hadoop 采用按位存储和处理数据的技术，能自动维护数据的多份副本，即使一份副本发生故障，其他副本也能够保证对外正常地提供服务。

（2）高可扩展性。Hadoop 是在廉价、可用的计算机集群间分配数据并完成计算任务的，这些集群可以方便地扩展到数以千计的计算机节点中。

（3）高效性。Hadoop 能够在节点之间动态地移动数据，并保证各个节点的动态平衡，因此处理速度非常快。

（4）高容错性。Hadoop 采用冗余数据存储方式，能够自动保存数据的多份副本，保证在任务失败后能自动地重新部署计算任务。

（5）低成本。Hadoop 采用廉价的计算机集群，成本比较低。普通用户也可以用个人计算机来搭建 Hadoop 运行环境。

（6）运行在 Linux 平台上。Hadoop 是基于 Java 语言开发的，运行在 Linux 操作系统上。

（7）支持多种编程语言。Hadoop 上的应用程序除了可以用 Java 语言编写，也可以使用其他语言编写，如 C++等。

随着 Hadoop 生态系统的不断发展和完善，目前其已经包含了多个子项目，除了核心的 HDFS 和 MapReduce 之外，还包括 YARN、HBase、Hive、Pig、Mahout、Sqoop、Flume、Ambari 等，如图 1-4 所示。

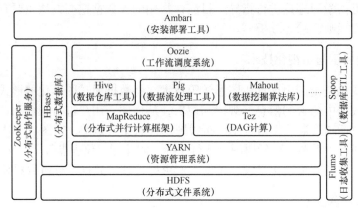

图 1-4　Hadoop 生态系统

1．HDFS

Hadoop 分布式文件系统（Hadoop Distributed File System，HDFS）用于控制管理每个计算机本地文件系统，从而构建一个逻辑上整体化的分布式文件系统，以此来提供可以扩展的分布式存储能力。HDFS 支持流数据读取和处理超大规模文件，并能够运行在由廉价的普通计算机组成的集群上。

2．YARN

资源管理系统 YARN（Yet Another Resource Negotiator）是一种新的 Hadoop 资源管理器，它是一个通用资源管理系统，可为上层应用提供统一的资源管理和调度。YARN 的基本思想是将 MapReduce 中 JobTracker 的"资源管理"和"作业调度/监控"这两个功能分离，主要方法是创建一个全局的资源管理者和若干个针对应用程序的应用程序管理员。资源管理者控制整个集群并管理应用程序对基础计算资源的分配。应用程序管理员负责协调来自资源管理者的资源，并管理在 YARN 内运行的应用程序的每个实例。YARN 的引入为集群在利用率、资源统一管理和数据共享等方面带来了巨大好处。

3．MapReduce

分布式并行计算框架 MapReduce 是一种处理海量数据的并行编程模型和计算框架，用于大规模数据集（通常大于 1 TB）的并行运算。MapReduce 的核心思想可以用"分而治之"来描述，主要包括 Map 和 Reduce 两项操作。Map 负责"分"，即把复杂的任务分解为若干个"简单的任务"来处理，Reduce 负责对 Map 阶段的结果进行汇总。一个大的 MapReduce 作业，首先会被拆分成许多个 Map 任务在多台机器上并行执行，每个 Map 任务通常运行在数据存储的节点上，这样，计算和数据就可以放在一起运行，不需要额外的数据传输开销。当 Map 任务结束后，会生成以<key,value>形式表示的许多中间结果。然后，这些中间结果会被分发到多个 Reduce 任务那里，Reduce 任务会对中间结果进行汇总计算得到最后结果，并将其输出到分布式文件系统中。

4. HBase

分布式数据库 HBase（Hadoop Database）是一个分布式的、面向列的开源数据库，一般采用 HDFS 作为其底层数据存储系统。HBase 是针对 BigTable 的开源实现。HBase 不同于一般的关系数据库，它在 Hadoop 之上提供了类似于 BigTable 的能力，是一个适合非结构化数据存储的数据库。HBase 与传统关系数据库的重要区别在于：它是基于列的而不是基于行的存储模式。

5. Tez

分布式计算引擎 Tez 采用 DAG（Directed Acyclic Graph，有向无环图）来组织 MapReduce 任务。它的核心思想是将 Map 任务和 Reduce 任务进一步拆分，再将若干小任务灵活重组，形成一个大的 DAG 作业，在数据处理过程中没有频繁地向 HDFS 写数据，直接向后继节点输出结果，从而提升了效率。

6. Hive

Hive 是基于 Hadoop 的一个数据仓库工具，用来进行数据提取、转换和加载。它是一种可以存储、查询和分析存储在 Hadoop 中的大规模数据的机制。Hive 数据仓库工具提供了类似于关系数据库的结构化查询语言——HiveQL，能将结构化的数据文件映射为一张数据库表，并提供 SQL 查询功能，并能将 SQL 语句转变成 MapReduce 任务来执行。

7. Pig

数据流处理工具 Pig 是一种数据流语言和运行环境，其采用类 SQL 的语法操作 HDFS 中的数据。Pig 的脚本叫 Pig Latin，它的语言类似于 Shell 脚本，可以嵌入 Hadoop 的 Java 程序中，从而实现简化代码的功能。同时，Pig 也是一个数据分析引擎，它相当于一个翻译器，将 Pig Latin 语句翻译成 MapReduce 程序。Pig Latin 语句是一种用于处理大规模数据的脚本语言，可完成排序（Order By）、过滤（Filter）、求和（Sum）、分组（Group By）、关联（Join）等操作，并且支持自定义函数。Pig 的运行方式有 Grunt Shell 方式、脚本方式和嵌入式方式。

8. Mahout

数据挖掘算法库 Mahout 是 Apache 软件基金会旗下的一个开源项目，提供一些可扩展的机器学习领域经典算法的实现，旨在帮助开发人员更加方便、快捷地创建智能应用程序。Mahout 包含许多实现，如聚类、分类、推荐过滤、关联规则挖掘等。此外，通过使用 Hadoop 库，Mahout 可以有效地扩展到云计算环境中。

9. Oozie

工作流调度系统 Oozie 是一个基于工作流引擎的开源框架，它能够提供对 Pig 和 MapReduce 的任务调度与协调。Oozie 需要部署到 Java Servlet 容器中运行。Oozie 集成了

Hadoop 的很多框架，如 Java MapReduce、Streaming MapReduce、Pig、Hive、Sqoop 等。一个 Oozie Job 也是一个 MapReduce 程序，是只有 Map 任务的程序，具有分布式可扩展的特性。

10. ZooKeeper

分布式协作服务 ZooKeeper 是一个开源的分布式应用程序协调服务，是 Hadoop 和 HBase 的重要组件。它是一个为分布式应用提供一致性服务的软件，提供的功能包括配置维护、域名服务、分布式同步、组服务等。ZooKeeper 的目标是封装好复杂、易出错的关键服务，将简单易用的接口和性能高效、功能稳定的系统提供给用户。ZooKeeper 提供了 Java 和 C 的接口，很容易编程接入。

11. Flume

日志收集工具 Flume 是一种高可用、高可靠、分布式、开源的海量日志采集、聚合和传输系统。Flume 支持在日志系统中定制各类数据发送方，用于收集数据。同时，Flume 将数据从产生、传输、处理并最终写入目标的过程抽象为数据流，在具体的数据流中，数据源支持在 Flume 中定制数据发送方，从而支持收集各种不同协议的数据。

12. Sqoop

数据库 ETL（Extract Transformation Load，抽取、转换、加载）工具 Sqoop 是 SQL-to-Hadoop 的缩写，是用于在 Hadoop 与传统的关系数据库（如 MySQL、Oracle、PostgreSQL 等）之间进行数据传递的开源工具，可以将一个关系数据库中的数据导入 Hadoop 的 HDFS 中，也可以将 HDFS 的数据导出到关系数据库中。Sqoop 是专门为大数据集设计的，支持增量更新，可以将新记录添加到最近一次导出的数据源中。

13. Ambari

安装部署工具 Ambari 是一种基于 Web 的配置管理工具，支持 Hadoop 集群的供应、管理和监控。Ambari 已支持大多数 Hadoop 组件，包括 HDFS、MapReduce、Hive、Pig、HBase、ZooKeeper、Sqoop 等。此外，Ambari 能够安装安全的（基于 Kerberos）Hadoop 集群，实现了对 Hadoop 安全的支持，提供了基于角色的用户认证、授权和审计功能，并为用户管理集成了 LDAP（Lightweight Directory Access Protocol，轻量目录访问协议）和活动目录（Active Directory）。

除了上述这些组件，Hadoop 还提供了 Mesos（分布式资源管理器）、MLlib（机器学习库）、Kafka（分布式消息队列）等组件。

1.3.2 Spark 生态系统

Apache Spark 是专为大规模数据处理而设计的快速通用的分布式计算引擎。Spark 是美国加州大学伯克利分校 AMP 实验室开发的类 Hadoop MapReduce 的通用并行计算框架。Spark 拥有 Hadoop MapReduce 所具有的优点，但不同于 MapReduce 的是：Spark 的中间输出结果可以保存在内存中，不再需要读写 HDFS。因此，Spark 能更好地用于数据挖掘与机器学习等需要迭代 MapReduce 的应用。

Spark 是借鉴了 MapReduce 的实现发展而来的，继承了其分布式并行计算的优点，并改进了其对数据集频繁读写操作的缺点。Spark 是用 Scala 语言实现的，它将 Scala 用作其应用程序框架。与 Hadoop 不同，Spark 和 Scala 能够紧密集成，Scala 可以像操作本地集合对象一样轻松地操作分布式数据集。Spark 是对 Hadoop 的补充，通过 Mesos 的第三方集群框架，Spark 可以在 Hadoop 文件系统中并行运行。Spark 具有以下特点。

（1）速度快。与 Hadoop 的 MapReduce 相比，Spark 基于内存的运算比 Hadoop 快 100 倍以上，而基于磁盘的运算也要快 10 倍以上。Spark 实现了高效的 DAG 执行引擎，可以通过基于内存来高效地处理数据流。

（2）易用性。Spark 支持 Java、Python 和 Scala 的 API（Application Program Interface，应用程序接口），还提供了 80 多种高级算法，使用户可以快速构建不同的应用。此外，Spark 支持交互式的 Python 和 Scala 的 Shell，可以非常方便地在这些 Shell 中使用 Spark 集群来验证解决问题的方法，而不是像以前一样，需要打包、上传集群、验证等操作。

（3）通用性。Spark 提供了大量的库，可用于批处理、交互式查询、实时流处理、机器学习和图计算等。开发者可在同一个应用程序中无缝组合使用这些库。

（4）可融合性。Spark 除了其自带的独立集群管理器，还能够方便地与其他开源产品进行融合。例如，Spark 可以使用 Hadoop YARN 以及 Apache Mesos 作为它的资源管理和调度器，并且可以处理所有 Hadoop 支持的数据，包括 HDFS、HBase 等。这对于已经部署 Hadoop 集群的用户特别重要，因为不需要做任何数据迁移就可以使用 Spark 强大的处理能力。

Spark 的设计目的是快速解决流计算、图计算和机器学习等多种业务场景下的大数据问题，从而为业务发展提供决策支持。Spark 的技术框架分为 4 层，即部署模式、数据存储、Spark 核心和四大组件，如图 1-5 所示。

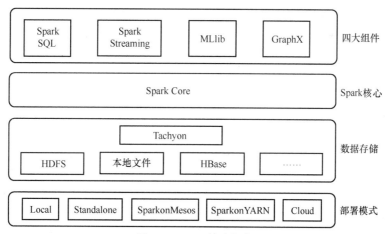

图 1-5　Spark 技术框架

1. 部署模式

Spark 支持多种部署模式，目前主要包括 Local 模式（本地模式）、Standalone 模式（独立模式）、Spark on Mesos 模式（Mesos 集群模式）、Spark on YARN 模式（YARN 集群模式）和 Cloud 模式（云集群模式）。

（1）Local 模式是 Spark 运行在单节点的模式，通常用于本地开发和测试。还分为 Local 单线程和 Local-Cluster 多线程两种。

（2）Standalone 模式是典型的 Master/Slaves 模式，自带完整的服务，可单独部署到一个集群中，无须依赖任何其他资源管理系统。该模式是其他模式的基础。目前，Spark 借助 ZooKeeper，在该模式下完全解决了单点故障问题。

（3）Spark on YARN 模式，运行在 YARN 资源管理器框架之上，与 Hadoop 进行统一部署，由 YARN 负责资源管理和调度，Spark 负责任务调度和计算，分布式存储则依赖于 HDFS。

（4）Spark on Mesos 模式，这是很多公司采用的模式，也是官方推荐的模式。目前，Spark 运行在 Mesos 上会比运行在 YARN 上更加灵活。在 Spark on Mesos 环境中，用户可选择"粗粒度模式"或"细粒度模式"两种调度模式之一运行自己的应用程序。

（5）Cloud 模式，Spark 支持多种分布式存储系统，包括 HDFS 和 S3 等。该模式可以更好地辅助中小企业使用云服务。

2．数据存储

Spark 处理的数据通常被封装为弹性分布式数据集（Resilient Distributed Dataset，RDD），一般存储在内存中。Spark 支持多种分布式存储系统，如 HDFS、本地文件和 HBase 等。

Tachyon 是以内存为中心的分布式文件系统，拥有高性能和容错能力，能够为集群框架（如 Spark、MapReduce）提供可靠的内存级速度的文件共享服务。本质上，Tachyon 是分布式的内存文件系统，它在减轻 Spark 内存压力的同时，也赋予了 Spark 内存快速读写大量数据的能力。

3．Spark 核心

作为 Spark 生态系统的核心，Spark Core 主要提供基于内存计算的功能，不仅包含 Hadoop 的计算模型 MapReduce，还包含其他如 reduceByKey、groupByKey、join 等 API。Spark 将数据抽象为弹性分布式数据集，有效扩充了 Spark 编程模型，使得交互式查询、流处理、机器学习和图计算的应用无缝融合，极大地扩大了 Spark 的应用业务场景。

4．四大组件

在 Spark Core 基础上，Spark 提供了一系列面向不同应用需求的组件，主要包括 Spark SQL、Spark Streaming、MLlib 和 GraphX。

Spark SQL 是操作结构化数据的组件，通过 Spark SQL，用户可以使用 SQL 或者 Hive 版本的 SQL（HQL）来查询多种数据源。Spark SQL 支持多种数据源类型，如 Hive 表、Parquet 以及 JSON 等。Spark SQL 不仅为 Spark 提供了一个 SQL 接口，还支持开发者将 SQL 语句融入 Spark 应用程序的开发过程中。无论是使用 Python、Java 还是 Scala，用户都可以在单个应用中同时进行 SQL 查询和复杂的数据分析。

Spark Streaming 是针对实时数据进行流式计算的组件，允许程序像普通 RDD 一样处理实时数据。Spark Streaming 提供了丰富的处理数据流的 API，这些 API 与 Spark Core 中的基本操作相对应。从底层设计来看，Spark Streaming 支持与 Spark Core 同级别的容错性、吞吐量和可伸缩性。

MLlib（Machine Learning library，机器学习库）是 Spark 提供的一个机器学习算法库，包含分类、回归分析、聚类、协同过滤等操作。MLlib 还提供了模型评估、数据导入等额外的功能。

GraphX 是 Spark 提供的面向控制图、并行图操作和计算的一组算法和工具的集合。

GraphX 提出了弹性分布式属性图的概念，并在此基础上实现了图视图与表视图的有机结合与统一。同时，其针对图数据处理提供了丰富的操作，包含提取子图操作、顶点属性操作、边属性操作等。GraphX 还实现了与 Pregel 的结合，可以直接使用一些常用图算法，如三角形计数、PageRank 等。

Hadoop 与 Spark 的主要区别如表 1-2 所示。

表 1-2　Hadoop 与 Spark 的主要区别

项目	Hadoop	Spark
工作原理	并行计算	并行计算
应用场景	静态数据的批处理	流式数据、迭代数据的近似实时处理
处理速度	磁盘级计算	内存级计算
运行方式	任务以进程方式维护，启动慢	任务以线程方式维护，启动快
中间结果	中间结果存放在 HDFS 中，每次执行 MapReduce 相关操作都需要刷写、调用	中间结果优先存放在内存中，内存不够再存放到磁盘中

1.4　大数据思维

数据思维，是指在利用数据解决业务问题的过程中所表现出来的思维模式。大数据时代，数据就是金矿，而思维方式则是打开金矿大门的钥匙。大数据思维的核心有两个：一是数据敏感度，即看到一个业务问题时是否可以将它转化为数据问题；二是数据方法经验，即利用数据建模和数据分析的方法来解决实际问题。所以，大数据的发展，不仅取决于数据资源的扩展，还取决于大数据技术的应用，更取决于大数据思维的形成。只有具有大数据思维，才能够更好地运用大数据资源和大数据技术。

1.4.1　传统思维方式

1．中国的传统思维方式

中国的传统思维方式中，最典型的包括整体思维、直观思维、类比思维和辩证思维。

（1）整体思维

整体思维，是指把天、地、人、社会看作密切贯通的一个整体，认为天、地、人、社会都处在一个整体系统中，各系统要素之间存在着互相依存的联系。无论是先秦的儒家还是道家，都是把人与天地万物看作一个整体系统的。例如，庄子说"天地与我并生，而万物与我为一。"

（2）直观思维

直观思维，是指在以往经验知识积累的基础上，迅速地把握事物本质，以及基于这种能力而产生的思维方式。儒家、道家都主张以直观为基础去领悟、把握宇宙和人生。例如，朱熹说"众物之表里精粗无不到，而吾心之全体大用无不明矣。"

（3）类比思维

类比思维是根据两个具有相同或相似特征的事物间的对比，从某一事物的某些已知特征出发推测另一事物也存在相应特征的思维活动。例如，《庄子·齐物论》中，通过"狙公赋芧""罔两问景""庄周梦蝶"等比喻，来论证对任何事物的认识本无确定不变的是非标准。

（4）辩证思维

辩证思维，就是运用对立统一的观点、方法来认识、分析各种自然现象及其变化的思维方式。辩证思维是唯物辩证法在思维中的运用，唯物辩证法的范畴、观点、规律完全适用于辩证思维。我国的辩证思维起源较早，老子讲"正言若反"，就是说一句话看起来是反面的，其实有深刻的含义。

2．西方的传统思维方式

西方的传统思维方式与我国的传统思维方式最大的不同在于逻辑思维和机械思维等方式。

（1）逻辑思维

逻辑思维，指人们在认识事物的过程中借助于概念、判断、推理等思维形式能动地反映客观现实的理性认识过程，又称抽象思维。它是作为对认识者的思维及其结构以及起作用的规律的分析而产生和发展起来的。社会实践是逻辑思维形成和发展的基础。

（2）机械思维

机械思维的核心思想可以概括为如下3点：一是世界变化的规律是确定的；二是这些规律可以用简单的公式或语言描述清楚；三是这些规律是普遍适用的。机械思维的特点就是必然性和确定性，讲究因果关系。

综合来看，中国人偏好形象思维，西方人偏好抽象思维或逻辑思维；中国人偏好综合思维，西方人偏好分析思维；中国人偏好求同思维，西方人偏好求异思维。由于各民族的社会实践、文化和地理条件的不同，中西方的思维方式不尽相同并各具特色。而思维方式本身没有好坏之分，只是不同的场合和时期某种思维方式更能产生积极的作用，更能有利于问题的解决。因此，我们在处理一切事物的过程中，在思维方式上要中西方相互借鉴，取长补短，从而有利于问题的解决，更好地促进社会政治和经济的发展。

1.4.2　大数据思维方式

大数据已成为不可或缺的重要资源，必须在传统思维方式的基础上，树立基于大数据的思维理念，用以数据为核心的思维方式思考问题和解决问题。让数据说话，听数据指挥。

1．数据价值原理

大数据时代让数据变得在线，并且从以前的以"功能"为价值转变为现在的以"数据"为价值。大数据的关键并不在于"大"，而在于"有用"，价值含量和挖掘成本比数据量更为重要。通过利用有价值的数据，能够让企业更好地了解客户需求、消费倾向、喜好等，并据此提供个性化服务。不管大数据的核心价值是不是通过预测来实现的，但是基于大数据形成决策的模式已经为不少企业带来了盈利和良好的声誉。

2．全数据样本原理

以前，由于记录、存储和分析数据的工具有限，准确分析大量数据成为一种挑战。为了让数据分析变得简单，人们通常采用抽样调查的方法，把数据量缩减到最少。而在大数据时代，人们已经逐渐开始利用所有的数据，而不再是仅依靠一小部分数据。全数据样本调查相比传统的抽样调查而言，结果将更具真实性和可靠性，足够多的数据可以让人们透过现象看本质，从而洞察事物的内在规律。所采集的数据量越大，越能更真实地反映事物的特性。

3．关注效率原理

企业可通过分析大数据让决策更为科学，并且还应该由关注精确度转变为关注效率。大数据之所以能提高生产及销售效率，是因为通过大数据可以让企业决策者准确掌握市场及消费者的需求。只要大数据分析指出某件事物的可能性，企业便可根据相关结果快速决策、迅速动作、抢占先机，从而提高工作效率。

4．数据驱动的方法

从自然科学的角度来看，人类通常用数学公式的方法描述自然规律。将规律用一个数学公式表达，数学公式就是模型（Model）或者叫作模式（Pattern）。但是，当我们对一个问题暂时不能用简单而准确的方法解决时，可以根据以往的历史数据，构造出近似的模型来逼近真实情况，这就是数据驱动的方法。使用数据驱动的方法得到的模型虽然和真实情况有偏差，但是足以指导实践，并且数据驱动的方法能够最大程度地助益计算机技术的进步和数据量的增加。

1.5 大数据伦理

大数据伦理

大数据技术正在重塑我们生活的世界。与此同时，在应用一项科技创新时，也要防范高新技术对伦理道德的冲击。对于每一个在意社会影响的个人或者组织来说，遵守数据伦理显得越来越重要。

1.5.1　大数据伦理的由来

伦理是指在处理人与人、人与社会的相互关系时应遵循的道理和准则。伦理是从概念角度上对道德现象的哲学思考，它不仅包含着人与人、人与社会和人与自然之间关系处理中的行为规范，而且也深刻地蕴含着依照一定原则来规范行为的深刻道理。在我国传统文化中，伦理一词最早出现于《礼记·乐记》："乐者，通伦理者也。"我国古代思想家对伦理学十分重视，通常说的"三纲五常"就是伦理学的产物。哲学家认为"伦理"是规则和道理，即人作为总体，在社会中的一般行为规则和行事原则，强调人与人之间、人与社会之间的关系。现代伦理已不再是简单的对传统道德法则的本质功能体现，它已经延伸至不同的领域，引申出了环境伦理、医学伦理、信息伦理等不同层面的内容。

任何学科的形成都有其深刻的社会根源。信息伦理学的研究起源于对信息技术中社会人文和社会伦理方面的研究，特别是起源于对计算机伦理学的研究。众所周知，随着信息技术的发展，特别是互联网在全世界的迅猛发展和广泛应用，信息安全问题与日俱增，如黑客的入侵、网络病毒的泛滥、机密信息的泄露等。这就导致了传统的伦理学无法涵盖诸如信息开发、信息传播、信息管理和信息利用等方面的伦理要求、伦理准则、伦理规范等，信息伦理学就在这样的背景下应运而生。同时，信息技术营造了一个数字化的虚拟空间，由于其"没有中心、没有边界、没有权威、无始无终"等特点，为道德虚无主义的思想意识的滋生提供了土壤。继而，使信息社会中出现了一系列的社会信息伦理问题。如侵犯个人隐私权、侵犯知识产权、非法存取及共享信息、信息技术的非法使用、信息的非法授权等。这些问题应用传统的伦理学法则是难以定义、解释和调解的，迫切需要一个新的学科来解决。基于这种社会问题，学者们发明并使用了"计算机伦理学"这个术语，并且随着研究的进一步深入和社会发展的需要，将其确立为"信息伦理学"。信息伦理学的形成是满足信息社会伦理需要的，是信息社会发展到一定阶段的必然产物。

通常而言，信息伦理是指涉及信息开发、信息传播、信息加工、信息分析、信息管理和信息利用等信息活动方面的伦理要求、伦理准则、伦理规范，以及在此基础上形成的新的伦理关系。信息伦理学的研究内容包括在信息生产、信息传播、信息处理和信息利用中出现的各种伦理问题。

从伦理特征来看，大数据伦理属于信息伦理的范畴。所谓大数据伦理，是指在大数据采集、传输、处理、分析和应用过程中所要遵从的伦理要求、伦理准则、伦理规范，是从数据视角对人的各种行为所进行的伦理关注。

1.5.2 大数据的伦理问题

2013 年 6 月，美国中央情报局前雇员爱德华·斯诺登向媒体曝光了美国国家安全局和联邦调查局代号为"棱镜"的秘密监控项目，其直接接入苹果、微软、谷歌、雅虎等互联网公司的中心服务器，针对境外非美国人搜集情报。"棱镜门事件"暴露了全球社交网站甚至企业网站时刻都处在严密的监控中，导致企业及个人用户的信息安全受到威胁。这一事件引发了对信息伦理中个性化服务与隐私权之间的矛盾的研究，人们希望企业、政府将信息用在便捷工作、生活上，但获取信息的程度却难以界定，由此引发了信息伦理问题。

大数据技术在改变人们生活和工作方式的同时，也对人们的思想意识产生了较大的影响，其应用所带来的伦理问题让社会整体的价值观受到巨大的冲击。总体而言，大数据技术带来的伦理问题主要包括如下几个方面。

1. 数字身份问题

身份是界定一个人是什么的一个特征或属性集。身份有社会身份、法律身份、物理身份（DNA、外观）以及数字身份等。数字身份又称在线身份，是指在在线环境下发展起来的，可通过电子或计算机装置/系统使用、存储、转移或处理的身份。当从事在线活动时，数字身份代表那个特定的使用者。关于数字身份，首先，一个人可以有不止一个有效的数字身份，其特征可根据情境、应用的目的或所获服务种类而有所不同（如在不同社交网站上以不同目的注册的同一个人）；其次，网络世界中数字身份不是固定不变的，它可随时间流逝而变化。因此，数字身份不是唯一的、静态的或永久的。

围绕数字身份主要存在两个问题。一是身份盗用事件层出不穷。由于互联网上私人信息的可得性，身份盗用事件非常普遍。二是在可得数据及处理数据能力的几何级数的增长驱动下，数字身份越来越可追溯。1993 年 7 月 5 日，在《纽约客》杂志上刊登了一则由彼得·施泰纳创作的标题为"在互联网上，没有人知道你是一条狗"的漫画，如图 1-6 所示。那个时代确实如此，然而在大数据时代，人们不仅有可能知道你是一条狗，而且还可能知道你的品种，喜欢吃的零食，以及在狗展上是否获过奖等。

在大数据时代，大数据技术能够根据用户在网络上的数字身份提供的一些信息，追

"On the Internet, nobody knows you're a dog."

图 1-6　彼得·施泰纳的漫画

溯到该用户在现实生活中的实际身份。当前互联网上常见的"人肉搜索"就是一个典型的例证，它可以通过集中许多网民的力量去搜索某些信息或资源。但是，在技术上可以做的事情是否在伦理学上也可以做？如果有人任意利用大数据技术去追溯其他人的实际身份，那么大数据技术可能成为某些"网络暴民"的帮凶。如果不加以管理和积极引导，许多人可能会为了保护自己，提供更多的虚假信息，或者干脆退出在线世界或网络空间。

网络生活使个人的行为生活数字化，数字身份在生活中产生越来越大的影响。手持式终端（手机、Pad 等）以及互联网已经深入人们生活的各个角落，成为生活中不可或缺的一部分。与此同时，个人自由也在不知不觉中受到影响和限制。数字身份提供的信息不仅仅局限在网络空间，它更是现实身份的数字化反映。通过大数据分析，人们甚至可以通过数字身份更深入地了解自己的行为习惯、兴趣爱好和选择倾向。这也说明人们越来越依赖于自己的数字身份，甚至是被数据网络束缚，而在不自知的情况下丧失了个人的自由。比如，人们会不自觉地浏览手机中各类 App 推荐的电影、美食、旅游景点等，也可能会为了完善数字身份而花费大量的时间和金钱，几乎完全放弃了个人对相关事物的主动思考与积极判断。

2．隐私泄露问题

隐私是指不愿被他人公开或知悉的秘密。有 3 种不同形式的隐私：①躯体隐私，指人体出于礼仪、得体和受尊重，在公共场合和常规环境中，习惯被衣服覆盖的位置；②空间隐私，指与非亲密关系的人保持一定的距离；③信息隐私，指保护和控制与个人有关的信息。有关个人的信息包括：①固有特征，这个人来自哪里，他或她是谁，出生日期、性别、国籍等；②获得性特征，这个人的历史情况如何，例如家庭地址、医疗记录、学历及工作等；③个人偏好，这个人喜欢什么，包括兴趣、业余爱好、喜欢的品牌和电视节目等。

大数据时代，各种数据的广泛应用，给人们带来了诸多便利和个性化的服务，同时人们也面临着个人信息的过度曝光、隐私泄露的危险。大数据技术具有随时随地保真性记录、永久性保存、还原性画像等强大功能。个人的身份信息、行为信息、位置信息甚至信仰、观念、情感、爱好及社会关系等隐私信息，在进行线上注册或线上交易时都有可能被记录、保存和呈现，甚至在家里说悄悄话时也有可能被智能音箱等物联网设备偷偷记录并上传到网络上。如果任由网络运营商收集、存储、兜售用户数据，个人隐私将无从谈起。大数据时代下的隐私与传统隐私的最大区别在于隐私的数据化，在大数据时代，个人数据随时随地可被收集，它的有效保护面临着巨大的挑战。

大数据时代，人们在日常生活中，会无意中留下不同的数据。人们使用搜索引擎查找信息时，会留下搜索痕迹，并被永久保存。我们在电子商务网站上浏览或购买商品时，购买行为会被网站记录下来，这些数据会被用来测评我们的个人喜好，从而为我们推荐可能感兴趣的商品，为企业带来更多的商业价值。可以说，凡是我们走过的地方，身后都会留下一片数据。一旦这些数据被泄露、被倒卖，就可能成为商家牟利的有力武器，甚至有可能被不法分子获取，威胁到人身和财产安全。例如，一些支付软件的用户数据包含大量用户隐私信息，如电话、地址、身份证号、购物习惯、账户余额等。如果这些资料被不法分子掌握，理论上他们可以用这些资料实施很多犯罪行为，威胁到用户个人生命及财产安全。2021 年 1 月，就出现了国内个人信息在国外某些论坛被兜售的事件。信息窃取者公布了我国某省 999 名中国公民的户口登记样本数据，以此作为黑客攻击的证据，并表示共有 730 万中国公民的数据可供出售，包括身份证、性别、姓名、出生日期、手机号、家庭地址和邮政编码等记录。

用户的账户和隐私信息安全问题，已经构成了大数据时代极大的威胁，而且用户对个人信息的控制权也在逐渐减弱。这是因为当今社会每个人都会有多个社交账号，而且可能会在它们之间设置一个关联授权，导致个人信息很容易被访问、收集和传播。在这种情况下，想要通过技术方法来保护个人信息，似乎是不可能的，只要拥有足够多的数据，就很难实现完全的匿名化。

从当前大数据的整个产业链来看，涉及个人数据安全的环节包括数据的采集、传输、存储、分析和应用。其中，数据采集是第一步，要想保护个人的隐私数据安全，首先应该从源头抓起，尽量避免自身的隐私数据被随意采集。在当前移动互联网广泛应用的时代，个人隐私数据的采集变得越来越方便。对于普通用户而言，应尽量避免在网络上泄露自身的隐私信息。此外，大数据应用环节是导致数据泄露的另一重要因素，随着大数据平台的广泛应用，一些大数据平台自身的漏洞很容易被利用，从而造成大量个人信息的泄露。Facebook 曾出现的数据泄露问题就是典型的代表。大数据平台，尤其是大型互联网企业的大数据平台，往往会有大量的个人隐私数据，所以保护好平台的安全是非常重要的。

3．信息安全问题

大数据时代，对个人而言，信息安全问题主要包括个人信息的主动共享和被动共享。信息的主动共享是指有些人利用个人的隐私来交换相互间的个性化生活，并且无时无刻不在进行着信息的共享。例如，微信使用者不仅将生活及工作中的各类信息分享到微信朋友圈，还要随时将自己的位置信息共享给周围的群体，这些热衷于向外界展示自己生活质量及生活方式的人，完全没有考虑这些信息的安全问题。通过这些共享信息，不法分子可以轻易地定位到个人的生活圈子以及工作地点，利用简单的技术便可获取这些人更多的信息，如姓名、住址、手机号码等，但信息共享者却不以为意。信息的被动共享是指某些 App 或者应用系统在用户进行注册及登录的同时，要求用户必须向服务提供者提供相关个人信息，在各类实名制的要求下，更多的身份信息被收集，一旦系统被黑客攻陷，用户的数据就会被泄露。

4．数字鸿沟问题

数字鸿沟是一种技术鸿沟，即先进技术的成果不能为人们公平分享，于是造成"富者愈富，穷者愈穷"的情况。数字鸿沟涉及信息技术及与其有关的服务、通信和信息可及方面的失衡关系，以及在全球或各国贫富之间、男女之间、受教育与未受教育之间信息可及性的不平等和不公平现象。从目前来看，信息通信技术是使人们逐渐摆脱信息贫困的重要手段。但是，网络应用在不断普及的同时，却加大了贫富差距，在信息"富有者"和"贫困者"之间形成一道数字鸿沟，相对落后的人群会受到"信息歧视"。

在大数据时代，由于知识水平、信息素养的差别，每个人在大数据的认识层面上存在差异，对数据有正确认识的一部分人将占有和占用数据，而另一部分人由于数据知识的欠缺和数据意识的淡薄，对数据及其重要性的认识不足，对数据的占有和占用不充分，甚至自己产生的数据也被他人占用。因此，这将导致信息红利分配不公的问题，加大个体之间的数据差距，造成数字鸿沟。

这些都是因大数据技术创新而提出的新的伦理问题，或者是以前已经提出但至今仍未解决或未很好解决的伦理问题。如何解决这些伦理问题？在鉴定因为新技术而提出的伦理问题时，需要自下而上地分析这些伦理问题，考虑其特点，对利益攸关者的价值给予权衡，以找到解决办法的可行选项，然后应用伦理学的理论和原则加以论证，并提出可行的解决方案。

1.5.3　大数据的伦理原则

针对大数据引发的伦理问题，应确立相应的伦理原则。研究者认为，大数据的伦理原则主要包括如下几个方面。

1．无害性原则

大数据技术创新、研发和应用应坚持以人为本，服务于人类社会的健康发展和人民生活质量的提高，并仅用于合法、合乎伦理和非歧视性的目的。大数据的任何应用应根据不伤害人和有益于人的伦理原则给予评价，并以此作为权衡预期的受益与可能的风险的基础。同时，大数据的应用也应合适地平衡个体与公共群体的利益。在为了公共利益而限制个人的权利和利益时，这种限制应该是必要的、相称的和最低限度的。在大数据技术的研发及其应用中，专业人员、公司和使用者之间的利益冲突应该做合适的处理。任何情况下，人民群众的利益不能因追求专业人员或公司的利益而受到损害。

2．权责统一原则

大数据的产生、收集、分析及应用中，应坚持"谁收集谁负责、谁使用谁负责"的原则。对大数据技术的应用应该保持高标准的负责态度，即坚持诚信研究，反对不端和有问题的行为，承诺维护和保护个人的权利和利益。

3．尊重自主原则

数据的存储、删除、使用、知情等权利应充分赋予数据产生者。处理个人敏感信息时应当取得个人的单独同意，防止因不适当地泄露个人信息导致自然人的人格尊严受到侵害，或者人身、财产安全受到危害，要努力缩小和消除数字鸿沟。根据不同的情境，可以采用"广同意"的办法，如同意将个人信息用于一类，而不是某一种情况下。也可以采取"选择同意"或"选择拒绝"等方式。

4．参与原则

大数据应用中，要求组织机构及技术人员采取措施促进公众对大数据技术的了解，并引导所有利益攸关者或其代表在大数据应用前期就参与到大数据技术的研发及其应用的决策过程中。

5．隐私原则

大数据应用中，要求数据使用者不仅不能侵犯个人的隐私权，还要尽力防止不合适地和非法地泄露个人信息，最大限度地保护个人隐私信息，尤其是社会中的脆弱人群的隐私信息。

6．诚信原则

大数据时代，因经济利益的驱使和社交活动在网络虚拟空间的无限延展，使得某些互联网用户逐渐丧失对基本诚信准则的遵守。因此，在社会范围内建立诚信体系，营造诚信氛围，不仅有利于大数据时代隐私保护伦理准则的构建，更是对个人行为、企业发展、政府建设的内在要求。

现实生活中，除了需要遵循上述伦理原则，还应采取必要措施，消除大数据异化引起的伦理风险。

大数据伦理不是由国家强行制定和强制执行的，而是在信息活动中以善恶为标准，依靠人们的内心信念和特殊社会手段维系的。大数据技术是一把双刃剑，其本身并无好坏之分，它的善与恶全在于大数据技术的使用者想要通过大数据技术达到什么样的目的。因此，使用大数据技术为社会发展和人民幸福做出积极贡献，才是正确的大数据伦理观。

大数据伦理教育的当务之急是要建立基本的伦理准则，避免道德失范，推进所有利益相关方的道德自律。同时，要推动有关大数据的法律、法规建设，防止法律缺位，约束所有利益相关方的行为，完善相关制度建设，加强大数据服务过程的监管力度，促使大数据服务合理、合法、合规并高效。

1.6 大数据安全

大数据安全

大数据时代，数据泄露事件层出不穷，数据安全已成为阻碍大数据发展的主要因素之一。因此，确保大数据时代下敏感数据的安全尤为重要。在实现大数据集中后，如何确保数据的完整性、可用性和保密性，不受信息泄露和非法篡改的安全威胁影响，已成为政府机构、事业单位信息化健康发展的核心问题。

1.6.1 数据全生命周期安全

数据全生命周期包括数据的采集、存储、传输、使用、加工、提供、公开、销毁等环节。数据在流转的全生命周期中的每个环节都会有相应的安全需求。

1．数据采集安全

在数据采集环节，主要关注采集的数据是否符合国家法律、法规以及相关行业的规定，以及采集的数据中是否存在各种涉密信息、用户信息和业务敏感信息等。数据采集环节的安全威胁涵盖保密性威胁、完整性威胁、可用性威胁等。保密性威胁指攻击者通过建立隐蔽隧道，对信息流向、流量、通信频度和长度等参数进行分析，从而窃取敏感的、有价值的信息；完整性是指确保数据在全生命周期中准确且一致，完整性威胁包括传输中的损坏、硬件故障、配置问题、人为错误、故意破坏等；可用性威胁指数据伪造、刻意制造或篡改。

2．数据存储安全

在数据存储环节，安全威胁来自外部因素、内部因素、数据库系统安全等。外部因素包括黑客入侵、数据库后门、盗号木马、勒索病毒、恶意篡改等；内部因素包括内部人员窃取、不同利益对数据的超权限使用、弱口令配置、离线暴力破解、错误配置等；数据库系统安全包括数据库软件漏洞和应用程序逻辑漏洞，如 SQL 注入、系统权限提升、缓冲区溢出、存储设备丢失等其他情况。

3．数据传输安全

在数据传输环节，安全威胁主要包括网络攻击、传输泄露等。网络攻击包括 DDoS

（Distributed Denial of Service，分布式拒绝服务）攻击、APT（Advanced Persistent Threat，高级可持续威胁）攻击、通信流量劫持、中间人攻击、DNS（Domain Name System，域名系统）欺骗和 IP 地址欺骗等；传输泄露包括电磁泄漏或搭线窃听、传输协议漏洞、未授权身份人员登录系统、无线网安全薄弱等。

4．数据使用安全

在数据使用环节，安全威胁来自外部因素、内部因素和系统安全等。外部因素包括账户劫持、APT 攻击、身份伪装、认证失效、密钥丢失、漏洞攻击、木马注入等；内部因素包括内部人员、数据库管理员违规操作、窃取、滥用、泄露数据等，如非授权访问敏感数据，非工作时间、工作场所访问核心业务表，高危指令操作等；系统安全包括不严格的权限设置、多源异构数据集成中的隐私泄露等。

5．数据加工安全

在数据加工环节，安全威胁主要由分类分级不当、数据脱敏质量较低、恶意篡改、误操作等情况导致。

6．数据提供安全

在数据提供环节，安全威胁主要来自政策因素、内部因素、外部因素等。政策因素主要指不合规地提供和共享；内部因素指缺乏数据复制的使用管控和终端审计、行为抵赖、数据发送错误、非授权隐私泄露/修改、第三方过失而造成数据泄露；外部因素指恶意程序入侵、病毒侵扰、网络宽带被盗用等情况。

7．数据公开安全

在数据公开环节，安全威胁主要是很多数据在未经过严格保密审查、未进行泄密隐患风险评估而被任意发布，或者发布者在未意识到数据情报价值或数据涉及公民隐私的情况下随意发布数据。

8．数据销毁安全

数据销毁安全是指通过对数据及数据存储介质进行销毁，使数据彻底消除且无法通过任何手段恢复。

总之，数据安全事关国家安全和稳定发展，事关广大人民群众的工作和生活幸福。因此，需要从国际、国内大势出发，从内部、外部梳理威胁，从纵深演进分析数据安全面临的威胁和挑战，这将有助于促进技术产品创新升级，深化危机应对措施，化解重大风险挑战，保障数据安全。

1.6.2　大数据安全防护技术

大数据安全防护技术主要包括大数据资产梳理、大数据安全审计、大数据脱敏、大数据脆弱性检测、大数据应用访问控制等。

1．大数据资产梳理技术

大数据资产梳理技术能够自动识别敏感数据，并对敏感数据进行分类，且启用敏感数据发现策略时不会更改大数据组件的任何内容。

2．大数据安全审计技术

安全审计是指在记录一切（或部分）与系统安全有关活动的基础上，对其进行分析处理、评估审查，对系统安全进行审核、稽查和计算，追查造成事故的原因，并做出进一步的处理。通常包括基于日志的审计技术、基于网络监听的审计技术和基于网关的审计技术。

3．大数据脱敏技术

大数据脱敏技术针对存储数据全表或者字段进行敏感信息脱敏，实现敏感隐私数据的可靠保护。启动数据脱敏系统，不需要读取大数据组件的任何内容，只需要配置相应的脱敏策略。

4．大数据脆弱性检测技术

大数据脆弱性检测技术对大数据平台的组件周期性地进行漏洞扫描和基线检测，用于扫描大数据平台漏洞以及基线配置的安全隐患。

5．大数据应用访问控制

大数据应用访问控制通过对大数据平台账户进行统一的管控和集中授权管理，为大数据平台用户和应用程序提供细粒度级的授权及访问控制，从而防止对任何资源进行未授权的访问。

数据安全是数据应用的基础，在加强大数据安全管理的同时，要鼓励对大数据的合规应用，促进创新和数字经济发展，实现公共利益最大化。

1.7 本章小结

人类已进入大数据时代，我们被数据拥抱，并因数据使得生活方式发生了很大的改变。身处大数据时代，我们应该了解大数据，并利用好大数据。因此，如何挖掘大数据的能量与潜力，更好地利用大数据为人类服务，成为当前大数据研究与应用的当务之急。

本章从大数据时代的介绍入手，简要论述了大数据的概念、发展历程、特征、作用及大数据系统等内容；讨论了大数据思维、大数据伦理及大数据安全等问题。

1.8 习题

1．什么是大数据？其主要包括哪些技术？
2．简述大数据的应用领域。
3．简述大数据发展的 3 个阶段。
4．简述大数据的基本特征。
5．Hadoop 生态系统主要包含哪些组件？
6．简述大数据伦理的重要性。

第2章 Python 程序设计

Python 是一种面向对象的、直译式的计算机程序设计语言。它包含了一系列功能完备的标准库，能够轻松完成许多常见的任务，其设计理念是"优雅、明确、简单"。本章将从 Python 的安装与运行、数据类型与运算符、程序控制结构、函数与模块、文件等几个方面对 Python 进行简要介绍。

2.1 Python 的安装与运行

"工欲善其事，必先利其器"，要想使用 Python 开发程序，首先需要了解 Python 的特点，并在操作系统中安装 Python。

2.1.1 Python 的特点

（1）可移植性

作为一种脚本语言，Python 可以在任何安装有解释器的计算机环境中执行，使用 Python 编写的程序可以不经修改地实现跨平台运行。在计算机内部，Python 解释器把源代码转换成称为字节码的中间形式，再把它翻译成计算机使用的机器语言并运行。事实上，用户不需要担心如何编译程序、如何确保安装正确的库等，所有的这一切使得使用 Python 更加简单。用户只需要把 Python 程序复制到另一台计算机上程序就能正常工作，这使得 Python 程序更加易于移植。

（2）支持面向过程和面向对象的编程

在面向过程的语言中，程序是由过程或可重用代码的函数构建起来的。在面向对象的语言中，程序是由数据和功能组合而成的对象构建起来的。与其他主流的程序设计语言（如 C++和 Java）相比，Python 以一种非常强大而又简单的方式实现面向对象的抽象编程，同时也支持面向过程的函数编程。

（3）可扩展性和可嵌入性

如果用户需要自己的一段关键代码运行得更快或者不希望程序中的某段代码被公开，则可以首先使用 C/C++语言编写相应的代码，然后在 Python 程序中使用它们。此外，还可以把 Python 嵌入 C/C++程序中，从而向程序用户提供脚本功能。

（4）丰富的库

除了庞大的标准库，Python 还有可定义的第三方库可以使用。它包括正则表达式、文档生成、单元测试、线程、数据库、网页浏览器、电子邮件、XML（Extensible Markup Language，可扩展标记语言）、HTML（HyperText Markup Language，超文本标记语言）、WAV 文件、密码系统、GUI（Graphical User Interface，图形用户界面）及其他与系统有关的功能，可以帮助用户处理各种工作。只要安装了 Python，即可简单地实现这些功能。除了标准库，Python 还有许多高质量的库，如 wxPython、Twisted 和 Python 图像库等。

（5）严格的缩进规范

Python 采用强制缩进的方式使代码具有极佳的可读性。

阅读一个良好的 Python 程序就像是在读英语一样，体验感极佳。本章将逐步揭开 Python 的神秘面纱，带领读者体会 Python 的简单与优雅。

2.1.2　Python 的下载与安装

使用 Python 开发程序之前，需要在操作系统中安装 Python。Python 官方网站发行的版本繁多，按操作系统划分，有源代码版、Windows 版、macOS 版、Linux/UNIX 版；按 CPU 数据总线的位宽划分，有 32 位版和 64 位版。读者需要根据自己的操作系统环境选择相应的版本，本书仅以 64 位 Windows 10 系统举例说明 Python 3.8.2 的安装过程，不会赘述在其他操作系统中的安装过程。

第 1 步：打开浏览器，进入 Python 官方网站，在"Downloads"标签下选择"Windows"，如图 2-1 所示。

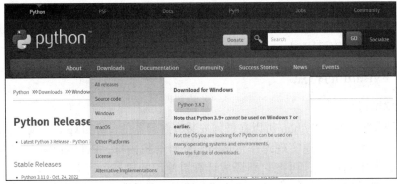

图 2-1　Python 官方网站

第 2 步：在"Python Releases for Windows"页面中找到 Python 3.8.2 的下载链接，可以按"Ctrl+F"组合键搜索"3.8.2"以快速找到链接位置，单击"Windows x86-64 executable installer"链接下载 Python，如图 2-2 所示。

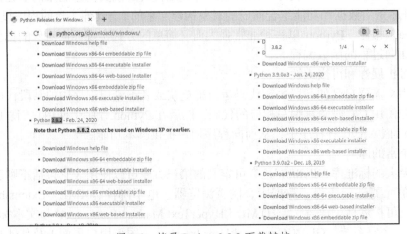

图 2-2　搜寻 Python 3.8.2 下载链接

第 3 步：打开下载好的 Python 安装程序，弹出如图 2-3 所示的安装向导，选择"Customize installation"选项。

图 2-3　安装向导界面

第 4 步：选中如图 2-4 所示界面中的复选框，并为 Python 设定安装路径，然后单击"Install"按钮开始安装。注意，安装路径中尽量不要包含中文字符及空格符。

图 2-4　修改安装设置

第 5 步：提示 Python 安装完毕，关闭窗口即可。若窗口中提示是否取消路径长度限制，选择"Disable path length limit"选项，再单击"Close"按钮关闭窗口即可，如图 2-5 所示。

图 2-5　取消路径长度限制

2.1.3　Python 程序的运行

运行 Python 程序有两种方式：交互式和文件式。交互式指 Python 解释

Python 程序的运行

器能够即时响应用户输入的每条代码，并给出输出结果。文件式，也称批量式，指用户将 Python 程序写在一个或多个文件中，通过启动 Python 解释器批量执行文件中的代码，并给出最终结果。交互式一般用于调试少量代码，文件式则是最常用的编程方式。其他编程语言通常只以文件式执行程序。下面以 Windows 操作系统中运行"Hello World"程序为例，具体说明两种方式的启动和运行方法。

1．交互式启动和运行方法

交互式有两种启动和运行方法。

第 1 种方法，使用 Windows 操作系统的命令行工具运行 Python 程序。具体操作如下：按"Win+R"组合键，调用"运行"窗口，输入"cmd"，单击"确定"按钮，弹出"命令提示符"窗口；在"命令提示符"窗口中输入"python"后按"Enter"键，在命令提示符">>>"后输入如下程序代码：

```
1    print("Hello World")
```

按"Enter"键后，将显示输出结果"Hello World"，如图 2-6 所示。

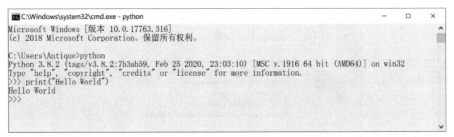

图 2-6　在"命令提示符"窗口中启动交互式 Python 运行环境

在">>>"提示符后输入 exit()或者 quit()，可以退出 Python 运行环境。

第 2 种方法，使用安装的 IDLE 来启动 Python 运行环境。IDLE 是 Python 软件包自带的集成开发环境，可以在 Windows 操作系统的"开始"菜单中选择"Python 3.8"子菜单中的"IDLE"，打开 IDLE 运行窗口，在该窗口中可以直接编辑 Python 代码，运行结果如图 2-7 所示。

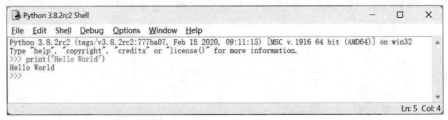

图 2-7　在 IDLE 中启动交互式 Python 运行环境

2．文件式启动和运行方法

与交互式相对应，文件式也有两种启动和运行方法。

第 1 种方法，按照 Python 的语法格式，在任意一个文本编辑器中编写代码，并将其保存为".py"格式的文件。同样，以"Hello World"程序为例，将代码保存成文件 hello.py，接着打开 Windows 的"命令提示符"窗口，进入 hello.py 文件所在目录，运行 Python 程序文件，即可获得输出结果，如图 2-8 所示。

图 2-8　在"命令提示符"窗口中运行 Python 程序文件

第 2 种方法，打开 IDLE，按"Ctrl+N"组合键打开一个新窗口，或在菜单中选择"File"→"New File"选项。这个新窗口不是交互模式，它是一个具备 Python 语法高亮辅助功能的编辑器，可以进行代码编辑。例如，输入"Hello World"并保存其为 hello.py 文件，如图 2-9 所示。按快捷键"F5"，或在"Run"菜单中选择"Run Module"选项运行该程序。

图 2-9　在 IDLE 中编写并运行 Python 程序文件

交互式和文件式共有 4 种 Python 程序运行方法，其中文件式方法最为常用。IDLE 是一个简单、有效的集成开发环境，无论交互式或文件式，它都有助于快速编写和调试代码，它是小规模 Python 软件项目的主要编写工具。本章所有程序都可以通过 IDLE 编写并运行。行文方面，对于讲解少量代码的情况，采用 IDLE 交互式（由">>>"开头）进行说明；对于讲解整段代码的情况，采用 IDLE 文件式进行说明。

2.1.4　第三方软件包的安装

pip 是 Python 软件包管理工具，它提供了对软件包的查看、下载、安装、升级和卸载等功能。pip 的优点是它不仅能够在线下载软件包，而且会把相关的依赖软件包也一起下载安装。在 Python 3.4 及后续版本中，Python 自动安装了 pip、pip3、pip3.x 等工具。

1．pip 常用命令

pip 常用命令如表 2-1 所示。

表 2-1　pip 常用命令

命令	说明
pip --help	查看 pip 帮助信息
pip install 包名	从官方网站在线安装第三方软件包
pip install -i 镜像网站 URL 包名	从镜像网站在线安装第三方软件包
pip install -i 镜像网站 URL 包名 -U	从镜像网站升级第三方软件包

命令	说明
pip install 包名 --upgrade	从官方网站在线升级第三方软件包
pip uninstall 包名	卸载本地（本机）指定的第三方软件包
pip show 包名	查看指定安装的第三方软件包的详细信息
pip list	查看当前已安装的第三方软件包和版本号
pip list --outdated	检查哪些第三方软件包需要更新
pip -V	查看 pip 版本和安装目录（注意 V 大写）

2．第三方软件包资源网站

当 Python 官方网站速度较慢或者无法连接时，可使用带有 "-i 镜像网站" 的指令从镜像网站安装软件包。常用的镜像网站包括 PyPI、清华大学开源软件镜像站、阿里云开发者社区、中国科学技术大学开源软件镜像等。

3．离线安装软件包

使用 pip install 命令可以实现在线安装 Python 第三方软件包，但是有些软件包在安装时可能会遇到无法成功安装的问题。这时需要离线安装 whl 软件包（whl 文件是已经编译和压缩好的软件包，下载后可以直接用 pip 命令安装）。

软件包可以从用于下载 Python 扩展包的非官方 Windows 二进制文件网站（如 PyPy、PyPI 等）中获取。值得注意的是，whl 文件名中包含了对环境的要求。假设已下载了一个名为 numpy-1.21.4+mkl-cp38-cp38-win_amd64.whl 的文件，其中，cp38 对应 Python 3.8，win_amd64 对应 Windows 64 位操作系统，若文件名中注明 win32，则对应 Windows 32 位操作系统。下载软件包时要选择与当前环境相匹配的版本。另外，离线安装软件包有时也需要联网，因为有些软件包需要安装自身之外的依赖包，离线环境可能会导致安装失败。

4．软件包安装实例

在安装软件包之前，需要先进入 Python 安装目录中，再进行下载、安装软件包的步骤。如果读者不知道 Python 在操作系统中的安装位置，可以在命令提示符中使用 where python 命令查找 Python 的安装位置，如图 2-10 所示。

图 2-10　查询 Python 的安装位置

查询结果中，E:\Python38\python.exe 即为 2.1.2 小节中设置的 Python 的安装路径。在安装软件包之前，需要先进入 Python 的安装路径，再进行软件包的安装，如图 2-11 所示。

首先，使用 cd 命令进入 Python 所在路径，cd 命令只能在当前磁盘下跳转目录，如果需要切换到其他磁盘需要加入参数 "/d"，在输入路径的过程中，建议输入文件首字母后按 "Tab" 键自动补全文件名，以免输入错误。接着，进入 Python 安装路径中即可进行在线安装或离线安装。如果在安装过程中遇到速度过慢或者出现 "timeout" 等问题，可以通过在安装命令中加入 "-i" 参数并设定镜像网站进行解决。注意，若在安装软件包时使用了系统代理，可能会导致系统报错，建议关闭系统代理之后再进行软件包的安装。

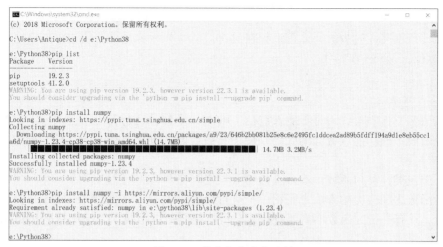

图 2-11　软件包的安装示例

2.1.5　Python 编程规范

良好的编程规范可以降低软件的维护成本，提升代码的可读性，极大地提高开发团队的合作效率。以下列举一些编程规范建议，希望读者在学习 Python 的过程中遵守这些规范，养成良好的编程习惯，锻炼出更严谨的编程思维。

1．行长度

推荐程序语句每行长度不超过 79 个字符，一是方便在屏幕中查看代码；二是一行代码太长可能存在设计缺陷；三是控制行长度可以控制程序逻辑块递进深度（比较长的导入模块语句或 URL 语句除外）。

2．长语句续行

当语句太长时，允许在合适处换行，或使用续行符"\"断开语句，在下一行继续编写程序。使用续行符时需要注意如下问题。

（1）可以从长语句中逗号处分割语句，这时不需要续行符。

（2）在圆括号"()"、方括号"[ ]"、花括号"{ }"结尾处断开语句时，不需要续行符。

（3）可以用续行符断开语句，但是续行符必须在语句结尾处，续行符前面应无空格，续行符后面也不能有空格和其他内容。

（4）不允许使用续行符将关键字、变量名、运算符分隔为两部分。

（5）当语句被续行符分隔成多行时，后续行无须遵守 Python 缩进规则，前面空格的数量不影响语句正确性。

3．空格

在 Python 代码中，使用空格时，需要注意如下几个方面。

（1）使用空格键缩进，不要使用"Tab"键缩进，以免引起混乱。

（2）每一条有语法要求缩进的语句，上下语句之间缩进 4 个空格。

（3）可以在逗号、分号、冒号后面加空格，不要在它们前面加空格。

（4）二元操作符中间不允许加空格，如+=、-=、==、<=、>=、!=等。二元操作符前后可以加空格，但两侧要保持一致。二元运算符作为函数参数时，"="前后不用加空格。如果使用具有不同优先级的运算符，只在具有最低优先级的运算符两边添加空格，其他的不用添加空格。如 x = x*2–1。

4．空行

通常情况下，书写代码时不插入空行，Python 解释器运行时也不会出错。空行的作用在于分隔两段不同功能或含义的代码，便于日后代码的维护。在下面几种情况中，通常需要使用空行。

（1）类与类，类与函数，或者函数与函数之间空两行。

（2）函数之间或类的方法之间用一个空行分隔，表示一段新的代码的开始。

注意，只有一行的函数不需要空行。空行与代码缩进不同，空行并不是 Python 语法的一部分。

5．引号

可以使用单引号（'）、双引号（"）或者三引号（'''或"""）来表示字符串。引号的开始和结束必须是相同的类型。其中，三引号可以由多行组成，常用于文档字符串，在文件的特定地方被当作注释。建议在如下情况使用不同的引号。

（1）提示信息使用双引号，如"请输入一个整数："。

（2）数据类型标识使用单引号，如 myList=['Google', '百度',1997,2018]。

（3）正则表达式使用原生单引号，如 greed=re.findall(r' (\d+)', 'a23b')。

（4）多行或者很长的注释字符串使用三引号，如'''函数接口说明'''。

6．一行多条语句

Python 虽然不推荐一行多条语句，但是一行多条语句在特殊情况下也可以运行。一行多条语句主要应用在如下几种情况。

（1）引用库时，可以在一行执行多条语句。

```
1    import sys,os,time                      #导入标准库中的多个模块
2    from pandas import Series,DataFrame      #导入同一软件包中的多个模块或函数
```

（2）简单语句中，可以使用分号";"来分隔不同的语句。

```
1    a=2; b=3
2    print(a);print(b);print(a+b)
```

（3）循环语句、函数定义语句、异常处理语句等只有一行时，可以不换行。

```
1    def _sety(self,value) : self.value=value      #函数定义只有一行
2    a=[[1,2,3],[4,5,6],[7,8,9]]                   #列表嵌套赋值
3    print([ j for j in a ])                       #循环语句只有一行
```

（4）Python 的 lambda 匿名函数表达式只能写在一行中。

```
1    f=lambda x,y: x+y      #lambda 允许在一行代码中嵌入一个函数
2    print(f(1,2))          #数字 1、2 是传递给匿名函数 lambda 的实参
```

7．Python 程序入口

程序入口，指程序执行的第 1 条语句。在很多编程语言中，程序都必须有一个入口，如 C/C++有一个 main()主函数作为程序入口，即程序从 main()主函数开始运行。Python 虽然没有统一的程序入口，但提供了 if __name__ == "__main__"语句（__由两个短下画线"_"组成），它相当于 Python 的程序入口。这条语句的含义是：当模块直接运行时，主程序块将被运行；当模块被导入时，主程序块不运行。更深入地说，当模块被导入时，主程序块不运行，程序内部的函数语句块可以被其他程序调用执行；直接运行模块时，包括主程序块在内的所有程序都将被执行。

8．代码缩进

Python 中使用缩进方式表示语句块开始和结束。同一语句块中每一条语句的缩进量必须相同；当减少缩进空格时，则表示语句块退出或结束；不同缩进深度代表不同的语句块。Python 中凡是语句结尾用冒号"："标识时，后续的语句块必须缩进书写。同一语句块必须严格左对齐，推荐缩进 4 个空格。

9．其他

（1）行注释符号为"#"。按软件工程要求，程序中注释行不要低于 30%。好的注释可以提供代码中没有包含的额外信息，例如，表达程序意图、说明参数意义、提供警告信息等。

（2）程序默认使用 UTF-8 编码，如无特殊情况，不需要说明程序编码。

（3）在低于 Python 3.7 的版本中，为了避免出现汉字乱码，建议在程序第一行加入编码说明，如"#- * -coding:utf-8- * -""# coding=utf-8"或"# coding: utf-8"。

2.2 数据类型与运算符

在内存中存储的数据可以包含多种类型。例如，一个人的姓名可以用字符串类型存储，班级中所有人的名字可以存为列表类型，姓名和学号可以存为字典类型，等等。这些都是 Python 中提供的基本数据类型。

2.2.1 数字和字符串

1．数字

（1）整数

Python 支持大整数计算，32 位 Python 定义的最大整数为 $2^{31}-1=2\ 147\ 483\ 647$；64 位 Python 定义的最大整数为 $2^{63}-1=9\ 223\ 372\ 036\ 854\ 775\ 807$。当数值域超出这个范围时，Python 会自动转换为大整数计算，整数有效位可达数万位（但运行效率会降低）。

（2）浮点数

浮点数是带小数点的实数。整数和浮点数在计算机内部的存储方式和计算方式都不同，所有整数采用补码（一种计算机二进制数的编码方式）存储；所有浮点数采用 IEEE 754 标准规定的方法存储。在 CPU 中，整数由 ALU（Arithmetic and Logic Unit，算术逻辑部件）执行运算，浮点数由 FPU（Floating-point Processing Unit，浮点处理单元）执行运算。注意，计算机本质上是做二进制数运算，然后将结果转换为人们熟悉的十进制数。在二进制数和十进制数的转换过程中，数据会产生截断误差（舍入误差）。例如：

```
1    >>> 0.1 + 0.2 == 0.3
     False
2    >>> print(0.1+0.2)
     0.30000000000000004
```

2．字符串

字符串意为"0 个或多个字符"，字符串中的独立符号称为元素。字符串必须用引号标识，用单引号、双引号、三引号都可以，引号必须成对使用。Python 对字符串没有强制性长度限制。测试表明，字符串的最大可保存长度取决于设备性能和程序效率。

（1）特殊字符串赋值

程序引用长 HTML 语句块或者长 SQL 语句时，可以使用三引号（'''）。

字符串内部有单引号时，外部必须用双引号，否则将导致语句错误。

（2）查看字符串

查看字符串中的字符，语法格式如下：

```
变量名[起始索引:终止索引:步长]
```

Python 中字符串有两种索引（C 语言中称为下标）方式，如图 2-12 所示。

→从左至右

正索引	0	1	2	3	4	5	6	7	8	9	10
值	穷	且	益	坚	，	不	坠	青	云	之	志
负索引	−11	−10	−9	−8	−7	−6	−5	−4	−3	−2	−1

←从右至左

图 2-12　Python 字符串索引方式

正索引以 0 为始，从字符串左侧依序向右侧递增；负索引从字符串右侧以−1 为始，依序向字符串左侧递减。实际上，在 Python 中这种索引方式并非是字符串独有的，这种索引方式被称为切片，如列表等数据结构同样可以使用这种方式进行访问。切片遵循"左闭右开"原则，即切片结果包含起始索引处的元素，但不包含终止索引处的元素。当省略终止索引时，表示切片一直延伸到结尾。步长表示取数据时的"步长"，默认为 1，步长的正负表示取值的方向。步长为正整数时，从左至右正序取值；步长为负整数时，从右至左逆序取值。

```
1    >>> strDemo='穷且益坚，不坠青云之志'
2    >>>strDemo[5:10]            #输出第 5 个位置到第 9 个位置的元素（取不到第 10 个位置的值）
     '不坠青云之'
3    >>> strDemo[5:]            #从第 5 个位置开始输出直到最后
     '不坠青云之志'
4    >>> strDemo[-6:]            #从位置-6 开始输出直到最后
     '不坠青云之志'
5    >>> strDemo[-6::2]            #从位置-6 开始输出直到最后，步长为 2
     '不青之'
```

6	`>>> strDemo[-1:-7:-1]`	#从位置-1到位置-7，逆序取值
	`'志之云青坠不'`	
7	`>>> strDemo[-1:-7:-2]`	#从位置-1到位置-7，逆序取值，步长为2
	`'志云坠'`	

（3）修改字符串中的元素

可以在字符串首尾添加元素，但是不能删除或改变字符串中的元素。想要修改字符串时，可以读取字符串中的部分元素，返回一个新字符串。

```
1   >>> strDemo[0]="富"
    Traceback (most recent call last):            #字符串不支持赋值操作
      File "<pyshell#22>", line 1, in <module>
        strDemo[0]="富"
    TypeError: 'str' object does not support item assignment
2   >>> strUpdated=strDemo.replace("穷","富")        #将"穷"替换为"富"
3   >>> strUpdated
    '富且益坚，不坠青云之志'
4   >>> strDemo                                    #原字符串并未改变
    '穷且益坚，不坠青云之志'
```

（4）字符串格式化输出

Python 中存在 4 种字符串格式化输出的方式，下面将用几个简单的示例对这 4 种格式化输出方式进行介绍。

① "旧式"字符串格式化。

与 C 语言中的 printf()函数类似，Python 中可以通过"%"操作符方便、快捷地进行位置格式化。

```
1   >>> situation="穷且益坚"
2   >>> "%s, 不坠青云之志" %situation
    '穷且益坚，不坠青云之志'
```

这里使用"%s"格式说明符来告诉 Python 替换 situation 值的位置。这种方式称为"旧式"字符串格式化。

如果要在单个字符串中进行多次替换，则需要对"旧式"字符串格式化语法稍做改动。由于"%"操作符只接收一个参数，因此需要将字符串放入右边的元组中，程序如下所示。

```
1   >>> attitude="青云之志"
2   >>> length=11
3   >>> "%s, 不坠%s, 共%d字" %(situation,attitude,length)
    '穷且益坚，不坠青云之志，共11字'
```

如果将别名传递给"%"操作符，还可以在格式字符串中按名称替换变量。

```
1   >>> "%(situation)s, 不坠%(attitude)s, 共%(length)d字" \
2       %{"situation":situation,"attitude":attitude,"length":length}
    '穷且益坚，不坠青云之志，共11字'
```

这种方式能简化格式字符串的维护，也容易修改。不必确保字符串值的传递顺序与格式字符串中名称的引用顺序一致。当然，这种技巧的缺点是需要多输入一些代码。尽管"旧式"字符串格式化已经不再受重用，但并未被放弃，Python 的最新版本依然支持这种应用。

② "新式"字符串格式化。

在"新式"字符串格式化中，可以免去"%"操作符这种特殊语法，并使得字符串格式化的语法更加规范。"新式"字符串格式化在字符串对象上调用 format()函数。与"旧式"字符串格式化类似，"新式"字符串格式化也可以进行简单格式化和用别名以任意顺序替换变量。

```
1    >>> "{},不坠{},共{}字".format(situation,attitude,length)    #简单的位置格式化
     '穷且益坚,不坠青云之志,共11字'
2    >>> "{situation},不坠{attitude},共{length:x}字" \          #按十六进制输出数字
3    .format(situation=situation,attitude=attitude,length=length)
     '穷且益坚,不坠青云之志,共b字'
```

从上述实例可以看出，将 int 变量格式化为十六进制字符串的应用中，需要在变量后面添加":x"后缀来传递格式规范。在 Python 3 中，这种"新式"字符串格式化比"%"风格的格式化更受欢迎。但从 Python 3.6 开始，出现了一种更好的方式来格式化字符串，即格式化字符串字面值插值的方法。

③ 格式化字符串字面值插值（Python 3.6+）。

Python 3.6 及以上的版本增加了另一种格式化字符串的方法，称为格式化字符串字面值（Formatted String Literal）插值。采用这种方法，可以在字符串常量内使用嵌入的 Python 表达式。通过下面的示例来展示该功能。

```
1    >>> f"{situation},不坠{attitude},共{length}字"
     '穷且益坚,不坠青云之志,共11字'
```

新的格式化语法非常强大，因为其中可以嵌入任意的 Python 表达式，甚至可以内联算术运算，如下所示。

```
1    >>> numA=2; numB=3
2    >>> f"2 加 3 等于{numA+numB}, 而不是{2*(numA+numB)}。"
     '2 加 3 等于5, 而不是 10。'
```

str.format()方法中所使用的语法同样适用于格式化字符串字面值，其格式化输出的实例如下。

```
1    >>> f"{situation},不坠{attitude},共{length:x}字"
     '穷且益坚,不坠青云之志,共b字'
2    >>> f"{situation},不坠{attitude},共{length:#x}字"
     '穷且益坚,不坠青云之志,共0xb字'
```

④ 模板字符串。

Python 中的另一种字符串格式化技术是模板字符串（Template String）。这种机制相对简单，在某些情况下可能正是读者所需要的。

```
1   >>> from string import Template
2   >>> t=Template("$situation, 不坠$attitude, 共$length 字")
3   >>> t.substitute(situation=situation,attitude=attitude,length=length)
    '穷且益坚, 不坠青云之志, 共 11 字'
```

从上述实例可以看出，使用模板字符串，需要从 Python 的内置字符串模块中导入 Template 类。模板字符串不是核心语言功能，由标准库中的模块提供。

另外，模板字符串不能使用格式说明符。假如我们依旧需要输出十六进制的字数，就需要手动将 int 数据转换为一个十六进制字符串。如下所示。

```
1   >>> templateString="$situation, 不坠$attitude, 共$length 字"
2   >>> Template(templateString).substitute(situation=situation,\
3                       attitude=attitude,\
4                       length=hex(length))
    '穷且益坚, 不坠青云之志, 共 0xb 字'
```

其他字符串格式化技术所用的语法更加复杂，因此可能会给程序带来安全漏洞。例如，格式字符串可以访问程序中的任意变量。这意味着，如果恶意用户可以提供格式字符串，那么就可能泄露密钥和其他敏感信息。下面用一个简单的实例演示一下这种攻击方式。

```
1   >>> password="7355608"
2   >>> class Error():
3           def __init__(self):
4               pass
5   >>> err=Error()
6   >>> userInput='{error.__init__.__globals__[password]}'
7   >>> userInput.format(error=err)
    '7355608'
```

通过访问格式字符串中的__globals__字典，可以从中提取出字符串 password。使用模板字符串能够避免这种攻击。因此，在处理由用户输入生成的格式字符串时，用模板字符串更加安全。

Python 中各种字符串格式化方式各有所长。如果格式字符串是用户提供的，使用模板字符串可以避免安全问题。若不是，且 Python 版本在 3.6 及以上，使用格式化字符串字面值插值，老版本则使用"新式"字符串格式化。

（5）字符串操作常用方法

① join()方法。

join()方法用于将序列中的元素以指定的字符连接，生成一个新的字符串。

```
1   >>> demoSeq=["穷","且","益","坚"]
2   >>> "-".join(demoSeq)
    '穷-且-益-坚'
```

② split()方法。

split()方法与join()方法的作用正好相反，用于将字符串拆分为序列。

```
1   >>> splitString="3!=1*2*3"
2   >>> splitString.split("*")
    ['3!=1', '2', '3']
```

注意，如果没有指定分隔符，将默认在单个或多个连续的空白字符（空格、制表符、换行符）处进行分隔。因此，也常使用 split()方法配合 join()方法去除字符串中的空格。

```
1    >>> splitString="1*\t2*\n3*\r4* 5*"
2    >>> splitString.split()
     ['1*', '2*', '3*', '4*', '5*']
3    >>> "".join(splitString.split())
     '1*2*3*4*5*'
```

③ replace()方法。

replace()方法将指定子串替换为另一个字符串，并返回替换后的结果。除了空格、制表符、换行符，文本数据中可能还存在不间断空白符（\xa0）、全角空白符（\u3000）等特殊字符，可以使用 replace()方法进行处理。

```
1    >>> error="\u3000\ufeff\xa0 例!"
2    >>> error.replace(u"\u3000",u"").replace(u"\xa0",u"")
     '\ufeff 例!'
```

④ find()方法。

find()方法用于在字符串中查找子串。如果找到，就返回子串的第 1 个字符的索引，否则返回-1。

```
1    >>> "穷且益坚".find("富")
     -1
2    >>> "穷且益坚".find("坚")
     3
```

2.2.2 列表和元组

1. 列表

列表（List）是 Python 中最常用的数据结构之一，其本身是一个存储元素的容器，每个元素的大小并没有限制。

列表操作包括元素索引、查看元素、增加元素、删除元素、元素切片、元素叠加、元素重复等。列表的切片操作与字符串中的切片操作规则一致。另外，Python 内置了很多标准函数，可以对列表进行各种操作，如计算列表中的元素长度（len()），确定列表中最大（max()）或最小（min()）元素，对列表中元素求和（sum()），等等。

（1）创建列表

列表中的元素需要用方括号（[ ]）标识，元素之间以英文逗号分隔。列表元素可以是 Python 所支持的任意数据类型，如数字、字符串、布尔值、列表、元组、字典等。创建列表的语法格式如下。

```
列表名=[]                          #定义空列表
列表名=list()                      #定义空列表
列表名=[元素 1,元素 2,…,元素 n]    #定义带初始元素的列表
```

示例代码如下所示。

```
1   >>>listDemo=list()                                              #创建一个空列表
```

（2）删除列表

当列表不再使用时，可以使用 del 命令将其删除。示例代码如下。

```
1   >>> del listDemo                                                #删除列表
2   >>> listDemo
    Traceback (most recent call last):
      File "<pyshell#78>", line 1, in <module>
        listDemo
    NameError: name 'listDemo' is not defined
```

（3）判断元素在列表中的位置

使用 index()方法可以判断元素在列表中的位置。

```
1   >>> listDemo=["落霞","与","孤鹜","齐飞"]
2   >>> listDemo.index("与")                                       #查找列表中"与"的索引
    1
3   >>> listDemo.index("齐飞")                                     #查找列表中"齐飞"的索引
    3
```

（4）向列表中添加元素

在列表中增加或删除元素时，Python 会自动对列表进行内存大小的调整（扩大或缩小）。在列表中间位置增加或删除元素时，不仅运行效率较低，而且该位置后面所有元素在列表中的索引也会发生变化，因此应当尽量从列表尾部进行元素添加或删除操作。

在列表中添加元素有 3 种方法：append()、extend()和 insert()。语法格式如下。

```
列表名.append(元素)
列表名.extend([多个元素列表])
列表名.insert(索引,元素)
```

① 利用 append()方法在列表末尾添加一个元素。

```
1   >>> listDemo.append("秋水")
2   >>> listDemo
    ['落霞', '与', '孤鹜', '齐飞', '秋水']
```

② 利用 extend()方法在列表末尾添加多个元素。

```
1   >>> listDemo.extend(["共","长天"])
2   >>> listDemo
    ['落霞', '与', '孤鹜', '齐飞', '秋水', '共', '长天']
```

③ 利用 insert()方法在列表指定位置插入元素。

```
1   >>> listDemo.insert(7,"一色")
2   >>> listDemo
    ['落霞', '与', '孤鹜', '齐飞', '秋水', '共', '长天', '一色']
```

（5）在列表中重复和拼接某个元素

利用"+"可以拼接列表中的元素。

```
1    >>> concateOne=["落霞与孤鹜齐飞"]
2    >>> concateTwo=["秋水共长天一色"]
3    >>> concateOne+=concateTwo                      #列表连接
4    >>> concateOne
     ['落霞与孤鹜齐飞', '秋水共长天一色']
```

利用"*"可以重复列表中的某个元素。

```
1    >>> copyList1=["柴门闻犬"]
2    >>> copyList2=["吠"]
3    >>> copyList1=copyList1+copyList2*3             #列表连接与复制
4    >>> copyList1
     ['柴门闻犬', '吠', '吠', '吠']
```

（6）列表嵌套

列表嵌套指在列表中嵌套其他的列表。

```
1    >>> lappingList=[copyList1,copyList2]
2    >>> lappingList
     [['柴门闻犬', '吠', '吠', '吠'], ['吠']]
```

（7）列表复制

复制一个列表时，Python 只是创建了一个别名，两个列表指向同一个内存位置，实际上只存在一个列表。注意，在列表复制中，修改列表 A 的元素将影响列表 B。

```
1    >>> copyList2=["吠"]
2    >>> copyList3=copyList2
3    >>> copyList2[0]="叫"
4    >>> copyList3
     ['叫']
```

（8）修改列表元素

使用访问列表索引的方式可以修改列表中元素的值。

```
1    >>> List1=['柴','门','闻','犬','吠']
2    >>> List1[2]='听'
3    >>> List1
     ['柴', '门', '听', '犬', '吠']
```

（9）删除列表中指定位置的元素

删除列表中指定位置元素的方法有 pop()和 del 两种。此外，clear()方法可以清空列表中的所有元素。

```
1    >>> List1=['柴','门','闻','犬','吠']
2    >>> List1.pop(2)                                #删除索引为2的元素
```

3	>>>List1	
	['柴', '门', '犬', '吠']	
4	>>>del List1[1]	#删除索引为1的元素
5	>>>List1	
	['柴', '犬', '吠']	
6	>>>List1.clear()	#清空列表中的所有元素
7	>>>List1	
	[]	

2. 元组

元组（Tuple）也是一种存储一系列元素的容器。元组与列表的主要区别有以下两点：一是元组中的元素不能修改，而列表中的元素可以修改；二是元素和列表的创建符号不一样，元组使用圆括号"()"定义，而列表使用方括号"[]"定义。

元组的索引和切片规则与字符串的相同，本节中不赘述。

（1）创建元组

元组中所有元素放在一对圆括号中，元素之间用逗号分隔。如果元组中只有一个元素，则必须在元素后面增加一个逗号。如果没有逗号，则 Python 会假定这只是一对额外的圆括号，不会创建一个元组对象。

使用逗号分隔的一组值，只要没有引起语法错误，Python 也会自动将其创建为元组。在没有歧义的情况下，声明元组时也可以没有圆括号，示例如下。

1	>>> tupleDemo1=(1,)	#创建只有一个元素的元组
2	>>> tupleDemo2=2,3,4,5,6	#创建元组时可以没有圆括号
3	>>> tupleDemo1	
	(1,)	
4	>>> tupleDemo2	
	(2, 3, 4, 5, 6)	
5	>>> tupleDemo2[1]	#使用索引显示元组中的某一元素
	3	

（2）连接元组

与字符串一样，元组之间可以使用"+"和"*"进行连接组合和复制，运算后会生成一个新的元组。

1	>>> tupleNew=tupleDemo1+tupleDemo2	#元组连接组合
2	>>> tupleNew	
	(1, 2, 3, 4, 5, 6)	
3	>>> tupleCopy=tupleDemo1*2	#元组复制
4	>>> tupleCopy	
	(1, 1)	

（3）删除元组

元组中的元素不允许被删除，但是可以用 del 语句删除整个元组。

1	>>> del tupleNew	#删除元组
2	>>> tupleNew	

```
Traceback (most recent call last):
  File "<pyshell#122>", line 1, in <module>
    tupleNew
NameError: name 'tupleNew' is not defined
```

2.2.3　字典和集合

1．字典

字典（Dictionary）是 Python 中一种重要的数据结构。字典中的元素都分为两部分：前半部分称为"键"（Key），后半部分称为"值"（Value）。例如"姓名:王勃"这个元素中，"姓名"称为键，"王勃"称为值。字典是"键值对"元素的集合，元素之间没有顺序，但不能重复。

字典类似于表格中的一行，键相当于表格中列的名称，值相当于表格中单元格内的值。同一字典中虽然不允许存在重复的键，但是不同字典中的键可以重复；而表格中，同一列的不同行都必须保持列名称一致。

（1）创建字典

字典使用花括号"{}"进行定义。与列表和元组不同，列表和元组都是有序对象的集合，而字典是无序对象的集合。它们之间的区别在于：列表中的元素通过索引进行查找，字典中的元素通过键进行查找。字典的键可以是字符串、数字、元组等数据类型。键是唯一的，对于重复的键值对，最后一个键值对会覆盖前面的键值对。值可以不唯一，可以是任何数据类型。

```
1    >>> poemDict={"作品名":"滕王阁序","作者":"王勃","享年":26}          #创建字典
2    >>> poemDict
     {'作品名': '滕王阁序', '作者': '王勃', '享年': 26}
```

（2）访问字典

字典中元素（键值对）的位置是无序的，或者说，字典中的元素没有索引，元素之间也没有前后顺序关系。因此，访问字典中的元素时只能通过键查找值，无法访问索引。

```
1    >>> poemDict["作者"]                                          #访问字典中的元素
     '王勃'
```

（3）修改字典元素

向字典中添加新内容的方法是增加新的键值对，或者修改、删除已有键值对。

```
1    >>> poemDict["作者"]="唐朝王勃"                                 #修改已有键值对
2    >>> poemDict
     {'作品名': '滕王阁序', '作者': '唐朝王勃', '享年': 26}
3    >>>poemDict['作品创作时间']="公元 675 年"                        #新增键值对
     {'作品名': '滕王阁序', '作者': '唐朝王勃', '享年': 26, '作品创
     作时间': '公元 675 年'}
```

2．集合

集合（Set）是一种无序且元素唯一的容器。集合与数学上的"集合"概念非常类似，

是一种健壮性很强的数据结构。当元素顺序的重要性不如元素的唯一性，或者检验元素是否包含在集合中时，都可以使用集合类型。

集合具有如下特点：①集合是可变容器，可以增加或删除其中的元素；②集合内元素不能重复，因此经常将变量转换成集合类型达到去重的目的；③集合是一种无序存储结构，集合中的元素没有先后顺序关系；④集合内元素不能是变量，只能是不可变的对象；⑤集合相当于只有键没有值的字典，键是集合中的元素。

（1）创建集合

Python 中可以使用花括号{}或 set()方法创建集合，但在创建空集合时只能使用 set()方法，语法格式如下。

```
集合名={}
集合名=set()
```

（2）添加集合元素

可以使用 add()函数将元素添加至集合中。将元素添加到集合中时，如果元素已存在，则不进行任何操作。

```
1    >>> numSeriesA={1,2,3,4,5}
2    >>> numSeriesB={3,4,5,6,7}
3    >>> numSeriesA.add(0)
4    >>> numSeriesB.add(8)
5    >>> numSeriesA
     {0, 1, 2, 3, 4, 5}
6    >>> numSeriesB
     {3, 4, 5, 6, 7, 8}
```

（3）删除集合元素

可以使用 remove()、discard()或 pop()函数将元素从集合中删除。当元素在集合中不存在时，remove()函数会报错，discard()函数不会报错。pop()函数可以随机删除集合中的元素，并将被删除的元素返回。

```
1    >>> numSeriesA.remove(0)                      #第 1 次删除
2    >>> numSeriesA.remove(0)                      #再次删除
     Traceback (most recent call last):           #元素已经不存在集合中，报错
       File "<pyshell#7>", line 1, in <module>
         numSeriesA.remove(0)
     KeyError: 0
3    >>> numSeriesB.remove(8)
4    >>> numSeriesB
     {3, 4, 5, 6, 7}
5    >>> numSeriesB.discard(8)                     #discard()删除不存在元素时，未报错
6    >>> p1=numSeriesB.pop()                       #pop()随机删除集合中的一个元素
7    >>> p1
     3
```

（4）集合的运算

集合的运算类型有：求交集（&）、求并集（|）、求补集（-）、求对称补集（^）、求子集（>或<）、求全集（==）等。

```
1    >>> numSeriesA={1,2,3,4,5}
2    >>> numSeriesB={3,4,5,6,7}
3    >>> r1=numSeriesA&numSeriesB          #交运算
4    >>> r1
     {3, 4, 5}
5    >>> r2=numSeriesA | numSeriesB        #并运算
6    >>> r2
     {1, 2, 3, 4, 5, 6, 7}
7    >>> r3=numSeriesA - numSeriesB        #补运算
8    >>> r3
     {1, 2}
9    >>> r4=numSeriesA ^ numSeriesB        #对称补运算
10   >>> r4
     {1, 2, 6, 7}
```

可以通过"<"或">"判断一个集合是不是另一个集合的子集。

```
1    >>> r3 < r4
     True
```

利用"=="运算符判断两个集合是否相同。

```
1    >>> numSeriesA == numSeriesB
     False
```

2.2.4　运算符

Python 运算符包括算术运算符、逻辑运算符、关系运算符、位运算符、赋值运算符、成员运算符和身份运算符等。

1．算术运算符

Python 中包含的算术运算符及表达式如表 2-2 所示。

表 2-2　算术运算符及表达式

算术运算符	表达式	含义
+	a+b	对 a 和 b 进行加法运算
−	a−b	对 a 和 b 进行减法运算
*	a*b	对 a 和 b 进行乘法运算
/	a/b	对 a 和 b 进行除法运算（保留小数部分）
//	a//b	对 a 和 b 进行除法运算（不保留小数部分）
**	a**b	a 的 b 次幂
%	a%b	a 对 b 取余

2．逻辑运算符

Python 中包含的逻辑运算符及表达式如表 2-3 所示。

表 2-3　逻辑运算符及表达式

逻辑运算符	表达式	含义
and	a and b	逻辑与
or	a or b	逻辑或
not	not a	逻辑非

在逻辑表达式 a and b 中，只有 a 的值为"真"时才会计算 b 的值。在逻辑表达式 a or b 中，只有 a 的值为"假"时才会计算 b 的值。逻辑运算符可以连用，如 a and b or c，按照从左至右的顺序进行判断。如果有括号，先计算括号内的值。

3．关系运算符

关系运算符是用来对两个对象进行比较的。这两个对象可以是任意的，不仅可以是复杂的数据类型，甚至自己定义的类也可以用关系运算符进行比较。关系运算符及表达式如表 2-4 所示。

表 2-4　关系运算符及表达式

关系运算符	表达式	含义
==	a==b	等于，判断对象是否相等
!=	a!=b	不等于，判断对象是否不相等
>	a>b	大于
<	a<b	小于
>=	a>=b	大于或等于
<=	a<=b	小于或等于

关系表达式的值是布尔型（逻辑型）。关系运算符可以连用，如 a>b>c，该表达式等价于 a>b and b>c。用来比较的两个对象一定要属于同一数据类型。

4．位运算符

位运算符是把其他进制的数转换为二进制的数后再进行计算。位运算符及表达式如表 2-5 所示。

表 2-5　位运算符及表达式

位运算符	表达式	含义
&	a&b	按位与运算
|	a|b	按位或运算
^	a^b	按位异或运算
~	~a	按位取反
<<	a<<n	a 左移 n 位，高位丢弃，低位补 0
>>	a>>n	a 右移 n 位，低位丢弃，高位补 0

5．赋值运算符

赋值运算符及表达式如表 2-6 所示。

表 2-6　赋值运算符及表达式

赋值运算符	表达式	含义
=	a=c	将 c 赋值给 a
+=	a+=c	a=a+c
-=	a-=c	a=a-c
*=	a*=c	a=a*c
/=	a/=c	a=a/c
%=	a%=c	a=a%c
**=	a**=c	a=a**c
//=	a//=c	a=a//c

Python 中允许使用 "a,b = b,a" 的方式将 b 的值赋予 a，a 的值赋予 b，即交换 a、b 的值。赋值时生成引用而非复制，如果想要复制生成两个值一样的对象而互不干扰，可以使用 copy 包中的 deepcopy()函数，这里不赘述。

6. 成员运算符

成员运算符使用 in 或 not in 判断某个对象是否在某序列中，示例如下。

```
1   >>> member=["杨炯","卢照邻","骆宾王","王勃"]
2   >>> "王勃" in member
    True
3   >>> "张三" in member
    False
```

7. 身份运算符

Python 中的变量有 3 个属性：名字、值和 ID。身份运算符 is 用于比较对象的身份标识 ID 是否相同。身份运算符与关系运算符中的 "=="很相似，但两者并不相同。当两个变量指向同一对象时，is 表达式的结果为 True；当各变量指向的对象含有相同内容时（即值相等时），==表达式的结果为 True。

```
1   >>> dynasty=["唐","宋","元","明","清"]
2   >>> temp=dynasty
3   >>> d=["唐","宋","元","明","清"]
4   >>> temp==dynasty
    True
5   >>> temp is dynasty
    True
6   >>> d==dynasty
    True
7   >>> d is dynasty
    False
```

8. 运算符的优先级

Python 的运算符具有优先级和结合性，可以将多个表达式通过运算符连接起来。在进行运算时，Python 会根据优先级依次计算。优先级相同时，则按从左至右的顺序依次执行（幂运算除外，幂运算从右至左进行运算）。括号可以改变优先级。虽然运算符有明确的优先级，对于复杂表达式建议在适当的位置添加括号，增强程序的可读性。Python 运算符的优先级如表 2-7 所示。

表 2-7 Python 运算符的优先级

运算符	描述
**	指数（最高优先级）
～、+、-	按位翻转、一元加号和一元减号 （一元加号用于给出正值；一元减号用于否定值）
*、/、%、//	乘、除、取模和取整除
+、-	加法、减法
>>、<<	右移、左移
&	按位与
^、|	位运算符
<=、<、>、>=	比较运算符
<、>、==、!=	关系运算符
=、%=、/=、//=、-=、+=、*=、**=	赋值运算符
is、is not	身份运算符
in、not in	成员运算符
not、or、and	逻辑运算符

2.3　程序控制结构

目前为止，计算机程序可以看作一条一条顺序执行的代码。顺序结构是程序的基础，但单一的顺序结构不可能解决所有问题，因此需要引入控制结构来更改程序的执行顺序以满足多样的功能需求。

程序由 3 种基本结构组成：顺序结构、选择结构和循环结构。这些基本结构都有一个入口和一个出口。任何程序都由这 3 种基本结构组合而成。为了直观展示程序控制结构，这里采用流程图方式进行描述。

2.3.1　程序流程图

程序流程图用一系列图形、流程线和文字说明来描述程序的基本操作和控制流程。程序流程图是程序分析和过程描述的最基本的方式之一，其基本元素包括 7 种，如图 2-13 所示。

其中，起止框表示一个程序的开始和结束；判断框用于判断一个条件是否成立，并根据判断结果选择不同的执行路径；处理框表示一组处理过程；输入输出框表示数据输入或结果输出；注释框用于增加程序的解释；流向线以带箭头直线或曲线形式指示程序的执行路径；连接点将多个流程图连接到一起，常用于将一个较大流程图分隔为若干部分。图 2-14 所示为一个程序流程图示例，为了便于描述，采用连接点 A 将流程图分成两个部分。

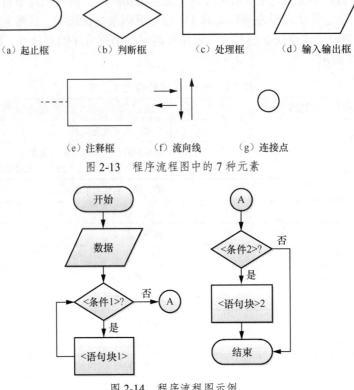

（a）起止框　　　　（b）判断框　　　　（c）处理框　　　　（d）输入输出框

（e）注释框　　　（f）流向线　　　（g）连接点

图 2-13　程序流程图中的 7 种元素

图 2-14　程序流程图示例

2.3.2　顺序结构

顺序结构是程序按照线性顺序依次执行的一种结构，如图 2-15 所示，其中语句块 1 和语句块 2 表示一个或一组顺序执行的语句。

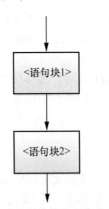

图 2-15　顺序结构的程序流程图

顺序结构程序示例：求三个数的平均数。

```
1    >>> numA=10
2    >>> numB=10
3    >>> numC=10
4    >>> average=(numA+numB+numC)/3
```

```
5   >>> average
    10.0
```

2.3.3 选择结构

选择结构，也叫分支结构，是程序根据条件判断结果而选择不同执行路径的一种结构，如图 2-16 所示，根据选择路径上的完备性，分支结构包括单分支结构和二分支结构，二分支结构可以组合形成多分支结构。Python 中可以使用 if 语句构成分支结构，它根据给定的条件进行判断，以决定执行某个分支程序段。

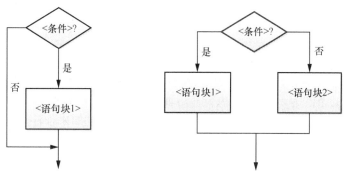

图 2-16　分支结构的程序流程图

1．单分支结构

该程序结构的形式如下。

```
if <条件>:
    <语句块>
```

if 语句中条件部分可以使用任何能够产生 True 或 False 的语句或函数。形成判断条件最常见的方式是采用 2.2.4 小节中所介绍的关系运算符。

语句块是 if 条件满足后执行的一个或多个语句序列，语句块中的语句通过与 if 所在行形成缩进来表达包含关系。if 语句首先评估条件的结果值，如果结果为 True，则执行语句块中的语句序列，然后控制转向程序的下一条语句；如果结果为 False，语句块中的语句会被跳过。

```
1   >>> if numA == 10:                          #判断 numA 是不是 10
2           print("numA 为 10!")
    numA 为 10!
```

2．二分支结构

Python 中用 if-else 语句来形成二分支结构。该程序结构的形式如下。

```
if <条件>:                                       #若条件成立，则执行语句块 1
    <语句块 1>
else:                                            #否则，执行语句块 2
    <语句块 2>
```

语句块 1 是 if 条件满足后执行的一个或多个语句序列，语句块 2 是 if 条件不满足时执行的语句序列。二分支结构用于区分条件的两种可能，即 True 或者 False，分别形成执行路径。二分支结构还有一种更简洁的表达方式，适合通过判断返回特定值。该程序结构的形式如下。

```
<表达式1> if 条件 else <表达式2>
```

示例如下。

```
1   >>> print("numA 为 10! ") if numA == 10 else print("numA 不为 10! ")
    numA 为 10!
```

3. 多分支结构

多分支结构是二分支结构的扩展，这种形式通常用于设置同一个判断条件的多条执行路径。当 if 后面的条件为 True 时，执行其后面的语句序列；否则，判断 elif 后面的条件，当 elif 条件为 True 时，执行其后面的语句序列；一直往下，如果条件判断都不为真，则执行 else 后面的语句序列。Python 中使用 if-elif-else 语句描述多分支结构，形式如下。

```
if <条件1>:
    <语句块1>
elif <条件2>:
    <语句块2>
…
else:
    <语句块 n >
```

多分支结构的程序流程图如图 2-17 所示。

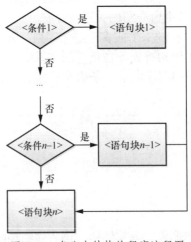

图 2-17　多分支结构的程序流程图

下面以统计学生成绩各区间人数这一任务为例，展示多分支结构的实际应用。

```
#分别统计学生成绩中分数小于 60 分的人数、[60，70)分的人数、[70，80)分的人数、
#[80，90)分的人数及分数大于 90 分的人数
```

```
1   datasets = {"张三": 95, "李四": 50, "王五": 88, "马六": 91, "赵四": 80,
    "刘玄": 78, "关云": 69, "张德": 90}
2   count_1, count_2, count_3, count_4 , count_5= list(), list(), list(), list(),list()
3   for name in datasets:
4       if datasets[name] < 60:
5           count_1.append(name)
6       elif 60 <= datasets[name] < 70:
7           count_2.append(name)
8       elif 70<=datasets[name]<80:
9           count_3.append(name)
10      elif 80 <= datasets[name] < 90:
11          count_4.append(name)
12      else:
13          count_5.append(name)
14  print("不及格人数有: " + str(len(count_1)) + "人", "分别是: " + str(count_1))
15  print("60至69人数有: " + str(len(count_2)) + "人", "分别是: " + str(count_2))
16  print("70至79人数有: " + str(len(count_3)) + "人", "分别是: " + str(count_3))
17  print("80至89人数有: " + str(len(count_4)) + "人", "分别是: " + str(count_4))
18  print("90及以上人数有: " + str(len(count_5)) + "人", "分别是: " + str(count_5))

    不及格人数有: 1人 分别是: ['李四']
    60至69人数有: 1人 分别是: ['关云']
    70至79人数有: 1人 分别是: ['刘玄']
    80至89人数有: 2人 分别是: ['王五', '赵四']
    90及以上人数有: 3人 分别是: ['张三', '马六', '张德']
```

2.3.4 循环结构

循环结构是程序根据条件判断结果向后反复执行的一种结构，当满足循环条件时执行循环体，否则退出循环体。根据循环体触发条件的不同，循环结构又可分为条件循环结构和遍历循环结构，如图 2-18 所示。

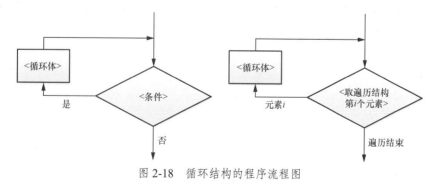

图 2-18　循环结构的程序流程图

根据循环执行次数的确定性，循环可以分为确定次数循环和非确定次数循环。确定次数循环指循环体对循环次数有明确的定义。这类循环在 Python 中被称为遍历循环，其中，循环次数采用遍历结构中的元素个数来体现，具体采用 for 语句实现。非确定次数循环指程序不确定循环体可能执行的次数，而是通过条件判断是否继续执行循环体。Python 提供了根据判断条件执行程序的无限循环，采用 while 语句实现。

1. 遍历循环：for 语句

Python 中使用 for 语句进行遍历循环。基本形式如下。

```
for  <循环变量>  in  <遍历结构>：
    <语句块>
```

之所以称为遍历循环，是因为 for 语句的循环执行次数是根据遍历结构中元素个数确定的。遍历循环可以理解为从遍历结构中逐一提取元素，放在循环变量中，对于所提取的每个元素执行一次语句块。

2. 无限循环：while 语句

很多应用无法在执行之初确定遍历结构，这需要编程语言提供根据条件进行循环的语法，称为无限循环，又称为条件循环。无限循环一直保持循环操作，直到循环条件不满足才结束，不需要提前确定循环次数。基本形式如下。

```
while <条件>：
    <语句块>
```

其中，条件与 if 语句中的判断条件一样，结果为 True 或 False。

while 语义比较简单，当条件判断为 True 时，循环体重复执行语句块中的语句；当条件为 False 时，循环终止，执行与 while 同级别缩进的后续语句。无限循环也有一种使用保留字 else 的扩展模式，形式如下。

```
while <条件 1> :
    <语句块 1>
else <条件 2> :
    <语句块 2>
```

在这种扩展模式中，当 while 循环正常执行结束后，程序会继续执行 else 语句中的内容。else 语句只在循环正常执行后才执行，因此，可以在语句块 2 中放置判断循环执行情况的语句，形式如下。

```
1  >>> strDemo,idx="demo",0
2  >>> while idx < len(strDemo):
3      print("执行中: "+strDemo[idx])
4      idx+=1
5  else:
6      print("执行完毕")
   执行中:d
   执行中:e
   执行中:m
   执行中:o
   执行完毕
```

3. break 和 continue

循环结构有两个保留字：break 和 continue。它们用来辅助控制循环执行。

break 用来跳出最内层 for 或 while 循环，脱离该循环后程序从循环代码后继续执行，示例如下。

```
1    >>> strDemo='demo'
2    >>> for s in strDemo:
3            for i in range(3):
4                print(s,end="")
5                if s=="m":
6                    break
dddeeemooo
```

其中，break 语句跳出了最内层的 for 循环，但仍然继续执行外层循环。break 语句只能跳出当前层次的循环。

continue 用来结束当前当次循环，即跳出循环体中下面尚未执行的语句，但并未跳出当前循环。对于 while 循环，继续求解循环条件；对于 for 循环，程序流程接着遍历循环列表。对比 continue 和 break 语句，示例如下。

```
1    >>> for s in strDemo:
2            if s=="m":
3                break
4        print(s,end="")
de
```

```
1    >>> for s in strDemo:
2            if s=="m":
3                continue
4        print(s,end="")
deo
```

continue 语句和 break 语句的区别是：continue 语句仅结束本次循环，而不终止整个循环的执行；break 语句则是结束整个循环过程，不再判断执行循环的条件是否成立。

for 循环和 while 循环中都存在一个 else 扩展用法。else 中的语句块只在一种条件下执行，即循环正常遍历了所有内容或由于条件不成立而结束循环，没有因为 break 或 return（函数返回中使用的保留字）而退出。continue 对 else 没有影响。示例如下。

```
1    >>> for s in strDemo:
2            if s=="m":
3                continue
4        print(s,end="")
5        else:
6            print("正常退出")
deo 正常退出
```

```
1    >>> for s in strDemo:
```

```
2              if s=="m":
3                  break
4              print(s,end="")
5          else:
6              print("正常退出")
   de
```

2.4 函数与模块

函数是一段具有特定功能的、可重用的语句组，用函数名来表示并通过函数名进行功能调用。函数也可以看作一段具有名字的子程序，可以在需要的地方调用执行，不需要在每个执行的地方重复编写函数。每次使用函数可以提供不同的参数作为输入，以实现对不同数据的处理。函数执行后，还可以反馈相应的处理结果。

使用函数主要有两个目的：降低编程难度和代码重用。函数是一种功能抽象，利用它可以将一个复杂的大问题分解成一系列简单的小问题，然后将小问题继续划分成更小的问题，当问题细化到足够简单时，就可以分而治之，为每个小问题编写程序，并通过函数进行封装。当每个小问题都解决了，大问题也就迎刃而解了。这是一种自顶向下的程序设计思想。函数可以在一个程序中的多个位置使用，也可以用于多个程序，当需要修改代码时，只需要在函数中修改一次，所有调用位置的功能都会进行更新，这种代码重用减少了代码行数，降低了代码维护难度。

2.4.1 函数的使用

Python 函数定义的开头格式是"def 函数名(参数列表):"。函数命名规范和变量命名规范相同，必须使用字母或下画线开头，仅能含有字母、数字和下画线。同时，不能使用保留字作为函数名，并且应该尽量避免函数名与变量同名。如果函数名后面的圆括号是空的，表明该函数不接收任何实际参数。

函数定义的第 1 行被称为函数头（Header），其余部分被称为函数体（Body）。函数头必须以冒号结尾，而函数体必须缩进。按照惯例，缩进总是空 4 个空格。函数体能包含任意条语句。如果在交互模式下输入函数定义，每空一行解释器就会输出 3 个句点。下面是在交互式编程模式下定义一个简单函数的示例。

```
1    >>> def  hello():
2        print("Hello World!")
```

函数调用和执行的一般形式如下：

```
<函数名>(<参数列表>)
```

此时，参数列表中给出要传入函数内部的参数，这类参数称为实际参数，简称为实参。程序调用一个函数需要执行以下 4 个步骤。

（1）调用程序在调用处暂停执行。

（2）在调用时将实参复制给函数的形式参数。

（3）执行函数体语句。

（4）函数调用结束给出返回值，程序回到调用前的暂停处继续执行。

2.4.2 函数的参数传递

函数的参数传递

Python 的函数定义非常简单，但灵活度却非常高。除了正常定义的必选参数，还可以使用默认参数、关键字参数和可变参数，这使得函数定义出的接口，不但能处理复杂的参数，还可以简化调用者的代码。

1．位置参数

Python 函数中常用的参数类型之一是位置参数，传入参数的值按照顺序依次复制到位置参数中。下面的示例中定义了一个包含 3 个位置参数的可以进行数学多项式计算的函数。

```
1   >>> def cal_token(token1,token2,token3):
        print(token1,token2,token3)
2   >>> cal_token(1,2,3)
    1 2 3
3   >>> cal_token(2,1,3)
    2 1 3
```

毫无疑问，Python 返回了预期的结果，但是使用位置参数的弊端是必须熟记每个位置参数的含义。在上述例子中可以看到，相同的输入数据，但传入顺序不同，函数输出结果也不尽相同。

2．关键字参数

在调用函数时，被指定名称的参数称为关键字参数。关键字参数可以有效避免使用位置参数时可能带来的混乱。采用关键字参数来调用 cal_token()函数的示例如下：

```
1   >>> cal_token(token2=2,token1=1,token3=3)
    1 2 3
```

即使参数调用的次序混乱，但是只要在调用的时候明确地对应指定的参数，结果依旧正确，这就是使用关键字参数的优点。另外，位置参数和关键字参数可以混合使用，但如果同时出现两种参数形式，要先输入位置参数，再输入关键字参数。

3．默认值参数

当调用函数而没有提供对应参数值时，可以指定默认参数值，这个特性在很多情况下可以降低函数调用的难度。在函数定义中给参数指定一个默认值，并将其放到参数列表最后，示例如下。

```
1   >>> def cal_token(token1,token2,token3=3):
2       print(token1,token2,token3)
3   >>> cal_token(1,2)
    1 2 3
```

如果默认值参数是一个可修改的容器，如一个列表、集合或者字典，可以使用 None 作为默认值。定义带默认值参数的函数需要注意其他问题。首先，默认值参数的值仅在函数定义时赋值一次。其次，默认值参数的值是不可变的对象，例如 None、True、False、数字或字符串等。

4．可变长度参数

在 Python 函数中，还可以定义可变长度参数。顾名思义，可变长度参数就是传入的参数个数是可变的，可以是 0 个、1 个或 n 个。参数列表中，在参数名前加"*"表示可变长度参数，可以将一组数量可变的位置参数集合成一个元组，然后传入函数。假设对任意数量的参数进行求平方和运算，示例如下。

```
1  >>> def sum_square(*args):
2          sum=0
3          for n in args:
4              sum+=n**2
5          return sum
6  >>> sum_square(1,2,3)
   14
```

使用"**"可以将参数收集到一个字典中，参数的名字是字典的键，对应参数的值是字典的值。这种方法实际上就是收集了可变数量的关键字参数，然后将其传入函数中。下面的示例定义了一个函数，然后输出它的关键字参数。

```
1  >>> def cal_tokens(**kwargs):
2          print(kwargs)
3  >>> cal_tokens(token1="1",token2=2,token3=3.)
   {'token1': '1', 'token2': 2, 'token3': 3.0}
```

需要注意的是，*args 参数只能出现在函数定义中最后一个位置参数的后面，但*args 后还可以定义强制关键字参数，而**kwargs 参数只能出现在最后。

5．只接收关键字参数的函数

当希望函数的某些参数强制使用关键字参数传递时，将强制关键字参数放到某个*参数或者单个*后面就能达到这种效果。

```
1  >>> def call_tokens(*tokens,arg1,arg2):
   #arg1、arg2 为强制关键字参数
2          print(f"tokens 为:{tokens},arg1 为:{arg1},arg2 为:{arg2}")
3  >>> call_tokens(1,2,3,1,2)
   #均未使用关键字参数进行传递
   Traceback (most recent call last):                    #缺少关键字参数
     File "<pyshell#9>", line 1, in <module>
       call_tokens(1,2,3,1,2)
   TypeError: call_tokens() missing 2 required
   keyword-only arguments: 'arg1' and 'arg2'
4  >>> call_tokens(1,2,3,args=1,2)                        #传一个关键字参数
   SyntaxError: positional argument follows keyword argument   #依旧报错
5  >>> call_tokens(1,2,3,arg1=1,arg2=2)
   #传递两个关键字参数
   tokens 为:(1, 2, 3),arg1 为:1,arg2 为:2                  #正常调用
```

6．解包操作符

在实参序列前添加操作符*可以进行序列解包。实参字典的解包，需要在参数前加**操作符。解包效果示例如下。

```
1   >>> seq=[1,2,3]                                          #声明实参序列
2   >>> dic={"作品名":"《滕王阁序》","作者":"王勃"}              #声明实参字典
3   >>> def functionA(*args,**kwargs):
4           print(f"args 为: {args}\nkwargs 为: {kwargs}")
5   >>> functionA(seq,dic)                                   #未解包直接传入函数
    args 为: ([1, 2, 3], {'作品名': '《滕王阁序》', '作者': '王勃'})
    #args 接收了一个列表和一个字典
    kwargs 为: {}                                            #kwargs 中未接到参数
6   >>> functionA(*seq,**dic)                                #解包后传入函数
    args 为: (1, 2, 3)                                        #args 接收了 3 个数字
    kwargs 为: {'作品名': '《滕王阁序》', '作者': '王勃'}         #kwargs 接收到了字典
```

同理，若想将传入函数的可变长度参数传入其他函数中，也需要经过解包操作之后才能正常传入。

```
1   >>> def functionA(*args,**kwargs):
2           print(f"args 为: {args}\nkwargs 为: {kwargs}")
3   >>> def functionB(*args,**kwargs):
4           functionA(*args,**kwargs)
5   >>> functionB(*seq,**dic)
    args 为: (1, 2, 3)
    kwargs 为: {'作品名': '《滕王阁序》', '作者': '王勃'}
```

2.4.3 全局变量与局部变量

（1）变量的作用域

定义变量或变量赋值时，要注意变量的作用范围，变量的作用范围称为作用域。作用域是程序代码能够访问该变量的区域，如果超过该区域，将无法访问该变量。根据变量的作用域，可以将变量分为局部变量和全局变量。

（2）局部变量

局部变量是指在函数内部定义并使用的变量，它只在函数内部有效。内部函数执行时，系统会为该函数分配一块"临时内存空间"，所有局部变量都保存在这块临时内存空间中。函数执行完成后，这块内存空间就被释放了，因此局部变量也就失效了。程序中试图引用函数内部的局部变量时将会引发异常。

（3）全局变量

全局变量指作用于函数内部和外部的变量，全局变量既可以在函数的外部使用，也可以在函数内部使用。定义全局变量有两种方式：一是在函数外部定义的变量一定是全局变量；二是在函数内部用 global 来定义全局变量。为避免程序异常，可以通过 global 保留字将局部变量声明为全局变量。示例如下。

```
1  >>> def function():
2      global poem                          #声明全局变量
3      poem="落霞与孤鹜齐飞"
4  >>> function()
5  >>> poem                                 #在function内部定义的变量,在function外依旧可以调用
   '落霞与孤鹜齐飞'
```

2.4.4　匿名函数

匿名函数

Python 中的 lambda 关键字可用来快速声明匿名函数 lambda。lambda 匿名函数与使用 def 关键字声明的常规函数一样,可以用于所有需要函数对象的地方。下面定义一个简单的 lambda 匿名函数进行字符串拼接运算。

```
1  >>> poem=lambda x,y:x+y
2  >>> poem("落霞与孤鹜齐飞","秋水共长天一色")
   '落霞与孤鹜齐飞秋水共长天一色'
```

lambda 匿名函数与使用 def 声明的函数并非只有声明方式的区别,如下所示。

```
1  >>> (lambda x,y:x+y)("落霞与孤鹜齐飞","秋水共长天一色")
   '落霞与孤鹜齐飞秋水共长天一色'
```

从概念上讲,lambda 表达式 lambda x, y : x + y 与用 def 声明函数的作用相同。两者的关键区别在于:lambda 不必先将函数对象与名称绑定,只需在 lambda 中创建一个想要执行的表达式,然后像普通函数那样立即调用就可以进行计算。

lambda 函数和普通函数定义之间还有另一个语法差异。lambda 函数只能含有一个表达式,这意味着 lambda 函数不能使用语句或注解(Annotation),甚至不需要返回语句。执行 lambda 函数中的表达式之后,会自动返回表达式的结果。因此,lambda 函数也有单表达式函数的称呼。

当需要提供一个函数对象时,就可以使用 lambda 表达式,lambda 表达式能方便、灵活地快速定义 Python 函数。例如,在对可迭代对象进行排序时,使用 lambda 表达式定义简短的 key 函数,示例如下。

```
1  >>> tuples=[(101,'a'),(59,'b'),(33,'c'),(267,'d')]    #列表中包含元组
2  >>> sorted(tuples,key=lambda x:x[0])                  #根据每个元组的0位元素排序
   [(33, 'c'), (59, 'b'), (101, 'a'), (267, 'd')]
```

上面的例子按照每个元组中的第 1 个值对元组列表进行排序。在这种情况下,用 lambda 函数能够快速修改排序的顺序。下面是另一个排序示例。

```
1  >>> sorted(range(-3,3),key=lambda x:-2 * x)
   [2, 1, 0, -1, -2, -3]
```

与普通的嵌套函数一样,lambda 函数也可以像词法闭包那样工作,示例如下。

```
1  >>> def concate(seq):
2      return lambda x:x+seq
3  >>> part=concate("秋水共长天一色")
```

4	>>> part("落霞与孤鹜齐飞")
	'落霞与孤鹜齐飞秋水共长天一色'

某些情况下，相较于用 def 关键字声明的嵌套函数，lambda 函数可以更清楚地表达程序员的意图。不过，lambda 函数的应用并不广泛。在使用 lambda 函数时应小心谨慎，虽然 lambda 函数的使用方式看起来很"酷"，但实际上对阅读代码的人，甚至包括作者自己，都可能会成为一种负担。在使用 lambda 函数之前，要先考虑清楚这种方式是否真的最简洁、最容易维护。

2.4.5　模块

从 Python 交互式命令行退出后，前面定义的函数和变量都会丢失。如果编写稍微长一点的程序并且可能会重复运行，建议使用文本编辑器或集成开发环境来编写"*.py"脚本文件。随着脚本文件越来越大，可能要把程序拆分成几个脚本文件，这些文件就被称为模块。Python 的自带模块（标准库）可以直接导入，无须手动配置。

```
1   >>> from math import pi
2   >>> pi * 2 * 2
    12.566370614359172
```

Python 官方不推荐使用类似 from math import *这种导入方式，因为这种隐式导入难以发现导入的未知变量和方法是否与当前脚本的变量和方法命名重合，从而造成未知后果，这也会降低代码的可读性。

除了可以导入标准模块，也可以导入自定义的模块。自定义模块的导入涉及模块搜索路径，可以通过检查 sys.path 来查看模块搜索路径。根据 Python 文档的官方解释，sys.path 变量的初始值来自以下几个位置。

● 当前脚本运行目录或当前命令行所在目录。
● PYTHONPATH。
● 安装时默认的目录。

可以通过输出 sys.path 的方式来查看当前搜索模块的路径。

```
1   >>> import sys
2   >>> import pprint
3   >>> pprint.pprint(sys.path)
    ['',
     'E:\\Python38\\Lib\\idlelib',
     'E:\\Python38\\python38.zip',
     'E:\\Python38\\DLLs',
     'E:\\Python38\\lib',
     'E:\\Python38',
     'E:\\Python38\\lib\\site-packages']
```

结果中，'E:\\Python38\\lib\\site-packages'是 Python 用来存放第三方软件包或模块的路径，读者自定义的模块也可以存放在该路径对应的目录下。该路径是在安装 Python 时设置好的，将第三方软件包或模块存放至该路径对应的目录下后，可直接执行 import 操作。

模块存储在扩展名为.py 的文件中，可将其编组为包以保证项目文件的整洁性，本质上包就是一个目录。要被 Python 视为包，目录中必须包含__init__.py 文件。__init__.py 文件的内容就是包的内容，编写完成后可以像导入普通模块一样导入包。假设当前有一个名为 content 的包，在模块 content/__init__.py 中包含变量 poem，可以执行如下操作。

```
1    import content
2    print(content.poem)
```

将模块加入包中，只需要将模块文件放在包目录中即可。例如，将 exam 和 samp 模块加入 content 包中，只需要创建相应的文件和目录即可，如图 2-19 所示。

完成这些准备工作后，下面的语句都是合法的。

```
1    import examples                    #导入 examples 包
2    import examples.exam               #导入 examples 包中的 exam 模块
3    from examples import samp          #导入 samp 模块
```

执行第 1 条语句后，Python 会自动执行 __init__.py 中的代码，但依旧无法使用 exam 和 samp 模块中的内容。在执行第 2 条语句后，可以通过全限定名 exmaples.exam 来使用 exam 模块中的内容。执行第 3 条语句后，可以直接使用简化名（即 samp）来使用 samp 模块中的内容。

2.5 文件

文件是计算机存储数据的重要形式，用文件组织和表达数据更加有效和灵活。文件有不同的编码和存储形式，如文本文件、图像文件、音频和视频文件等。每个文件都有各自的文件名和属性。对文件进行操作是 Python 的重要功能之一。

…\Python38\lib\site-packages
├─ examples
│   ├─ __init__.py
│   ├─ exam.py
│   └─ samp.py
├─ others.py
└─ 其他文件

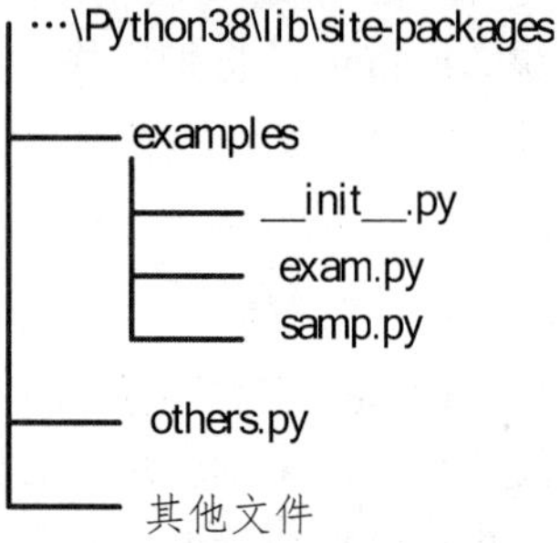

图 2-19　包的目录结构

2.5.1　文件的打开与关闭

1．文件的打开

在 Python 中可以使用 open()函数打开文件，它位于自动导入的 io 模块中。open()函数将文件名作为唯一必不可少的参数，并返回一个文件对象。假设当前目录中有一个名为"somefile.txt"的文本文件，则可以通过下面这条语句打开它。

```
1    f=open("somefile.txt")            #打开文件
```

如果文件位于其他位置，指明路径即可完成对应的打开文件的操作。Python 中有两种指定路径的方法：一是绝对路径，二是相对路径。绝对路径指在硬盘中真正存在的路径。例如 "E:\Python38\python.exe" 就是一个绝对路径。顾名思义，相对路径就是自己相对于目标的位置。如图 2-19 所示，假设正在编写 others.py，若想指定 examples 中的 samp.py 文件的位置，使用 "./examples/samp.py" 即可，这就是 others.py 相对于 samp.py 的路径。

上述例子中，这种调用 open()函数的方式在文件不存在的情况下会报错。如果需要通过写入文本的方式来创建文件，需要在 open()函数中加入额外的 mode 参数，mode 参数可取的值如表 2-8 所示。

表 2-8 **mode 参数取值**

取值	功能描述
'r'	读取模式
'w'	写入模式
'x'	独占写入模式
'a'	追加模式
'b'	二进制模式（可与其他模式结合使用）
't'	文本模式（默认值，可与其他模式结合使用）
'+'	读写模式（可与其他模式结合使用）

显式地指定读取模式的效果与不指定模式相同；写入模式能够对文件内容进行修改，并在文件不存在时创建它，但文件中已有内容将被删除，并从文件开头处开始写入；独占写入模式在文件已存在时会引发 FileExistsError 异常；如果需要在既有文件末尾继续写入，可使用追加模式。'+'可与其他任何模式结合起来使用，表示既可读取也可写入。例如，可以使用'r+'模式打开一个文本文件进行读写。请注意，'r+'和'w+'之间有个重要差别：后者截断文件，而前者不会这样做。默认模式为'rt'，即读取模式与文本模式的结合使用。这意味着将把文件内容视为经过编码的 Unicode 文本，将自动执行解码和编码，并且默认使用 UTF-8 编码。如果需要指定其他编码和 Unicode 错误的处理策略，可使用关键字参数 encoding 和 errors。

默认情况下，行以'\n'结尾，读取时将自动替换为其他行尾字符（'\r'或'\r\n'），写入时将'\n'替换为系统的默认行尾字符（os.linesep）。通常，Python 使用通用换行模式。在这种模式下，后续将讨论的 readlines()等方法能够识别所有合法的换行符（'\n'、'\r'和'\r\n'）。如果要使用这种模式，同时禁止自动转换，可将关键字参数 newline 设置为空字符串，如 open(name,newline='')。如果要指定只将'\r'或'\r\n'视为合法的行尾字符，可将参数 newline 设置为相应的行尾字符。这样，读取时不会对行尾字符进行转换，但写入时将把'\n'替换为指定的行尾字符。如果文件包含非文本的二进制数据，如声音剪辑片段或图像，使用者若不希望执行上述自动转换，只需使用二进制模式（如'rb'）来禁用与文本相关的功能即可。open()函数还有几个更为高级的可选参数，用于控制缓冲以及更直接地处理文件描述符。表 2-9 中给出了 mode 参数的简单总结，如果想要获取这些参数的详细信息，请参阅 Python 文档或在交互式解释器中运行 help(open)命令。

表 2-9 **open()函数中的 mode 参数**

mode 参数	可执行的操作	若文件不存在	是否覆盖
'r'	只能读	报错	否
'r+'	可读可写	报错	是
'w'	只能写	创建	是
'w+'	可读可写	创建	是
'a'	只能写	创建	否，追加写
'a+'	可读可写	创建	否，追加写

2．文件的关闭

在 Python 中可以使用 close()函数关闭文件。通常，Python 会使用内存缓冲区缓存文件数据。关闭文件时，Python 将缓冲的数据写入文件，然后关闭文件，释放对文件的引用。当然，Python 可自动关闭未使用的文件。

```
1    文件对象.close()                                        #关闭文件
```

flush()方法可将缓冲区的内容写入文件，但不关闭文件。语句如下。

```
1    文件对象.flush()                                        #写入文件
```

2.5.2　文件的读取与写入

1．文件的读取

在 Python 中有 3 种读取文件的函数：read()、readline()、readlines()。

（1）read([size])：读取文件。如果设置了 size，则读取 size 大小的字节内容；如果没有设置 size，则默认读取文件的全部内容。以新建一个"text.txt"文本文档为例，文档放在 Python 解释器默认的当前工作目录中，文档内容为"Welcome to the league of Python!"。示例如下。

```
1    >>> f=open("text.txt")
2    >>> f.read()
     'Welcome to the league of Python!'
```

（2）readline([size])：读取一行。如果设置了 size，则仅读取该行的 size 字节的内容，下一次读取将在上一次的基础上再读取 size 字节的内容；size 大于该行字节数时，则读取整行内容；如果没有设置 size，默认读取该行的所有内容。

```
1    >>> f=open("text.txt")
2    >>> f.readline(2)                                    #先读取 2B
     'We'
3    >>> f.readline(8)                                    #在第 1 次读取的基础上，再读取 8B
     'lcome to'
```

（3）readlines()：读取文件后，返回每行组成的列表。

```
1    >>> f=open("text.txt")
2    >>> f.readlines()
     ['Welcome to the league of Python!']
```

2．文件的写入

Python 中存在两种方法可以进行文件的写入操作，分别为 write()和 writelines()。

（1）write()：将字符串写入文件。示例如下。

```
1    >>> f=open("text.txt","a+")
2    >>> f.write("Nice to meet you! Mr.Python!")
     28
3    >>> f.close()
```

```
4    >>> f=open("text.txt")
5    >>> f.read()
     'Welcome to the league of Python!Nice to meet you! Mr.Python!'
```

（2）writelines()：可以在文件中写入多行内容，参数需为可迭代的对象。示例如下。

```
1    >>> write=["write","lines"]
2    >>> f=open("text.txt","a+")
3    >>> f.writelines(write)
4    >>> f.close()
5    >>> f=open("text.txt")
6    >>> f.read()
     'Welcome to the league of Python!Nice to meet you!
     Mr.Python!writelines'
```

writelines()函数的参数还可以是字符串，但若参数是列表、字符串之外的类型会报错。

2.5.3 文件的定位

在 Python 中，可以使用 seek() 和 tell() 函数进行文件的定位操作。
file.seek(n)：将文件指针移动到第 n 个字节，0 指向文件开头。
file.tell(n)：返回文件指针当前的位置。
for line in file：用迭代的方式读文件，每次读一行。

```
1    >>>file=open("./text.txt")
2    >>>print(file.seek(3))                    #指针移到 3 的位置

     3
3    >>>file.seek(20)                          #指针移到 20 的位置
4    >>>print(file.tell())                     #输出当前指针位置

     20
5    >>>file=open("./text.txt")
6    >>>for index,l in enumerate(file):        #以迭代方式读取文件
7        print(f"第{index}行, 内容为: {l}")
     第 0 行, 内容为: Welcome to the league of Python!
     第 1 行, 内容为: Welcome to the league of Coding!
     第 2 行, 内容为: Welcome to the league of Draven!
```

2.6 本章小结

由于 Python 优雅、简洁的特性，越来越多的人将 Python 作为编程工具，应用于自己的学习及工作过程中，提高自己的效率。

本章对 Python 的安装与运行、数据类型与运算符、程序控制结构、函数与模块、文件等几个部分进行了相应介绍。每个部分都列举了较为充足的案例，以方便读者理解、体会和实践。

2.7 习题

1. 假设一工具包名为"annoy-1.17.0-cp38-cp38-win_amd64.whl"，请问该工具包适配什么版本的 Python？操作系统应为 32 位还是 64 位？

2. 若想在线安装名为"PrettyTable"的工具包，应当如何实现？如何查询安装好的工具包是何版本？如何卸载该工具包？

3. 假设存在一个名为"string"的字符串，如何使用切片的方式将字符串逆序输出。

4. 在定义函数位置参数与关键字参数时，应当注意什么问题？

5. 假设存在一个名为"string"的字符串，如何实现去除字符串中的" ""\n""\t"。

6. 使用 Python 写入文件时，想要在文件原有内容中追加新内容，应当使用哪种模式？若想重新编辑该文件，应当使用哪种模式（任意一种即可）？

第3章 大数据采集

大数据采集是大数据分析与应用的前提和必要条件，在整个数据处理流程中占据着重要地位。传统的数据采集解决了从信息到数字信号的转换问题，转换过程具有数据量小、数据结构简单、数据存储和处理简单等特点。随着信息技术的飞速发展，大数据开启了一个大规模生产、分享和应用数据的时代，传统的数据采集具有了更广阔的发展前景，如何从数据源中采集有价值的信息已成为大数据技术发展的关键因素之一。围绕大数据采集这一主题，本章首先对大数据采集进行整体概述，然后介绍网络爬虫技术，接着讨论数据抽取技术，最后通过一个综合案例对大数据采集技术进行实践。

3.1 大数据采集概述

大数据采集是大数据产业的基石。大数据具有很高的商业价值，但如果没有数据采集技术，价值将无从谈起。

3.1.1 大数据采集的概念

通常而言，数据采集又称为数据获取，是数据分析的入口，也是数据分析过程中重要的一个环节，它通过各种技术手段把外部的各种数据源所产生的数据实时或非实时地采集并加以利用。在数据大爆炸的大数据时代，被采集的数据的类型复杂多样。从数据类型来看，数据可分为结构化数据、非结构化数据和半结构化数据。

1．结构化数据

结构化数据是指可以使用关系数据库表示和存储，可以用二维表来进行逻辑表达与实现的数据。其一般特点是：数据以行为单位，一行数据表示一个实体的信息，各行数据的属性是相同的。结构化数据的存储和排列是很有规律的，这对数据查询和修改等操作很有帮助。由于结构化数据的数据结构通常固定不变，因此它的扩展性不好。典型的结构化数据包括信用卡号码、日期、电话号码等。

2．非结构化数据

非结构化数据是指数据结构不规则或不完整，没有预定义数据模型的数据，包括任意格式的传感器数据、办公文档、文本、图片、图像、音频和视频信息等。简单来说，非结构化数据就是字段可变的数据。

3．半结构化数据

半结构化数据是介于结构化数据和非结构化数据之间的数据。它是结构化的数据，但是结构变化很大，结构与数据相交融，故也被称为具有自描述结构的数据。在半结构化数据中，同一类实体可以有不同的属性，即使它们被组合在一起，这些属性的顺序也并不重要。常见的半结构化数据有 XML、HTML 和 JSON 数据等。

大数据采集是指从传感器、智能设备、企业在线系统、企业离线系统、社交网络和互联网平台等获取数据的过程。数据包括 RFID 数据、传感器数据、用户行为数据、社交网络交互数据及移动互联网数据等各种类型的结构化、半结构化及非结构化数据。

大数据采集中，由于数据源的种类多，数据类型繁杂，数据量大，产生的速度快，传统的数据采集方法很难胜任，因此，大数据采集面临许多技术挑战，例如，技术人员不但需要保证数据采集的可靠性和高效性，还要避免数据重复。

大数据采集的主要挑战在于其高并发性。例如，火车售票网站、飞机售票网站和一些电商网站的并发访问量在峰值时可以达到每秒上千万次甚至上亿次，因此需要在数据采集端部署大量数据库作为支撑。此外，数据源不同，大数据采集的方法也会不同。为了能够满足大数据采集的需要，大数据采集大多使用大数据的处理模式，即 MapReduce 分布式并行处理模式或基于内存的流式处理模式等。

例如，在采集数据时，企业可以使用 Redis、MongoDB 及 HBase 等 NoSQL 数据库，通过在采集端部署大量的分布式数据库，并在这些分布式数据库之间进行负载均衡和分片以完成大数据采集工作。

3.1.2 大数据采集的数据源

1．传统商业数据

传统商业数据主要来源于 ERP（Enterprise Resource Planning，企业资源计划）系统、销售终端及网上支付系统等业务系统的数据。传统商业数据是主要的大数据源。

美国零售商沃尔玛公司每小时可收集到 2.5 PB 数据，存储的数据量是美国国会图书馆的约 167 倍。沃尔玛公司详细记录了消费者的购买清单、消费额、购买日期、购买当天的天气和气温，通过对消费者的购物行为等结构化数据进行分析，发现商品关联，并优化商品陈列布局。

京东商城是我国知名的网络购物平台，其注册用户超 5.7 亿，通过对用户购买行为及商品评价数据的采集、整理和分析，再加上自建物流实现极速配送等服务，京东商城实现了精准营销和快速出货。

2．日志数据

在大数据采集中，尤其是在互联网应用中，无论采用哪一种采集方式，其基本的数据源大多是日志数据。日志数据一般由数据源系统产生，用于记录数据源执行的各种操作活动，比如网络监控中的流量管理、金融应用中的股票记账和 Web 服务器记录的用户访问行为等。尤其对于 Web 应用来说，日志数据极其重要，它包含用户的访问日志、用户的购买数据或用户的单击日志等。例如，许多公司的业务平台每天都会产生大量的日志数据，通过对这些日志数据进行采集与数据分析，可以从业务平台日志数据中挖掘到具有潜在价值的信息，为公司决策和公司后台服务器平台性能评估提供可靠的数据保证。

日志采集工具的工作主要是收集日志数据，并提供离线或在线的分析应用。很多互联网企业都有自己的海量数据采集工具，多用于系统日志采集，如 Hadoop 的 Chukwa、Cloudera 的 Flume 等，这些工具均采用分布式架构，能满足每秒数百兆字节的日志数据采集和传输需求。

3．社交网络数据

这里的社交网络数据是指在网络空间交互过程中产生的大量数据，包括通信记录以及QQ、微信、微博等社交网络平台产生的数据。这些数据大都复杂且难以被利用，因为社交网络平台所记录的大部分数据是用户的当前状态信息，同时还记录着用户的年龄、性别、所在地、教育、职业和兴趣等。社交网络数据具有大量化、多样化、快速化等特点。

（1）大量化。在大数据时代背景下，网络空间数据增长迅猛，数据集规模已实现了从GB级到PB级，再到ZB级的飞跃。在未来，社交网络数据的数据量还将继续高速增长，服务器数量也将随之增加，以满足大数据存储的需要。

（2）多样化。社交网络数据的类型复杂多样，包括结构化数据、半结构化数据和非结构化数据。社交网络中音频、视频、文本等非结构化数据的数据量正在飞速增长，其规模远超其产生的结构化数据。

（3）快速化。社交网络数据一般以数据流的形式快速产生，具有动态变化的特征，其时效性要求用户必须准确掌握实时数据流，以便更好地利用这些数据。

社交网络数据是大数据信息的主要来源之一，能够采集什么样的数据、采集到多少数据以及属于哪些类型的数据，直接影响着大数据应用功能最终效果的发挥。大数据采集需要考虑采集量、采集速度、采集范围和采集类型，当前的数据采集速度可以达到每秒千万级甚至更快；采集范围涉及微博、论坛、博客、新闻网、电商网站、分类网站等各种网站资源；采集类型包括文本、URL、图片、视频、音频等多种结构化、半结构化和非结构化数据。

4．物联网数据

物联网数据是除了人和服务器之外，在射频识别装置、音频采集器、视频采集器、传感器、全球定位设备、办公设备、家用设备和生产设备等节点产生的大量数据。

3.1.3 大数据采集方法

就大数据采集而言，大型互联网企业由于自身用户规模庞大，拥有稳定、安全的数据资源，可以对自身用户产生的交易、社交搜索等数据进行充分挖掘。对于大数据应用公司和大数据研究机构而言，大数据采集的常用方法包括系统日志采集、网络爬虫以及利用 ETL 工具等。

大数据采集方法

1．系统日志采集

系统日志采集是一种被广泛使用的数据采集方法。日志文件是由数据源系统自动生成的记录文件，并以指定的文件格式记录事件活动。日志文件应用于几乎所有的计算机系统中。例如，Web 服务器日志文件记录了 Web 服务器接收并处理客户端请求和运行时错误等各种原始信息，以及 Web 网站的外来访问信息，包括各页面的点击数、点击率、网站用户的访问量和 Web 用户的用户记录等。

为获取用户在网站上的活动信息，Web 服务器主要采用以下 3 种日志文件格式：普通日志文件格式、扩展日志文件格式和 IIS（Internet Information Services，互联网信息服务）日志文件格式。3 种类型的日志文件格式都是 ASCII 文本格式。除了文本文件，数据库有时可能会被用来存储日志信息，从而提高海量日志存储的查询效率。除了 Web 服务器中的日志文件，还有基于数据收集的其他日志文件，包括金融应用中的股票指标以及网络监控和交通管理中的运行状态信息等。

对于系统日志采集，可以使用海量数据采集工具，如 Cloudera 的 Flume、Fluented、Logstash，Facebook 的 Scribe 以及 Hadoop 的 Chukwa 等大数据采集框架。这些工具均采用分布式架构，能满足大数据的日志数据采集和传输需求。

2. 网络爬虫

网络爬虫是一种通过某种策略从网络中自动获取有用信息的程序，其广泛应用于互联网搜索引擎或其他类似网站。网络爬虫可以自动采集其能够访问到的所有页面的内容，以供搜索引擎做进一步的处理（如分拣、整理、索引下载到的页面），进而使得用户能够更快地检索到需要的内容。

网络爬虫始于一张被称作种子的统一资源地址列表（也被称为 URL 地址池或 URL 队列），并将其作为爬取的 URL 入口。当网络爬虫访问网页时，识别出页面上所有的所需网页 URL，并将它们加入待爬取 URL 队列中。此后从待爬取 URL 队列中取出网页 URL 并按照爬取策略循环访问，直到待爬取 URL 队列为空时，停止运行网络爬虫程序。

图 3-1 描述了通用的网络爬虫流程图，其由种子 URL 队列、待爬取 URL 队列、已爬取 URL 队列、网页下载等构成。首先，指定入口 URL，并将其加入种子 URL 队列；然后，将种子 URL 队列加入待爬取 URL 队列，并从待爬取 URL 队列中依次爬取 URL，从互联网中下载 URL 所链接的网页；最后，将网页的 URL 保存到已爬取 URL 队列中，将网页信息保存到下载网页库中，从网页中抽取出需要爬取的新 URL 并将其加入待爬取 URL 队列。重复这一过程，直到待爬取 URL 队列为空。

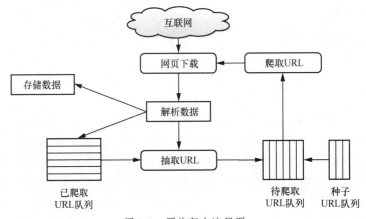

图 3-1　网络爬虫流程图

3. ETL 工具

在企业或事业单位内部，组织经营、管理和服务等业务流程中会产生大量的数据且被存储在数据中心或数据集市中。这些数据虽然都是由同一企业的内部业务产生的，但一般由不同的系统产生并以不同的数据结构存储在不同的数据库中。

此外，在企业运营过程中可能会涉及其他合作企业的数据，这些由不同用户和企业内部不同部门提供的内部数据可能来自不同的途径，其数据内容、数据格式和数据质量千差万别，有时甚至会遇到数据格式无法转换或转换数据格式后丢失信息等棘手问题，严重阻碍了各部门和各应用系统中数据的流动与共享。因此，对数据进行有效整合已成为对内部数据进行有效利用的关键。ETL 是整合数据的一个重要方法。

ETL 即数据的抽取（Extract）、转换（Transform）、加载（Load），是将企业内部的各种形式和来源的数据经过抽取、清洗、转换之后加载到目的端的过程。ETL 的目的是整合企业中分散、零乱、标准不统一的数据，以便于后续的分析、处理和运用。一个简单的 ETL 体系结构如图 3-2 所示。

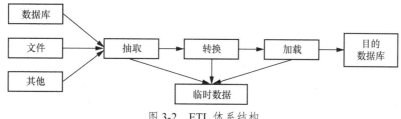

图 3-2　ETL 体系结构

数据抽取阶段的主要目的是汇总多种数据源并为下一步的数据转换做准备。在进行数据抽取之前需要充分了解各种数据源并利用它们的特性，结合实际业务需求，选择合适的抽取方式。

数据转换阶段是 ETL 的核心环节，也是最复杂的环节。它的主要任务是将抽取到的各种数据源进行清洗、格式转换、缺失值填补、重复值剔除等操作，最终得到格式统一、高度结构化、质量高、兼容性好的数据，为后续的分析决策提供可靠的数据支持。

数据加载阶段的主要目的是把数据加载至目的地（如数据仓库等），通常是将处理好的数据写成特定格式的文件，然后把文件加载到指定的分区表中。

因为数据会源源不断地增加，所以 ETL 的实际运行过程不是一个"一劳永逸"的过程。ETL 需要定时或实时地对新来的数据进行新的 ETL 操作，其中会涉及集群服务、资源调度等方面的需求。

3.1.4　大数据采集平台

1．Flume

Flume 作为 Hadoop 的组件，是 Apache 旗下的一款开源、高可靠、高扩展、易管理、支持客户扩展的数据采集系统，可以有效地收集、聚合和迁移大量日志数据。Flume 支持在日志系统中定制各类数据发送方，用于收集数据；同时，Flume 提供对数据进行简单处理并将其写入各种数据接收方的功能。

Flume 采用了分层架构，由 Agent、Collector 和 Storage 组成。其中，Agent 作为 Flume 最小的独立运行单位，将数据以事件的形式从源头送至目的地，其也是 Flume 的核心结构，如图 3-3 所示。在实际的日志系统中，Flume 由多个 Agent 串行或并行组成，完成对不同日志数据的分析。每个 Agent 相当于一个完整的数据收集工具，内部包含以下 3 个核心组件。

Source：采集源，用于对接数据源，以获取数据。

Channel：Agent 内部的数据传输通道，用于从 Source 传输数据到 Sink。

Sink：采集数据的传送目的地，用于往下一级 Agent 或者最终存储系统传递数据。

在大数据时代，平台会通过收集用

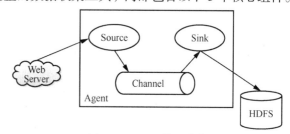

图 3-3　Flume 核心结构

户在平台上的操作，分析用户的具体行为，然后给用户推送个性化的信息服务。比如，用户在电商平台上搜索一些商品后，首页会给用户推送相关类型的商品。Flume 在其中充当了数据采集的角色，通过快速采集用户的信息，将其发送给数据计算平台分析后，实现个性化信息服务。

2．Fluentd

Fluentd 是一个开源的通用日志采集和分发系统，可以从多个数据源采集日志，并将日志过滤和加工后分发到多种存储和处理系统中。Fluentd 使用 JSON 文件格式作为数据格式来统一处理日志数据。它采用插件式架构，具有高可扩展性和高可用性，同时还实现了高可靠性的信息转发。进行数据采集时，可以把各种来源的信息发送给 Fluentd，再由 Fluentd 根据配置通过不同的插件把信息转发到不同的地方，比如文件、SaaS（Software as a Service，软件即服务）平台、数据库，甚至可以转发到另一个 Fluentd。

Fluentd 的架构设计与 Flume 类似，其 Input、Buffer、Output 模块非常类似于 Flume 架构的 Source、Channel、Sink。

Input：负责接收数据或者主动抓取数据，支持 syslog、HTTP、TCP 等数据。

Buffer：负责数据获取的性能和可靠性，也有文件或内存等不同类型的 Buffer 可以配置。

Output：负责输出数据到目的地，例如文件或者其他 Fluentd。

Fluentd 具有安装方便、占用空间小、半结构化数据日志记录、灵活的插件机制、可靠的缓冲、日志转发等多个功能特点。同时，Fluentd 的扩展性非常好，用户可以自己定制 Input、Buffer、Output 等模块。

3．Logstash

Logstash 是一种具有实时流水线功能的开源数据采集引擎，可以动态地统一采集来自日志、网络请求、关系数据库、传感器或物联网等不同来源的数据，并将数据规范到具体的目标输出，为各种分析和可视化用例清理所有数据。简单来说，Logstash 作为数据源与数据存储分析工具之间的桥梁，能够极大地方便数据的处理与分析。它提供了大量插件，可帮助人们解析、转换和缓冲各种类型的数据。

Logstash 基于管道（Pipeline）方式进行数据处理。管道可以理解为数据处理流程的抽象。在管道处理流程中，数据首先经过上游数据源汇总到消息队列中，然后由多个工作线程进行数据的转换处理，最后输出到下游组件。

Logstash 的部署架构如图 3-4 所示，主要包括 Inputs（输入）、Filters（过滤器）、Outputs（输出）这 3 部分，在 Inputs 和 Outputs 中还可以使用 Codecs（解码器）对数据格式进行处理。这 4 个部分均以插件形式存在，用户通过定义管道配置文件，设置需要使用的 input、filter、output、codec 插件，以实现特定的数据采集、数据处理、数据输出等功能。

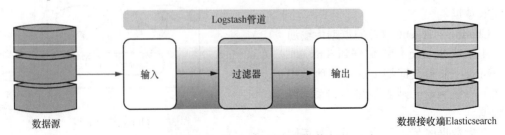

图 3-4　Logstash 的部署架构

Inputs：用于读取数据源，相当于 Flume 的 Source。

Filters：可以将过滤器和条件语句结合使用，对事件进行处理。

Outputs：用于数据输出，将数据写到某种存储介质中，相当于 Flume 的 Sink。

Codecs：基本上是流过滤器，作为输入和输出的一部分进行操作，可以轻松地将消息的传输与序列化过程分开。

Elasticsearch：是当前主流的分布式大数据存储和搜索引擎，可以为用户提供强大的全文本检索能力，广泛应用于日志检索、全站搜索等领域。Logstash 作为 Elasticsearch 常用的实时数据采集引擎，可以采集来自不同数据源的数据，并对数据进行处理后输出到多种输出源，是 Elastic Stack 的重要组成部分。

4．Chukwa

Chukwa 是 Apache 旗下另一个开源的数据采集平台，提供了对大数据量的日志类数据进行采集、存储、分析和展示的全套解决方案和框架。在数据生命周期的各个阶段，Chukwa 能够提供完整的解决方案。Chukwa 可以用于监控大规模 Hadoop 集群的整体运行情况，并对它们的日志进行分析。

Chukwa 架构如图 3-5 所示，其主要有 4 个部分：Agent、Adaptor、Collector、Demux。

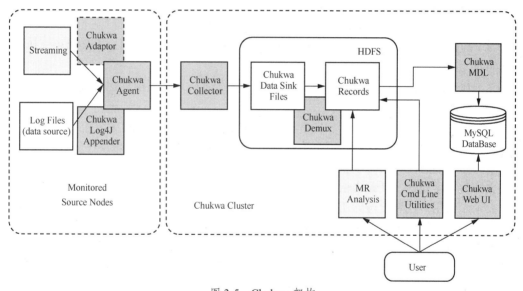

图 3-5　Chukwa 架构

Agent：为 Adaptor 提供各种服务，包括启动和关闭 Adaptor，将数据通过 HTTP 传递给 Collector，定期记录 Adaptor 状态，以便 Adaptor 出现故障后能够迅速恢复。

Adaptor：直接采集数据的接口和工具，一个 Agent 可以对多个 Adaptor 的数据采集进行管理。

Collector：负责收集 Agent 传送来的数据，并定时写入集群中。

Demux：利用 MapReduce 对数据进行分类、排序与去重。

3.2　网络爬虫技术

随着大数据时代的到来，网络爬虫逐渐在互联网中占据了重要的地位。互联网中的数据是海量的，如何自动、高效地从这些海量数据中获取感兴趣的信息是互联网数据采集面临的一个重要问题，网络爬虫技术为解决这一问题提供了支撑。

3.2.1　网络爬虫概述

网络爬虫，也称网络蜘蛛或网络机器人，是一种按照一定的规则，自动抓取互联网信息的程序或者脚本。这种技术被广泛应用于互联网搜索引擎、信息采集、舆情监测等，以获取或更新网站的内容和检索方式。同时，这种技术也可以自动采集所有能够访问到的页面内容，以供搜索引擎做进一步处理，使用户能更快地检索到他们需要的信息。

网络爬虫一般分为数据采集、处理、存储3个部分。网络爬虫一般从一个或者多个初始URL开始下载网页内容，然后通过搜索或内容匹配等手段获取网页中感兴趣的内容。同时不断从当前页面提取新的URL，根据网络爬虫策略，按一定的顺序放入待爬取URL队列中。以上过程循环执行，直到满足系统相应的停止条件，然后对这些被抓取的数据进行清洗、整理并建立索引，存入数据库或文件中。最后根据查询需要，从数据库或文件中提取相应的数据，以文本或图表的方式显示出来。

网络爬虫的应用广泛，常见的应用介绍如下。

（1）爬取网站上的图片，以便集中进行浏览。

（2）爬取相关金融信息，并进行投资分析。

（3）将多个新闻网站中的新闻信息爬取下来，集中进行阅读。

（4）利用网络爬虫将对应网页上的信息爬取下来，自动过滤掉网页中的广告，方便对信息的阅读与使用。

（5）利用网络爬虫，可以设置相应的规则，自动地从互联网中采集目标用户公开的信息，方便个性化服务使用。

（6）爬取网站的用户活跃度、发言数、热门文章等信息，进行相关分析。

网络爬虫为搜索引擎从万维网上下载网页，并沿着网页的相关URL在Web中采集资源，它的处理能力往往决定了整个搜索引擎的性能及扩展能力等。比如百度搜索引擎的网络爬虫称为百度蜘蛛（Baiduspider）。百度蜘蛛每天会在海量的互联网信息中爬取大量信息并收录，当用户在百度搜索引擎上检索对应关键词时，百度搜索引擎将对关键词进行分析处理，从收录的网页中找出相关网页，按照一定的规则进行排序并将结果展现给用户。

大数据时代，在进行大数据分析或者数据挖掘时，数据源可以从某些提供数据统计信息的网站获得，也可以从某些文献或内部资料中获得。但是这些获得数据的方式有时很难满足我们对实时数据的需求，如果手动从互联网中去寻找这些数据，耗费的精力又会过多。利用网络爬虫技术可以自动地从互联网中爬取我们感兴趣的数据，并将这些数据作为数据源，进而进行更深层次的数据分析，并获得隐含的数据价值信息。

3.2.2　常用网络爬虫方法

网络爬虫按照系统结构和实现技术大致可以分为以下类型：通用网络爬虫（General Purpose Web Crawler）、主题网络爬虫（Topic-focused Web Crawler）、增量式网络爬虫（Incremental Web Crawler）、深度网络爬虫（Deep Web Crawler）等。实际的网络爬虫系统通常是由几种网络爬虫方法相结合而实现的。

1．通用网络爬虫

通用网络爬虫又称全网爬虫（Scalable Web Crawler），爬取对象从一些种子URL扩充到整个 Web，主要为门户站点搜索引擎和大型 Web 服务提供商提供数据采集服务。由于商业原因，它们的技术细节很少公布。通用网络爬虫的结构大致可以分为页面爬取模块、页面分析模块、URL 过滤模块、页面数据库、URL 队列、初始 URL 集合等几部分。为提高工作效率，通用网络爬虫会采取一定的爬取策略。常用的爬取策略有深度优先策略、广度优先策略等。

通用网络爬虫首先会从预先设定的一个或若干个初始种子 URL 开始，获得初始网页上的 URL 列表；然后，在爬取过程中根据获得的 URL 列表获取新的 URL，进而访问并下载该 URL 页面，并通过页面解析器去除页面上的 HTML 标记，从而得到页面内容，同时将摘要、URL 等信息保存到数据库中；最后，抽取当前页面上新的 URL，并将其放入 URL 队列，直到满足系统停止条件。其工作流程图如图 3-6 所示。

这类网络爬虫的爬取范围和爬取数量巨大，对爬取速度和存储空间的要求较高，对爬取页面的顺序要求相对较低。同时，对于待刷新的页面通常采用并行工作方式，需要较长时间才能刷新一次页面。虽然存在一定缺陷，但通用网络爬虫适用于为搜索引擎搜索广泛的主题，有较强的应用价值。

2．主题网络爬虫

主题网络爬虫，又称聚焦网络爬虫（Focused Web Crawler），是指选择性地爬取那些与预先定义好的主题相关的页面的网络爬虫。和通用网络爬虫相比，主题网络爬虫只需要爬取与主题相关的页面，极大地节省了硬件和网络资源，保存的页面数量少但更新快，可以较好地满足一些特定人群对特定领域信息的需求。

在通用网络爬虫的基础上，主题网络爬虫需要根据一定的网页分析算法过滤掉与主题无关的 URL，保留有用的 URL 并将其放入等待爬取的 URL 队列。然后，它会根据一定的爬取策略从待爬取的 URL 队列中选择下一个要爬取的 URL，并重复上述过程，直到满足停止条件为止。所有被爬取网页都会被系统存储，经过一定的分析、过滤，然后建立索引，以便用户查询和检索。这一过程得到的分析结果可以对以后的爬取过程提供反馈和指导。其工作流程图如图 3-7 所示。

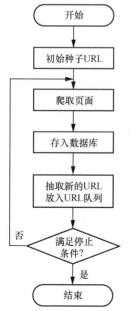

图 3-6　通用网络爬虫的工作流程图

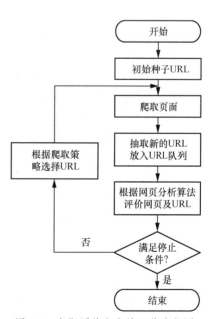

图 3-7　主题网络爬虫的工作流程图

3. 增量式网络爬虫

增量式网络爬虫是指对已下载网页采取增量式更新爬取策略，只爬取新产生的或者已经发生变化的网页的网络爬虫。它能够在一定程度上保证所爬取的页面是尽可能新的页面。同周期性爬取和刷新页面的网络爬虫相比，增量式网络爬虫只会在需要的时候爬取新产生或发生更新的页面，并不重新下载没有发生变化的页面。增量式网络爬虫可以有效减少数据下载量，及时更新已爬取的页面，减少时间和空间上的消耗，但是增加了爬取算法的复杂度和实现难度。

增量式网络爬虫的体系结构如图 3-8 所示，它包含爬取模块、排序模块、更新模块、本地页面集、待爬取 URL 集以及本地页面 URL 集等多个功能模块。

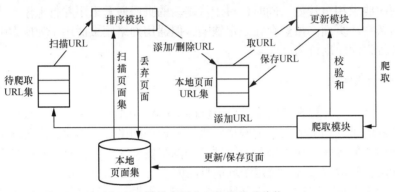

图 3-8　增量式网络爬虫的体系结构

4. 深度网络爬虫

互联网按其分布状况可以分为表层网（Surface Web）和深层网（Deep Web）。表层网是指传统网页搜索引擎可以索引的 Web，其组成部分以静态网页为主。深层网又称深网或隐藏网（Hidden Web），是指互联网上那些不能被传统搜索引擎索引的非表层网。深层网相比普通网页的信息量更大，且质量更高，但是传统网页搜索引擎由于技术限制很难搜集到这些高质量信息。这些信息通常隐藏在动态网络数据库中，不能通过 URL 直接访问，而是需要通过动态网页技术访问。

常规的网络爬虫在运行中无法发现隐藏在普通网页中的信息和规律，缺乏一定的主动性和智能性。比如，需要输入用户名和密码的页面或者包含页码导航的页面均无法爬取。针对常规网络爬虫的不足，深度网络爬虫对其结构加以改进，增加了表单分析和页面状态保持两个功能。深度网络爬虫通过分析网页的结构，将其分为普通网页或存在更多信息的深度网页，针对深度网页构造合适的表单参数并提交，从而得到更多的页面。

深度网络爬虫的体系结构如图 3-9 所示，包含爬行控制器、解析器、表单分析器、表单处理器、响应分析器、LVS（Label Value Set，标签/数值集合）控制器以及两个爬虫内部数据结构（URL 列表、LVS 表）等模块。其中，LVS 表用来表示填充表单的数据源。

与常规网络爬虫不同的是，深度网络爬虫在页面下载完成后并没有立即遍历其中的所有 URL，而是使用一定的算法将 URL 进行分类，对于不同的类别采取不同的方法计算查询参数，并将参数再次提交到服务器。如果提交的查询参数正确，那么将会得到隐藏的页面和 URL。

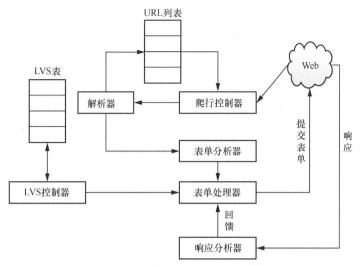

图 3-9　深度网络爬虫的体系结构

3.2.3　网页数据采集的实现

Python 凭借其强大的函数库以及部分函数对获取网站源代码的针对性，成为能够胜任网页数据采集工作的计算机语言。本小节主要介绍利用 Python 3.8 采集网页数据的常见实现方法。

1．urllib 库

urllib 库是 Python 内置的 HTTP 请求库，可以模拟浏览器的行为，向指定的服务器发送 HTTP 请求，并可以保存服务器返回的数据。urllib 库包含四大模块。

（1）urllib.request：最基本的 HTTP 请求模块。可以用它来模拟发送 HTTP 请求，就像在浏览器里输入网址然后按 "Enter" 键一样，只需要给库方法传入 URL 以及额外的参数，就可以模拟实现这个过程了。

（2）urllib.error：异常处理模块。包含一些 urllib.request 产生的错误，可以使用 try 进行捕捉处理，从而保证程序不会意外终止。

（3）urllib.parse：URL 解析模块。提供了许多 URL 处理方法，比如拆分、解析、合并等方法。

（4）urllib.robotparser：robots.txt 解析模块。用来解析网站的 robots.txt 文本文件。它提供了一个单独的 RobotFileParser 类，通过该类提供的 can_fetch() 方法可以测试爬虫是否能够爬取该网站的页面。

使用 urllib.request.urlopen() 这一接口函数可以很轻松地打开一个网站，读取并输出网页信息。urllib.request.urlopen() 函数的格式如下。

```
urllib.request.urlopen(url,data=None,[timeout,]*,
cafile=None,capath=None,cadefault=False,context=None)
```

其中，url：表示待爬取的目标 URL。

data：用于指明发往服务器的请求中额外的参数信息，默认为 None，此时以 GET 方式发送请求；当用户给出 data 参数的时候，改为以 POST 方式发送请求。

timeout：设置网站的访问超时时间。

cafile、capath、cadefault：用于实现可信任 CA（Certification Authority，认证机构）证书的 HTTP 请求。

context：实现 SSL（Secure Socket Layer，安全套接字层）加密传输。

urllib 库的使用比较简单，使用 urllib 库快速爬取一个网页，具体程序代码如下。

```
1    import urllib.request
2    response=urllib.request.urlopen       #调用 urllib.request 库的 urlopen()
     ('https://www.baidu.com')             #方法，并传入一个 URL
3    html=response.read().decode('UTF-8')  #使用 read() 方法读取获取到的网页内容
4    print(html)                           #输出网页内容
```

以上就是一个简单的网页爬取实例，运行结果如图 3-10 所示。

```
============================ RESTART: D:/Program Files/urllib1.py ============================
<html>
<head>
        <script>
                location.replace(location.href.replace("https://","http://"));
        </script>
</head>
<body>
        <noscript><meta http-equiv="refresh" content="0;url=http://www.baidu.com/"></noscript>
</body>
</html>
```

图 3-10　网页爬取实例的运行结果

2．requests 库

requests 库是 Python 的一个第三方库，可以通过调用它来帮助人们实现自动爬取 HTML 网页页面以及模拟人类访问服务器自动提交网络请求。与 urllib 标准库相比，requests 库不但使用方便，而且能够节约大量的资源，完全能够满足 HTTP 测试的需求。requests 库实现了 HTTP 中的绝大部分功能，提供的功能包括 Keep-Alive、连接池、Cookie 持久化、内容自动解压、HTTP 代理、SSL 认证、URL 超时、Session 等。

值得注意的是，相比于 urllib 库，requests 库非常简洁。requests 库中的常用方法如表 3-1 所示。

表 3-1　requests 库中的常用方法

方法	说明
requests.requests()	构造一个请求，支撑以下各方法的基础方法
requests.get()	获取 HTML 网页的主要方法，对应 HTTP 的 GET
requests.head()	获取 HTML 网页的头信息的方法，对应 HTTP 的 HEAD
requests.post()	向 HTML 网页提交 POST 请求的方法，对应 HTTP 的 POST
request.put()	向 HTML 网页提交 PUT 请求的方法，对应 HTTP 的 PUT
requests.patch()	向 HTML 网页提交局部修改的请求，对应 HTTP 的 PATCH
requests.delete()	向 HTML 页面提交删除请求，对应 HTTP 的 DELETE

与 urllib 库相比，requests 库不仅能够重复地读取返回的数据，还能自动地确定响应内容的编码。以 GET 请求方式为例，输出多种请求的代码如下。

```
1    import requests                                   #导入模块
2    response = requests.get('https://www.baidu.com')  #对需要爬取的网页发送请求
3    print('状态码:',response.status_code)              #输出状态码
```

4	`print('url:',response.url)`	#输出请求
5	`print('header:',response.headers)`	#输出头部信息
6	`print('cookie:',response.cookies)`	#输出 Cookie 信息
7	`print('text:',response.text)`	#以文本形式输出网页源代码
8	`print('content:',response.content)`	#以字节流形式输出网页源代码

程序运行结果的部分截图如图 3-11 所示。

```
状态码: 200
url: https://www.baidu.com/
header: {'Cache-Control': 'private, no-cache, no-store, proxy-revalidate, no-transform', 'Connection': 'keep-alive', 'Content-Encoding':
'gzip', 'Content-Type': 'text/html', 'Date': 'Wed, 20 Jul 2022 07:37:18 GMT', 'Last-Modified': 'Mon, 23 Jan 2017 13:24:33 GMT', 'Pragm
a': 'no-cache', 'Server': 'bfe/1.0.8.18', 'Set-Cookie': 'BDORZ=27315; max-age=86400; domain=.baidu.com; path=/', 'Transfer-Encoding': 'c
hunked'}
cookie: <RequestsCookieJar[<Cookie BDORZ=27315 for .baidu.com/>]>
text: <!DOCTYPE html>
<!--STATUS OK--><html> <head><meta http-equiv=content-type content=text/html;charset=utf-8><meta http-equiv=X-UA-Compatible content=IE=E
dge><meta content=always name=referrer><link rel=stylesheet type=text/css href=https://ss1.bdstatic.com/5eN1bjq8AAUYm2zgoY3K/r/www/cach
e/bdorz/baidu.min.css><title>百 度 一 下 ， 你 就 知 道 </title></head> <body link=#0000cc> <div id=wrapper> <div id=head> <di
v class=head_wrapper> <div class=s_form> <div class=s_form_wrapper> <div id=lg> <img hidefocus=true src=//www.baidu.com/img/bd_logo1.png
width=270 height=129> </div> <form id=form name=f action=//www.baidu.com/s class=fm> <input type=hidden name=bdorz_come value=1> <input
type=hidden name=ie value=utf-8> <input type=hidden name=f value=8> <input type=hidden name=rsv_bp value=1> <input type=hidden name=rsv_
idx value=1> <input type=hidden name=tn value=baidu><span class="bg s_ipt_wr"><input id=kw name=wd class=s_ipt value maxlength=255 autoc
omplete=off autofocus=autofocus></span> <span class="bg s_btn_wr"><input type=submit id=su value=百 度 一 下 class="bg s_btn" autofoc
us></span> </form> </div> </div> <div id=u1> <a href=http://news.baidu.com name=tj_trnews class=mnav>新 闻 </a> <a href=https://www.h
ao123.com name=tj_trhao123 class=mnav>hao123</a> <a href=http://map.baidu.com name=tj_trmap class=mnav>地 图 </a> <a href=http://v.ba
idu.com name=tj_trvideo class=mnav>视 频 </a> <a href=http://tieba.baidu.com name=tj_trtieba class=mnav>贴 吧 </a> <noscript> <a hr
ef=http://www.baidu.com/bdorz/login.gif?login&amp;tpl=mn&amp;u=http%3A%2F%2Fwww.baidu.com%2f%3fbdorz_come%3d1 name=tj_login class=lb>登 录 </a>
 </noscript> <script>document.write('<a href="http://www.baidu.com/bdorz/login.gif?login&tpl=mn&u='+ encodeURIComponent(wind
ow.location.href+ (window.location.search === "" ? "?" : "&")+ "bdorz_come=1")+ '" name="tj_login" class="lb">登 录 </a>');
</script> <a href=//www.baidu.com/more/ name=tj_briicon class=bri style="display: block;">更 多 产 品 </a> </div> </div>
</div> </div> <div id=ftCon> <div id=ftConw> <p id=lh> <a href=http://home.baidu.com>关 于 百 度 </a> <a href=http://ir.baidu.com>Abo
ut Baidu</a> </p> <p id=cp>&copy;2017 Baidu <a href=http://www.baidu.com/duty/>使 用 百 度 前 必 读 </a>  <a href=h
ttp://jianyi.baidu.com/ class=cp-feedback>意 见 反 馈 </a> 京ICP证 030173号   <img src=//www.baidu.com/img/gs.gif>
</p> </div> </div> </body> </html>

content: b'<!DOCTYPE html>\r\n<!--STATUS OK--><html> <head><meta http-equiv=content-type content=text/html;charset=utf-8><meta http-equi
v=X-UA-Compatible content=IE=Edge><meta content=always name=referrer><link rel=stylesheet type=text/css href=https://ss1.bdstatic.com/5e
N1bjq8AAUYm2zgoY3K/r/www/cache/bdorz/baidu.min.css><title>\xe7\x99\xbe\xe5\xba\xa6\xe4\xb8\x80\xe4\xb8\x8b\xef\xbc\x8c\xe4\xbd\xa0\x
b0\xb1\xe7\x9f\xa5\xe9\x81\x93</title></head> <body link=#0000cc> <div id=wrapper> <div id=head> <div class=head_wrapper> <div class=s_f
orm> <div class=s_form_wrapper> <div id=lg> <img hidefocus=true src=//www.baidu.com/img/bd_logo1.png width=270 height=129> </div> <form
id=form name=f action=//www.baidu.com/s class=fm> <input type=hidden name=bdorz_come value=1> <input type=hidden name=ie value=utf-8> <i
nput type=hidden name=f value=8> <input type=hidden name=rsv_bp value=1> <input type=hidden name=rsv_idx value=1> <input type=hidden nam
e=tn value=baidu><span class="bg s_ipt_wr"><input id=kw name=wd class=s_ipt value maxlength=255 autocomplete=off autofocus=autofocus></s
```

图 3-11　使用 requests 爬取网页数据

3．BeautifulSoup 库

BeautifulSoup 是一个可以从 HTML 或 XML 文档提取数据的 Python 库，是 Python 内置的网页分析工具，用来快速转换被爬取的网页。它能够提供一些简单的方法以及类 Python 语法来查找、定位、修改一棵转换后的 DOM（Document Object Model，文档对象模型）树，自动将输入文档转换为 Unicode 编码，将输出文档转换为 UTF-8 编码。

BeautifulSoup 库能够将 HTML 或 XML 文档解析为树形结构，每个节点都是 Python 对象，所有对象可以归纳为 Tag、NavigableString、BeautifulSoup、Comment 这 4 种。Tag 就是 HTML 中的标签。每个 Tag 都有 name 和 attrs 两个重要的属性，name 是指标签的名字或者 Tag 本身的名字。attrs 是一个字典类型，通常指该标签的所有属性值。NavigableString 用于获取标签内部的内容。BeautifulSoup 库表示一个文档的全部内容。Comment 是一个特殊类型的 NavigableString 对象，表示标签内字符串的注释部分，其输出的内容不包括注释符号。

使用 BeautifulSoup 库采集网页信息的一般流程如图 3-12 所示。

根据 HTML 网页或文件创建一个 BeautifulSoup 对象。在搜索节点时，根据 DOM 树可以进行各种节点的搜索（例如，find_all()方法可以搜索所有满足要求的节点），也可以按照节点的名称、属性值或文本进行搜索。只要获得了一个节点，就可以访问节点的名称、属性和文本，从而进行更为详细的节点信息提取。

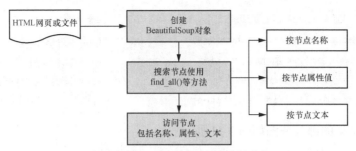

图 3-12　BeautifulSoup 库的使用流程

下面通过一个具体实例展示如何使用 BeautifulSoup 库爬取网页数据，具体代码如下。

```
1   import requests
2   from bs4 import BeautifulSoup          #导入模块
3   url = 'http://httpbin.org/get'
4   r = requests.get(url)
5   soup = BeautifulSoup(r.text, 'html.parser')   #创建 BeautifulSoup 对象
6   print(soup.prettify())                 #格式化输出
```

该程序运行结果如图 3-13 所示。

```json
{
    "args": {},
    "headers": {
        "Accept": "*/*",
        "Accept-Encoding": "gzip, deflate",
        "Host": "httpbin.org",
        "User-Agent": "python-requests/2.23.0",
        "X-Amzn-Trace-Id": "Root=1-62d7b957-00ee1cce0d450dc3017f7251"
    },
    "origin": "183.227.100.21",
    "url": "http://httpbin.org/get"
}
```

图 3-13　使用 BeautifulSoup 库爬取网页数据的运行结果

BeautifulSoup 库支持的解析器包括 Python 标准库、lxml 解析器和 html5lib 解析器，如表 3-2 所示。

表 3-2　BeautifulSoup 库支持的解析器

解析器	使用方法	使用要求
Python 标准库	BeautifulSoup(markup,'html.parser')	安装 bs4 库
lxml HTML 解析器	BeautifulSoup(markup,'lxml')	pip install lxml
lxml XML 解析器	BeautifulSoup(markup,'xml')	pip install lxml
html5lib	BeautifulSoup(markup,'html5lib')	pip install html5lib

在创建 BeautifulSoup 对象时，如果没有明确地指定解析器，那么 BeautifulSoup 对象一般会根据当前系统安装的库自动选择解析器。解析器的选择顺序为 lxml、html5lib、Python 标准库。其中，lxml 解析器更加强大，速度更快，因此推荐使用 lxml 解析器。

3.2.4　常用网络爬虫工具

目前的网络爬虫种类繁多，既包括 Googlebot、百度蜘蛛这种分布式多线程的商业爬虫工具，也包括 Apache Nutch、CUN Wget 这类开源爬虫工具，还包括如八爪鱼采集器、火车采集器这类使用简单、方便的爬虫工具。这些工具可以在很短的时间内，轻松地从各种不同

的网站或者网页中获取大量的规范化数据，帮助用户实现数据的采集、编辑、规范化等操作，使用户摆脱对人工搜索及数据收集的依赖，从而降低获取信息的成本，提高工作效率。

1．Googlebot

Googlebot 是谷歌的网页爬取工具，俗称 Googlebot 爬虫。它使用计算机集群技术，能够发现新网页和更新的网页，并将这些网页添加到谷歌索引中。Googlebot 利用各种算法来计算需要获取哪些网站、获取网站的频率以及从每个网站上获取网页的数量。在进行网页爬取时，Googlebot 会先查看以前爬取过程中所生成的一系列网页地址，包括网站站长提供的站点地图数据。Googlebot 在访问其中的每个网页时，会检测各网页上的 URL，并将这些 URL 添加到要爬取的网页列表。它会记录新出现的网站、现有网站的更新以及无效 URL，并据此更新谷歌索引。

谷歌将 Googlebot 分布在多台计算机上，以便提高性能并随着网络规模的扩大而扩大。此外，为了降低带宽占用，谷歌会在计算机上运行多个爬取工具，主要的爬取工具介绍如下。

（1）Googlebot：爬取网页中的文字内容，爬取的内容保存在 Google 网页搜索和新闻搜索的数据库中。

（2）Googlebot-Mobile：爬取网页中的文字内容，用于手机用户搜索。

（3）Googlebot-Image：爬取网页中的图片内容，存入 Google 图片搜索数据库。

（4）Mediapartners-Google：爬取网页中的文字内容，用于 Google AdSense（由谷歌公司推出的针对网站主的一个互联网广告服务）关键词分析。只有投放了 Google AdSense 的网页才会被 Mediapartners-Google 探测器爬取。

（5）AdsBot-Google：爬取网页中的文字内容，用于为 Google AdWords 提供参考。只有 Google AdWords 的目标网页才会被 AdsBot-Google 探测器爬取。

2．百度蜘蛛

百度蜘蛛是百度搜索引擎的一个自动化程序。它的作用是收集、整理互联网上的网页、图片、视频等内容，然后分门别类地建立索引数据库，使用户能在百度搜索引擎中搜索到网站的网页、图片、视频等内容。

百度蜘蛛是一款功能强大的搜索结果提取器，基于 BeautifulSoup4 库和 requests 库。它支持多种搜索结果，包括百度网页搜索、百度图片搜索、百度知道搜索、百度视频搜索、百度资讯搜索、百度文库搜索、百度经验搜索、百度百科搜索等。

百度蜘蛛使用深度优先策略和权重优先策略爬取页面。深度优先策略的目的是爬取高质量的网页，权重优先策略用于对反向 URL 较多的页面进行优先爬取。百度蜘蛛控制"蜘蛛"的爬取行为，并将下载的网页放到"补充数据区"，通过计算后再放入"检索区"，形成稳定的排名，供用户进行检索。

百度蜘蛛的爬虫算法定义了爬虫范围、筛选重复页面等爬虫策略。采用不同的算法，爬虫的目的不同，爬虫的运行效率也不同，爬取结果也会有所差异。例如，Baiduspider 主要用于百度网页爬虫和移动爬虫，Baiduspider-image 用于百度图片爬虫，Baiduspider-video 用于百度视频爬虫，Baiduspider-news 用于百度新闻爬虫，Baiduspider-favo 用于百度收藏爬虫，Baiduspider-cpro 用于百度联盟爬虫，Baiduspider-ads 用于百度商务爬虫等。

3．Apache Nutch

Apache Nutch 是一个包含 Web 爬虫和全文搜索功能的开源搜索引擎。相对于商用的搜索引擎，它的工作流程更加公开透明，拥有很强的可定制性，并且支持分布式爬虫应用。Nutch 最新版本的底层实现使用了 Hadoop 技术。

Nutch 爬虫使用广度优先策略进行爬取，主要包括存储与爬虫两个过程。Nutch 爬虫的存储主要使用数据文件，包括 WebDatabase、Segment 和 Index 这 3 类。WebDatabase 简称 WebDB，用于存储爬虫爬取的网页之间的 URL 结构信息，WebDB 只在爬虫中使用。WebDB 内存储了 Page 和 Link 两种实体信息。Page 实体描述互联网中网页的特征信息，主要包括网页内的 URL 数目、爬取此网页的时间及对此网页的重要度评分等信息。Link 实体描述了两个 Page 实体之间的 URL 关系。WebDB 内还存储了爬取网页的 URL 结构图，在 URL 结构图中 Page 实体是图的节点，而 Link 实体则是图的边。Segment 用于存储爬虫在一次爬取循环中获得的网页及这些网页的 URL。Index 用于存储爬虫在整个爬取过程中爬取的所有网页的 URL，这些 URL 是通过对所有单个 Segment 中的 URL 进行合并处理而得到的。

Nutch 爬虫的大致过程为：首先，根据 WebDB 生成一个待爬取网页的 URL 集合，即预取列表；然后，根据预取列表进行网页爬取，如果下载线程有很多个，那么就生成很多个预取列表，爬虫根据爬取回来的网页更新 WebDB，根据更新后的 WebDB 生成新的预取列表；最后，下一轮爬取循环重新开始。综上，这个循环过程就是"产生→爬取→更新"。

Nutch 爬虫对于爬取的数据和索引采用分布式存储。实际上，Nutch 分布式文件系统的基础架构是 HDFS。另外，Nutch 爬虫采用 MapReduce 进行分布式计算。

4．火车采集器

火车采集器拥有内容采集和数据导入等功能，并且可以将采集的任何网页数据发送到远程服务器。

火车采集器根据自定义采集规则爬取数据。例如，对于常用的网络爬虫工具，如果需要获取一个网页栏目里的所有内容，则需要采集这个网页的网址，而火车采集器则是按照规则爬取列表页面，从中分析出网址，再去爬取获得网址的网页内容；然后，根据自定义采集规则，对下载网页进行分析，将标题、内容等信息分离并保存下来。如果需要下载图片等网络资源，系统会对采集到的数据进行分析，找出图片资源并下载到本地。

火车采集器采集数据时分为采集数据与发布数据两个步骤。

（1）采集数据。包括确定采集网址和采集内容。在这个过程中，用户可以自定义采集规则来获取需要的数据。

（2）发布数据。就是将数据发布到自己的论坛，也是实现将数据占为己有的过程。系统支持 Web 在线发布到网站、保存为本地文件、导入自定义数据库和保存为本地 SQL 文件等发布方式。

5．八爪鱼采集器

八爪鱼采集器以完全自主研发的分布式云计算平台为核心，是一款免费使用、操作简单、功能强大、高效采集的网页数据采集工具，可以非常容易地从任何网页中准确采集所需要的数据，生成自定义的、规范的数据格式。

八爪鱼采集器可以从其官网进行下载。下载安装后，启动该软件，主界面如图 3-14 所示。

下面利用八爪鱼采集器采集"大众点评"商家数据。首先，单击八爪鱼采集器主界面中的"自定义采集"下的"立即使用"按钮，在采集网址中输入大众点评榜单网址 http://www.dianping.com/shoplist/search/15_10_0_score/，如图 3-15 所示；然后，单击"保存网址"按钮。

图 3-14　八爪鱼采集器主界面

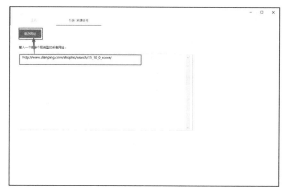

图 3-15　输入采集网址

保存网址后，页面将在八爪鱼采集器中打开。将页面下拉到底部，单击"下一页"按钮，在右侧的"操作提示"对话框中，选择"循环单击下一页"，如图 3-16 所示。

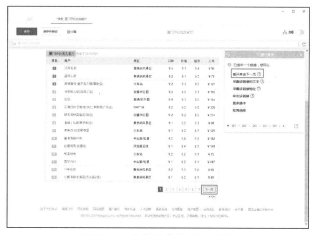

图 3-16　确定采集的循环条件

接下来，选中需要采集的字段信息，创建采集列表，如图 3-17 所示。移动鼠标选中列表中的标题名称并右击，需采集的内容会变成绿色。修改采集字段名后，就可以开始采集数据。

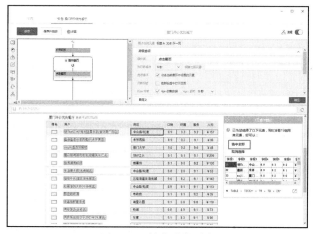

图 3-17　创建采集列表

数据采集过程中，单击"停止采集"按钮，可以随时终止采集，并将采集到的数据导入 Excel 文件中，如图 3-18 所示。

图 3-18　采集完成

八爪鱼采集器还提供了智能分析功能，能够实现对采集数据的统计分析、预测分析等功能。

3.2.5　电影评论爬取

在豆瓣网选取电影《霸王别姬》作为实例进行评论爬取。主要爬取《霸王别姬》相关评论的用户名、推荐指数、投票数以及用户评论等信息，并把这些信息以 CSV 格式保存到本地计算机上。

加载需要引用的相关模块及包（为便于操作和实时交互，可以在 Anaconda 3 中的 Jupyter Notebook 中完成该实例）。

```
1    import requests              #导入requests库，用来爬取网页的HTML源代码
2    from lxml import etree       #导入etree模块，用来解析HTML文档对象
3    import time                  #导入time模块
4    import random                #导入随机数库
5    import csv                   #导入csv模块，用于将数据写入CSV文件中
```

通过自定义的函数来存储爬取的数据。

```
1    comment_file_path = 'douban_comment.csv'    #设置存储评论数据的文件路径
2    def save2file(data):                        #定义存储数据的函数
3        fd=open(comment_file_path,              #以写入的方式打开文件，newline的作用是
     'w',encoding='utf-8', newline='')          #防止添加数据时插入空行
4        writer = csv.writer(fd)
5        for item in data:
6            writer.writerow(item)               #写入数据
```

定义一个 spider_comment()爬虫函数，负责爬取页面并进行解析。由于评论页面是分页

显示的，该函数需要先对一个页面的评论进行爬取。

爬取评论之前需要先对页面进行解析，如图 3-19 所示，可以使用开发者工具查看网页源代码，并找到所需字段的相应位置。

图 3-19　页面解析

1	`def spider_comment(url):`	#定义页面爬取函数
2	`    headers = {'USER-AGENT':'Mozilla/5.0 (Windows NT 10.0; WOW64) AppleWebKit/ 537.36 (KHTML, like Gecko) Chrome/ 67.0.3396.99 Safari/5 37.36'}`	#指定请求头，进行 UA（User-Agent，用户代理）伪装
3	`    response=requests.get(url,headers= headers)`	#发起一个带请求头的 HTTP 请求
4	`    html = response.text`	#获取 response 中的数据信息
5	`    html = etree.HTML(html)`	#调用 HTML 类进行初始化，构造 #XPath 解析对象
6	`    authods = html.xpath('//div[@class= "comment-item "]/div[2]/h3/span[2]/a/text()')`	#解析网页源代码，获取用户名
7	`    stars = html.xpath('//div[@ class= "comment-item "]/div[2]/h3/span[2]/span[2]/@title')`	#获取推荐指数
8	`    agrees = html.xpath('//div[@class = "comment-item "]/div[2]/h3/span[1]/span/text()')`	#获取投票数
9	`    contents = html.xpath('//div[@class= "comment-item "]/div[2]/p/span/text()')`	#获取用户评论
10	`    data = zip(authods,stars,agrees,contents)`	#将数据打包成元组
11	`    return html, data`	

定义函数，对页面源代码进行解析，获取下一页 URL。

1	`def parse4link(html,base_url):`
2	`    link = None`
3	`    html_elem = etree.HTML(html)`
4	`    url =html_elem.xpath('//div[@id="paginator"]/a[@class="next"]/@href')`

```
5        if url:
6            link = base_url + url[0]
7        return link
```

再定义一个 batch_spider_comments()函数来批量爬取评论数据，实现对网页的翻页。

```
1    def batch_spider_comments():                    #批量抓取评论数据
2        print('开始爬取')                            #指定请求头，进行 UA 伪装
3        base_url = 'https://movie.douban.com/       #获取网址
     subject/1291546/comments'
4        link = base_url                             #初始化当前网址
5        while link:                                 #对每个页面进行遍历
6            print('正在爬取 ' + str(link) + '……')
7            html, data = spider_comment(link)       #页面爬取
8            link = parse4link(html, base_url)       #获取下一页 URL
9            save2file(fd,data)                      #数据存储
10           time.sleep(random.random())            #模拟用户浏览，设置爬虫间隔，防止
                                                      #因为爬取太频繁而导致 IP 地址被封
```

最后，编写一个主程序，用于调用 batch_spider_comments()函数，实现对电影《霸王别姬》用户评论的爬取。

```
1    if __name__ == '__main__':
2        batch_spider_comments()
```

程序执行后，会将爬取的数据存储在 douban_comment.csv 文件中，该文件保存了用户对电影《霸王别姬》的评论信息，这些信息可用于后续的数据预处理、评论观点挖掘等，文件部分内容如图 3-20 所示。

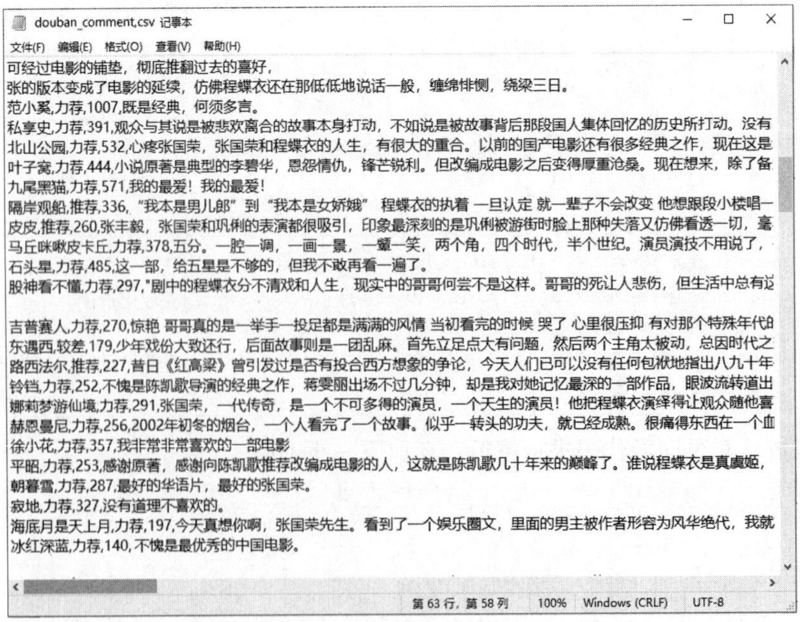

图 3-20　评论信息的部分内容

3.3 数据抽取技术

数据抽取是数据仓库 ETL 实施过程中需要重点考虑的问题。ETL 抽取整合数据的过程直接影响到最终的结果展现，所以数据抽取在整个数据仓库项目中起着十分关键的作用。

3.3.1 数据抽取概述

1．数据抽取的含义

数据抽取是指从数据源中抽取对用户有用或用户感兴趣的数据的过程，一般用于从源文件和源数据库中获取相关数据，是大数据工作开展的前提。在实际业务中，数据主要存储在数据库中，从关系数据库中抽取数据一般有全量抽取与增量抽取两种方式。

（1）全量抽取。类似于数据迁移或数据复制，它将数据源中的表或视图数据原封不动地从数据库中抽取出来，并转换成 ETL 工具可以识别的格式。

（2）增量抽取。只抽取自上一次抽取以来，数据库要抽取的表中新增或修改的数据。在 ETL 使用过程中，相比于全量抽取，增量抽取的应用范围更广。如何捕获变化的数据是增量抽取的关键。

除了关系数据库，数据抽取中的数据源对象还有可能是非关系数据库（NoSQL）或文件，例如 TXT 文件、Excel 文件、XML 文件、HTML 文件等。对文件数据的抽取一般是全量抽取，抽取前可保存文件的时间戳或计算文件的 MD5 校验码，并在下次抽取时进行对比，如果相同则忽略本次抽取。

在数据抽取中，尤其是增量抽取中，常用的捕获变化数据的方法如表 3-3 所示。

表 3-3　增量抽取中常用的捕获变化数据的方法

方法名称	功能说明
触发器	在抽取表上建立需要的触发器，一般需要建立插入、修改和删除 3 个触发器。每当表中的数据发生变化时，相应的触发器会将变化写入一个临时表。抽取线程从临时表中抽取数据时，临时表中抽取过的数据将被标记或删除
时间戳	在源表上增加一个时间戳字段，当系统修改表数据时，同时修改时间戳字段的值。当进行数据抽取的时候，通过时间戳来抽取增量数据。在数据捕获中，大多采用时间戳方式进行增量抽取，如银行业务。使用时间戳方式，可以在固定时间内组织人员进行数据抽取，进行整合后加载到目标系统
全表对比	全表对比的常用方式是采用 MD5 校验码。ETL 工具事先为要抽取的表建立一个结构类似的 MD5 临时表，该临时表记录源表主键，以及根据所有字段的数据计算出来的 MD5 校验码。每次进行数据抽取时，对源表和 MD5 临时表进行 MD5 校验码对比，从而决定源表中的数据是新增、修改还是删除，同时更新 MD5 校验码。MD5 方式的优点是对源表的影响较小，仅需要建立一个 MD5 临时表。但缺点也是显而易见的，与触发器和时间戳方式中的主动通知不同，MD5 方式是被动地进行全表数据的对比，效率较低。此外，当表中没有主键，且含有重复记录时，MD5 方式的准确性较差
日志对比	通过分析数据库自身的日志，判断变化的数据。Oracle 数据库中的 CDC（Changed Data Capture，改变数据捕获）技术是这方面的代表。CDC 能够帮助识别自上次抽取之后发生变化的数据。利用 CDC，在对源表进行插入、更新和删除等操作的同时即可提取数据，并且变化的数据被保存在数据库的变化表中。这样可以捕获发生变化的数据，然后利用数据库视图以一种可控的方式将其提供给目标系统

2．数据抽取流程

数据抽取流程一般包含以下几个步骤。

（1）理解数据和数据的来源。

（2）整理、检查和清洗数据。

（3）将清洗好的数据集成，并建立抽取模型。开展数据抽取与数据转换工作。

（4）将转换后的结果进行临时存放。

（5）确认数据，并将数据最终应用于数据挖掘中。

在数据抽取前必须做好大量的前提工作。例如，确认数据的来源，以及各个业务系统中数据库服务器运行的数据库管理系统，是否存在手工数据，手工数据量的大小，是否存在非结构化数据，等等，收集完这些信息之后才可以进行数据抽取的设计。

此外，在实际开发流程中，常常需要把数据抽取、数据转换和数据加载看作一个整体进行流程设计。

3.3.2 Kettle 简介与其安装

1．Kettle 软件简介

在数据仓库中可以使用 Kettle 来抽取网页或数据库中存储的数据。Kettle 是一款采用 Java 语言编写的开源 ETL 工具，可以在 Windows、Linux、UNIX 上运行，数据抽取高效、稳定。Kettle 具有开源免费、可维护性好、便于调试、开发简单等优点。

作为广受用户欢迎的 ETL 工具，Kettle 具有以下特点：①开源软件，可以在多个常用的操作系统下运行；②图形化操作，使用更加简单方便；③支持多种常用数据库和文件的数据格式，适用范围广；④具有完整的工作流控制，能够较好地控制复杂的数据转换工作；⑤提供定时调度功能，方便用户及时处理数据。

Kettle 由以下 4 个功能部分组成。

（1）SPOON：是一个图形用户界面，可以方便地完成数据转换任务。

（2）PAN：是一个数据转换引擎，以命令行方式执行数据转换任务，没有图形用户界面。PAN 允许用户使用时间调度器批量运行由 SPOON 设计的数据转换任务。

（3）CHEF：允许用户创建任务。通过设置的转换、任务和脚本等，进行自动化更新数据仓库等复杂操作。

（4）KITCHEN：允许用户批量使用由 CHEF 设计的任务，如使用一个时间调度器，由时间触发执行相应的任务。KITCHEN 也是一个后台运行的程序，以命令行方式执行任务。

2．Kettle 的安装

Kettle 是一款用 Java 语言编写的开源 ETL 工具，需要在 Java 运行环境下才能正常使用。此外，由于 Kettle 本身不具有数据存储系统，所以需要配合 MySQL 数据库才能更好地存储相关资源与数据。为了成功启动 Kettle 工具，需要配置完整的 Kettle 运行环境，下载 Java 工具包、MySQL 安装包和 Kettle 工具包。

在 Kettle 官方网站搜索 Kettle 工具包的下载 URL，单击此 URL 即可打开网页下载，当前使用的 Kettle 版本为 pdi-ce-7.1.0.0-12。

因为 Kettle 工具是绿色软件，无须安装，所以压缩包下载完成后，使用解压软件将 Kettle 工具解压到计算机的文件夹中即可。启动 Kettle 后弹出的欢迎界面如图 3-21 所示。

图 3-21　Kettle 工具的欢迎界面

3.3.3　文本数据抽取

文本文件在 Windows 中一般是指记事本文件，本小节主要讨论使用 Kettle 将文本文件中的数据抽取到 Excel 文档中。操作步骤如下。

（1）运行 Kettle，在菜单栏中单击"文件"菜单，选择"新建"→"转换"选项，如图 3-22 所示。

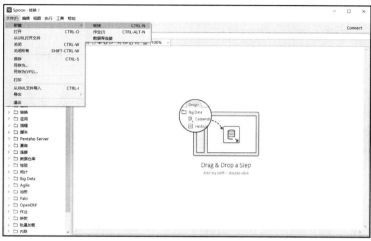

图 3-22　新建"转换"任务

（2）在左侧"步骤"窗格中选择"输入"→"文本文件输入"，并将其拖曳到工作区，如图 3-23 所示。

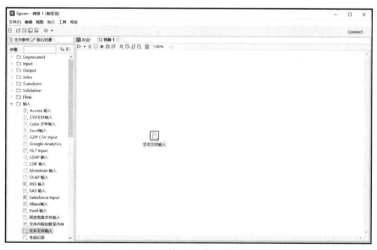

图 3-23　创建文本文件输入

（3）在本地计算机中，新建文本文件"test.txt"，并输入如下内容。

```
id;name;card;gender;age
1;张三;0001;M;23;
2;李四;0002;M;24;
3
4;王五;0003;M;22;
```

```
5
6;赵六;0004;M;21;
```

（4）双击"文本文件输入"，在出现的界面中添加新建的"text.txt"文本文件。接着，单击"内容"标签，选择"文件类型"（默认类型为 CSV），设置"分隔符"为"；"，"格式"设置为"mixed"，"编码方式"设置为"UTF-8"，如图 3-24 所示。

图 3-24 添加文本文件

（5）在"字段"选项卡中单击"获取字段"，获取字段内容，如图 3-25 所示。可以单击"预览记录"按钮以预览字段。

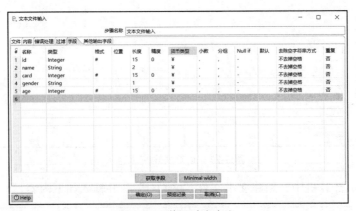

图 3-25 获取对应字段

（6）在"步骤"窗格中选择"输出"→"Excel 输出"选项，并将其拖曳至右侧工作区中。同时选中两个图标，右击并在弹出的快捷菜单中选择"新建节点链接"，也可以按住"Shift"键直接链接两个图标，如图 3-26 所示。

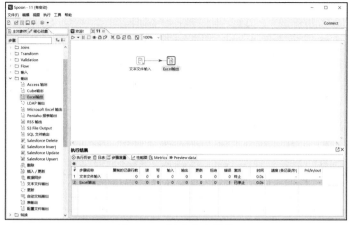

图 3-26　新建节点链接

保存该文件后，就可以开始执行文本数据的抽取操作，执行结果可在结果栏中查看。

通过该实例的文本数据抽取操作，读者应可以实现在 Kettle 中对文本文件的数据抽取，这也是数据清洗与分析的关键步骤。

3.3.4　网页数据抽取

网页数据的抽取是指通过使用相关软件或编写专用的程序来获取存储在 Web 中的数据。由于目前互联网中的数据大多以 HTML 网页的方式存储和传播，因此在实际工作中抽取的网页数据主要是半结构化与非结构化数据，如 XML 格式的数据、JSON 格式的数据或 CSV 格式的数据等。

本小节主要讲述使用 Kettle 抽取网页中的 XML 数据并在 Kettle 中显示。

（1）运行 Kettle，在菜单栏中单击"文件"菜单，在弹出的下拉菜单中选择"新建" → "转换"选项，在打开的界面中选择"输入" → "生成记录"选项，在"查询"中选择 "HTTP client"选项，在"输入"中选择"Get data form XML"选项，在"转换"中选择"字段选择"选项，将它们拖曳到中间工作区，并建立 URL，工作流程如图 3-27 所示。

生成记录　　　HTTP client　　　Get data from XML　　　字段选择

图 3-27　Kettle 抽取网页中 XML 数据的工作流程

（2）双击"生成记录"图标，在"名称"列中输入"url"，在"类型"列中选中"String"，在"值"列中输入想要对其进行数据抽取的网址"https://services.odata.org//Northwind/ Northwind.svc/Products/"，如图 3-28 所示。单击"预览"按钮可查看生成记录的数据。

（3）双击"HTTP client"图标，在打开的界面中选择"从字段中获取 URL？"，设置 "URL 字段名"为"url"，"Encoding"为"UTF-8"，"结果字段名"为"result"，如图 3-29 所示。

（4）双击"Get data from XML"图标，打开"文件"选项卡，选中"XML 源定义在一个字段里"复选框，设置"XML 源字段名"为"result"。在"内容"选项卡的"循环读取路径"文本框中输入"/feed/entry/content/ m:properties"，该路径是 XML 语法中的 XPath 查询，用于读取网页数据中的节点内容。在"字段"选项卡中输入字段内容，如图 3-30 所示。

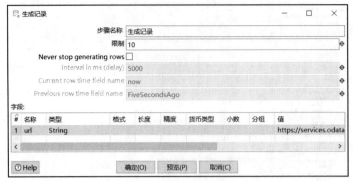

图 3-28 设置"生成记录"

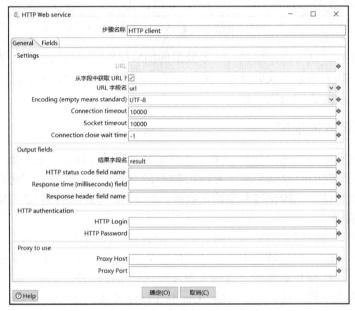

图 3-29 设置"HTTP client"

图 3-30 设置"Get data from XML"

（5）双击"字段选择"图标，弹出"选择/改名值"窗口，在其"选择和修改"选项卡中输入字段内容，如图 3-31 所示。

图 3-31　设置 "字段选择"

（6）保存该文件并执行程序，可以在 "执行结果" 栏中的 "步骤度量" 选项卡中查看执行状况，如图 3-32 所示。

图 3-32　查看执行状况

3.4 案例：网络租房信息采集

网络租房信息采集

本节以相关租房网站为研究对象，通过网络爬虫与数据抽取等方法，实现对租房信息的采集。

3.4.1 网络爬虫采集数据

本案例通过使用 Python 编写的网络爬虫程序获取租房相关信息并保存至本地，主要流程分为爬取网页、解析数据、保存数据 3 个步骤。程序具有通用性，通过获取目标网站 URL 地址返回 HTML 文本内容，再根据匹配规则筛选需要的数据，最后将数据存入 TXT 文本文件。

（1）打开链家官网，定位到朝阳区租房页面，按 "F12" 键打开开发者模式，在 "元素（Elements）" 选项卡中查看网页源代码即可找到需要的房屋信息数据（见图 3-33）。例如，可以在网页元素中查询到当前页面中 "整租·季景沁园 3 室 2 厅　南" 等房屋信息对应的源代码位置，其他相关房屋信息也可以通过同样的方式进行查询。此外，还可以右击需要获取信息的 URL，在弹出的快捷菜单中选择"检查"菜单项，可以直接定位到需要查询的房屋信息的源代码。

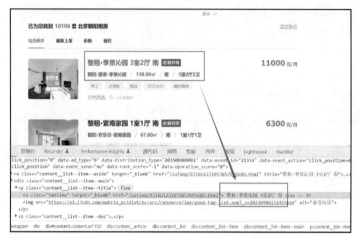

图 3-33　租房页面及源代码内容

根据查找到的房屋信息对应的源代码，本案例采用正则表达式进行数据解析，为从网页中爬取数据做准备。

1	`findLink = re.compile(r'<a class="twoline" href="(.*?)" target="_blank">', re.S)`	#通过正则匹配解析数 #据，此处为租房 URL
2	`findStreet = re.compile(r'</a>-<a href=".*target="_blank">(.*?)</a>-', re.S)`	#街道信息
3	`findArea = re.compile(r' title="(.*?)">', re.S)`	#小区
4	`findSize = re.compile(r'<i>/</i>(.*?)<i>/</i>', re.S)`	#面积
5	`findPrice = re.compile(r'<em>(.*?)</em>', re.S)`	#价格
	`findOrientation = re.compile (r' <i>/</i>(.*?)<i>/</i>', re.S)`	#朝向
	`findLayout = re.compile(r'<i>/</i>.* <i>/</i>(.*?)<span', re.S)`	#户型

（2）从网页中获取有价值的信息，并保存为数组。首先，为了爬取更多的租房信息，通过构造请求 URL，实现翻页功能；然后，使用构造的 URL 依次爬取页面内容，该功能在 askURL()方法中实现，再通过 BeautifulSoup()方法对页面内容进行解析；接着，使用上述内容中构造的正则表达式，通过 re.findall()方法查找指定的字符串；最后，将爬取到的信息存入数组。

```
1   def getData(baseurl):
2       print("爬取中……")
3       datalist = []
4       for i in range(1, 35):
5           time.sleep(3)
6           url = baseurl + str(i)
7           html = askURL(url)                              #获取页面内容
8           soup = BeautifulSoup(html, "html.parser")       #解析当前页面数据
9           for item in soup.find_all
    ('div', class_="content__list--item--main"):            #查找符合要求的字符串，形成列表
```

10	`        data = []`
11	`        item = str(item)`
12	`        link = 'https://bj.lianjia.com'` `#通过 re 库，使用正则表达式查找` `+ re.findall(findLink, item)[0]` `#指定的字符串`
13	`        data.append(link)`
14	`        street = re.findall(findStreet, item)[0]`
15	`        data.append(street)`
16	`        area = re.findall(findArea, item)[0]`
17	`        data.append(area)`
18	`        size = re.findall(findSize, item)[0]`
19	`        data.append(size.strip())`
20	`        price = re.findall(findPrice, item)[0]`
21	`        data.append(price)`
22	`        orientation = re.findall(findOrientation, item)[0]`
23	`        data.append(orientation)`
24	`        layout = re.findall(findLayout, item)[0]`
25	`        data.append(layout.strip())`
26	`        datalist.append(data)`
27	`    print(datalist)`
28	`    return datalist`

（3）通过 askURL()方法，实现根据传入的 URL 获取对应页面内容的功能。

1	`def askURL(url):`
	`    head = {`
	`"User-Agent": "Mozilla / 5.0(Windows NT 10.0;Win64;x64) AppleWebKit / 537.36` `(KHTML, likeGecko) Chrome / 99.0.4844.51Safari / 537.36"`
2	`}`
3	`    request = urllib.request.Request(url, headers=head)`
4	`    html = ""`
5	`    try:`
6	`        response = urllib.request.urlopen(request)`
7	`        html = response.read().decode("utf-8")`
8	`        # print(html)`
9	`    except urllib.error.URLError as e:`
10	`        if hasattr(e, "code"):`
11	`            print(e.code)`
12	`        if hasattr(e, "reason"):`
13	`            print(e.reason)`
14	`    return html`

（4）将爬取到的数据保存到 TXT 文档。

1	`def saveData(datalist):`	
2	`    print("Save……")`	
3	`col = ["URL ", "街道 ", "小区 ", "面积 ", "价格 ", "朝向 ", "户型 ","\n"]`	
4	`f = open("朝阳区租房信息.txt", "w")`	`#打开一个文档`
5	`f.writelines(col)`	`#写入列名`
6	`for data in datalist:`	`#写入数据`
7	`    for item in data:`	

```
8              f.write(item)
9              f.write(' ')
10         f.write('\n')
11     f.close()
```

（5）编写一个主程序，用于初始化 URL 并调用 batch_spider_comments()函数，实现对租房信息的爬取与持久化。

```
1    if __name__ == '__main__':
2        baseurl = "https://bj.lianjia.com/zufang/chaoyang/pg"
3        datalist = getData(baseurl)
4        savepath = "朝阳区租房信息.txt"
5        saveData(datalist)
```

程序执行后，会将爬取的数据存储在"朝阳区租房信息.txt"文件中，该文件保存了北京市朝阳区的 1 020 条租房信息，这些信息可用于后续的数据预处理、评论观点挖掘等，文件的部分内容如图 3-34 所示。

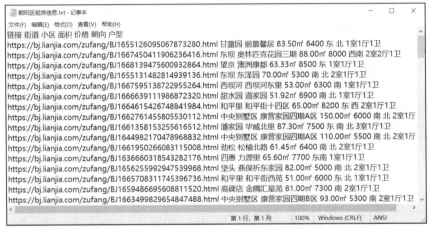

图 3-34 "朝阳区租房信息.txt"文本文件的部分内容

3.4.2 抽取租房信息

成功爬取租房信息后，使用 Kettle 将文本文件中的数据抽取到 Excel 文件中，操作步骤如下。

（1）将相关组件拖曳到工作区，本案例主要实现文本文件向 Excel 文件的转换，因此只需要输入、输出两个组件即可，如图 3-35 所示。

图 3-35 Kettle 组件配置

（2）对"文本文件输入"组件进行配置。首先，通过文件路径浏览，导入"朝阳区租房信息.txt"文本文件的数据；然后，对"内容"进行配置，获取字段名称，并根据分隔符对每行的数据进行拆分，如图 3-36 所示。

单击"预览记录"按钮，可以查看待抽取数据的相关信息，如图 3-37 所示。

（3）成功抽取输入文档的字段后，对"Excel 输出"组件进行配置并保存到指定目录中，然后开始运行。运行结束后，可以看到在设置的目录下生成了相关的 Excel 文件，如图 3-38 所示。

图 3-36 "朝阳区租房信息.txt"文件的字段提取

预览数据

步骤 文本文件输入 的数据 (120 rows)

#	链接	街道	小区	面积	价格
1	https://bj.lianjia.com/zufang/BJ165512609506787328...	甘露园	丽景馨居	83.50㎡	6400
2	https://bj.lianjia.com/zufang/BJ166745041190623641...	东坝	奥林匹克花园三期	88.00㎡	8000
3	https://bj.lianjia.com/zufang/BJ166813947560093286...	望京	澳洲康都	63.33㎡	8500
4	https://bj.lianjia.com/zufang/BJ165513148281493913...	东坝	东泽园	70.00㎡	5300
5	https://bj.lianjia.com/zufang/BJ166759513872295526...	西坝河	西坝河东里	53.00㎡	6900
6	https://bj.lianjia.com/zufang/BJ166663911198687232...	甜水园	道家园	51.92㎡	6900
7	https://bj.lianjia.com/zufang/BJ166461542674884198...	和平里	和平街十四区	65.00㎡	8200
8	https://bj.lianjia.com/zufang/BJ166276145580553011...	中央别墅区	康营家园四期A区	150.00㎡	6000
9	https://bj.lianjia.com/zufang/BJ166135815325561651...	潘家园	华威北里	87.30㎡	7500
1..	https://bj.lianjia.com/zufang/BJ164498217047896883...	中央别墅区	康营家园四期A区	110.00㎡	5500
1..	https://bj.lianjia.com/zufang/BJ166195026608311500...	劲松	松榆北路	61.45㎡	6400
1	https://bj.lianjia.com/zufang/BJ163666031854228217...	四惠	大源里	65.60㎡	7700

图 3-37 租房数据预览

	链接	街道	小区	面积	价格	朝向	户型
1	链接						
2	https://bj.lianjia.com/zufang/BJ15891183839897 19040.html	朝阳门外	东大桥路	58.13㎡	8200	南	2室0厅1卫
3	https://bj.lianjia.com/zufang/BJ1606912098154053632.html	劲松	垂杨柳北	55.00㎡	5700	东南	1室1厅1卫
4	https://bj.lianjia.com/zufang/BJ1613768659006652416.html	和平里	和平街十	44.00㎡	5900	南	1室1厅1卫
5	https://bj.lianjia.com/zufang/BJ2891289155928080384.html	奥林匹克公	天畅园	165.00㎡	14000	东	2室1厅2卫
6	https://bj.lianjia.com/zufang/BJ2894223059479707648.html	中央别墅	首创远洋	260.00㎡	20000	南 北	6室2厅3卫
7	https://bj.lianjia.com/zufang/BJ2893519387447263232.html	中央别墅	首创远洋	140.00㎡	17000	南 北	4室2厅2卫
8	https://bj.lianjia.com/zufang/BJ2899136569812459520.html	中央别墅	首创远洋	137.00㎡	13000	南 北	4室2厅2卫
9	https://bj.lianjia.com/zufang/BJ2899237914003111936.html	双井	首城国际	63.16㎡	11800	西	3房间2卫
10	https://bj.lianjia.com/zufang/BJ2897805616003153920.html	大望路	首府官邸	533.00㎡	140000	南北	5室2厅4卫
11	https://bj.lianjia.com/zufang/BJ2896446343705280512.html	大望路	华腾国际	323.44㎡	34000	东 南 西	6室0厅2卫
12	https://bj.lianjia.com/zufang/BJ2901490603403509760.html	北苑	乐想汇	53.00㎡	5200	西	1房间1卫
13	https://bj.lianjia.com/zufang/BJ2900758656067051520.html	芍药居	芍药居北	64.33㎡	6500	北	1室1厅1卫
14	https://bj.lianjia.com/zufang/BJ2904985365679185920.html	酒仙桥	风景园	136.36㎡	14000	西南	2室1厅1卫
15	https://bj.lianjia.com/zufang/BJ2907113267547602944.html	中央别墅	首创远洋	140.00㎡	15000	南 北	4室2厅2卫
16	https://bj.lianjia.com/zufang/BJ1567363570310578176.html	立水桥	塞纳维拉	200.00㎡	22000	南 北	4室2厅2卫
17	https://bj.lianjia.com/zufang/BJ1567822033390141440.html	东大桥	向军北里	70.00㎡	12000	南 北	3室1厅1卫
18	https://bj.lianjia.com/zufang/BJ1567450080305217536.html	中央别墅	景燕颜著	137.08㎡	11000	南 北	3室2厅2卫
19	https://bj.lianjia.com/zufang/BJ1566303200418463744.html	酒仙桥	阳光上东	274.00㎡	45000	南 北	5室2厅4卫
20	https://bj.lianjia.com/zufang/BJ1571394487014391808.html	酒仙桥	嘉林花园	280.00㎡	60000	南 北	5室2厅4卫
21	https://bj.lianjia.com/zufang/BJ1570357366937878528.html	东大桥	北京财富	86.00㎡	17500	北	1室1厅1卫
22	https://bj.lianjia.com/zufang/BJ1569696220761292800.html	华威桥	周庄嘉园	83.00㎡	9500	南 北	3室1厅1卫
23	https://bj.lianjia.com/zufang/BJ1572438748786851840.html	酒仙桥	星城国际	148.00㎡	15500	南 西	3室2厅2卫
24	https://bj.lianjia.com/zufang/BJ1574354793516761088.html	中央别墅	天瑞家章	120.00㎡	14000	南 北	3室2厅2卫
25	https://bj.lianjia.com/zufang/BJ1574609607056162816.html	小红门	自主城	80.00㎡	6500	南	4房间1卫
26	https://bj.lianjia.com/zufang/BJ1574736166530318336.html	CBD	阳光100	173.00㎡	20000	东南	3室1厅2卫

图 3-38 "朝阳区租房信息.xls"文件的部分内容

3.5 本章小结

大数据采集技术是大数据处理和应用的核心技术之一，面对大数据产业高速发展产生的海量数据，如何获取这些数据并对其进行抽取、转换、加载，对大数据产业的发展至关重要。本章首先从大数据采集的概念入手，对其整体的应用环境与采集方法等内容进行了简要概述；然后，针对网络爬虫技术与数据抽取技术这两类常用的大数据采集方法分别进行了介绍，并给出了应用示例；最后，通过一个综合案例的分析，概述了大数据采集的过程，对大数据采集实践技能的提升具有一定的帮助作用。

3.6 习题

1. 列举几种常用的大数据采集方法。
2. 列举几种常见的大数据采集平台。
3. 什么是网络爬虫？简述通用网络爬虫的爬取流程。
4. Python 中，通过哪些库函数可以爬取到指定网页的内容？
5. 数据抽取对大数据工作的开展有什么意义？它的主要实现方法有哪些？
6. 简述数据抽取的主要流程。
7. 结合网络爬虫技术，实现对微博上某个话题评论的爬取。

第4章 大数据预处理技术

通过网络爬虫等数据采集工具获得的数据往往存在大量的缺失值和异常值，以及数据量纲不一致等问题，在对这些数据进行分析和挖掘之前，需要进行数据预处理。数据预处理是对原始数据进行必要的清洗、集成、转换和归约等一系列处理，使数据达到用于知识获取所要求的规范和标准。本章在对数据预处理相关概念进行简要描述的基础上，从数据清洗、数据集成、数据变换、数据归约、数据脱敏这 5 个方面对数据预处理的相关技术进行讨论。

4.1 数据预处理概述

近年来，大数据技术掀起了计算机领域的一个新浪潮，无论是数据分析、数据挖掘，还是机器学习、人工智能，都离不开数据这个主题，于是越来越多的人对数据科学产生了兴趣。便宜的硬件、可靠的数据处理工具和可视化工具，以及海量的数据，这些资源使我们能够轻松、便捷地发现趋势并预测未来。

由于现实世界中数据的来源非常广泛，数据的类型复杂多样，因此，数据集中存在缺失值、异常值和量纲不一致数据成为常见现象。但数据是数据挖掘的基础资源，低质量的数据必然导致低质量的数据挖掘结果。如何对数据进行预处理以提高数据质量及数据挖掘结果的质量，这是数据预处理需要解决的问题。

4.1.1 数据质量

数据质量是指在业务环境下数据符合数据消费者的使用目的，满足业务场景具体需求的程度。数据如果能够满足应用要求，则可以认为它是高质量的。数据质量涉及许多因素，包括正确性、完整性、一致性、时效性、相关性、可信性和可解释性等。

1．数据的正确性、完整性和一致性影响数据质量

当前大型数据库和数据仓库的共同缺点是不正确、不完整和不一致。在完整的数据对象中出现不正确的数据（即具有不正确的属性值）可能有多种原因：①收集数据的设备出现故障；②人或计算机在数据录入时出现错误；③用户在不希望提交个人信息时，故意输入不正确的值，构成被掩盖的缺失数据；④在数据传输过程中出现错误，原因可能是技术的限制；⑤由命名约定、所用的数据代码不一致、输入字段（如日期）的格式不一致或数据字段名一致导致后生成的数据完全覆盖了之前的数据而产生不正确的数据。

不完整的数据的出现可能有多种原因：①数据中的有些属性（字段）不易获得，如销售事务数据中顾客的收入和年龄等信息、医院中病人的各种患病信息，由于涉及个人隐私

等原因可能无法获得；②有些记录在输入时由于人为（认为不重要或理解错误等）的疏漏或机器的故障产生了不完整的数据。对于这些不完整的数据，特别是某些属性上有缺失值的记录，可能需要重新采集。

不一致的数据的产生也是常见的，例如，在我们所采集的客户通讯录数据中，地址字段列出了邮政编码和城市名，但是有的邮政编码对应的区域并不包含在对应的城市中。这有可能是人工输入该信息时颠倒了两个数字，或是在手写体扫描时错读了一个数字等。无论是什么原因导致数据不一致，最好的解决方法之一是能够事先检测出来并予以纠正。

有些不一致类型容易检测，如对人的身高数据进行采集时，身高不应当是负数。有些情况下，可能需要查阅外部信息源。例如，当保险公司处理赔偿要求时，相关人员需要对照顾客数据库核对赔偿单上的姓名与地址。

检测到采集的数据不一致之后，可以对数据进行更正。产品代码可能有"校验"数字，或者可以通过一个备案的已知产品代码列表来复核产品代码，如果发现它不正确但接近一个一致代码就纠正它。纠正数据的不一致问题需要额外的或冗余的信息。

2．数据的相关性和时效性影响数据质量

数据质量问题也可以从应用角度考虑，表达为"采集的数据如果满足预期的应用要求，就是高质量的"，这就涉及数据的相关性和时效性。

对工商业界而言，数据质量的相关性要求是非常有价值的，类似的观点也出现在统计学和实验科学中，它们强调精心设计实验来收集与特定假设相关的数据。与测量和数据收集类似，许多数据质量问题与特定的应用和领域有关。例如，考虑构造一个模型，预测交通事故发生率，如果忽略了驾驶员的年龄和性别信息，除非这些信息可以间接地通过其他属性得到，否则模型的精度可能是有限的。在这种情况下，就需要尽量采集全面的、相关的数据信息。

有些数据收集后就开始老化，使用老化后的数据进行数据分析、数据挖掘等任务，将会产生不同的分析结果。因此，必须考虑数据的时效性。

例如，如果数据提供的是正在发生的现象或过程的快照，如顾客的购买行为或 Web 浏览模式，则快照只代表有限时间内的真实情况。如果数据已经过时，基于它的模型和模式也会过时。在这种情况下，我们需要考虑重新采集数据信息，及时对数据进行更新。又如城市的智能交通管理中，以前没有智能手机和智能汽车，很多大城市虽然有交管中心，但它们收集的路况信息最快也要滞后 20 min，从而导致用户在 20 min 后才可以了解到实时路况。但是，能定位的智能手机普及以后，大部分用户开放了实时位置信息，提供交通服务的公司就能实时得到人员流动信息，并且能够根据速度和所在位置区分步行的人群和行驶的汽车，然后提供实时的交通路况信息，给用户带来便利，这就是大数据的时效性带来的好处。

3．数据的可信性与可解释性影响数据质量

可信性反映有多少数据是用户可以信赖的，而可解释性则反映数据是否容易理解。例如，某一数据库在某一时刻存在错误，恰好销售部门使用了这个时刻的数据，虽然之后数据库的错误被及时修正，但过去的错误已经给销售部门造成了困扰，因此他们可能不再信任该数据。再加上不同部门之间的数据相互不可读，即便该数据库经过修正后，现在是正确的、完整的、一致的、及时的，但由于很差的可信性和可解释性，销售部门依然可能把它当作低质量的数据看待。

4.1.2 数据预处理的主要任务

数据预处理的
主要任务

数据预处理是数据挖掘中必不可少的关键步骤，更是进行数据挖掘前的准备工作。它一方面保证被挖掘数据的正确性和有效性，另一方面通过对数据格式和内容的调整，使数据更符合挖掘的需要。因此，在数据挖掘任务执行之前，必须对收集的原始数据进行预处理，达到改进数据的质量、提高数据挖掘过程的准确率和效率的目的。

数据预处理的任务包括数据清洗、数据集成、数据变换、数据归约以及数据脱敏等技术。

数据清洗的过程一般包括填补存在遗漏的数据值、平滑有噪声的数据、识别和去除异常值、解决数据不一致等问题。如果用户认为数据是"脏"的，则用户就不会相信以此数据为基础得出的数据挖掘结果。此外，脏数据可能使得挖掘过程陷入混乱，导致不可靠的输出。因此，一个有用的数据清洗技术就显得尤为重要。

数据集成是指将多个不同来源的数据合并在一起，形成一致的数据存储。例如，将不同数据库中的数据集成到一个数据库中进行存储。在数据集成时，由于描述相同属性的属性名在不同数据库中可能不一致，将会导致不一致和冗余问题。例如，同一商品在第 1 个数据库中的名称为"巧克力面包"，在第 2 个数据库中的名称为"奶油面包"，在第 3 个数据库中的名称为"面包"，在数据集成时将导致数据冗余。包含大量的冗余数据可能降低数据挖掘过程的性能或使之陷入混乱。因此，除了数据清洗，必须采取措施避免数据集成造成的冗余。

数据变换是指将数据转换成适合挖掘的形式，通常包括规范化、离散化等形式。例如，在银行储蓄业务中，客户的身高与薪资的取值范围差异非常大，若在这样未规范化的数据上进行数据分析，所得结果与规范化之后的结果可能相差较大。

数据归约是指在尽可能保持数据原貌的前提下，最大限度地精简数据并保证数据归约前后的数据挖掘结果相同或几乎相同。数据归约策略包括维归约和数值归约。在维归约中，使用数据编码方案，以便得到原始数据的简化或压缩表示，包括数据压缩技术、属性子集选择和属性构造等方法。在数值归约中，使用参数模型和非参数模型，用较小的数据表示来取代原始数据。

数据脱敏是指将所获取的数据中的敏感信息做脱敏处理，例如数据中的用户名称、用户年龄、用户的银行卡号等。

总之，数据预处理技术可以提升数据质量，从而有助于提高后续数据挖掘过程中的准确率和效率。高质量的决策必须依赖于高质量的数据，因此数据预处理是数据挖掘过程中的重要步骤。

4.2 数据清洗

数据清洗是进行数据预处理的首要方法。其通过填充缺失的数据值、平滑噪声数据、识别和删除离群点、纠正数据的不一致等方法，达到纠正错误、标准化数据格式、清除异常和重复数据的目的。

4.2.1 缺失值处理方法

1．删除缺失值

当数据的样本数很多时，如果出现缺失值的样本在整个样本中所占的比例相对较小，则可以采用最简单的方式处理该数据，即直接删除缺失值。通常而言，这是非常有效的方法。值得注意的是，这种方法有很大的局限性，它是以减少历史数据来换取信息的完备性，并且丢弃了大量隐藏在这些对象中的信息，因此有可能造成资源的大量浪费。例如，在信息表中的数据本来就少的情况下，删除少量的对象就足以影响到信息的客观性和结果的正确性，尤其是在缺失值样本数占全体样本数的比重较大时，此种方法可能会造成错误的结果。

例如，以泰坦尼克号存活情况数据为基础，进行缺失值处理。以下程序包含了导入pandas、数据的读取、数据类型展示、缺失值情况处理、删除缺失值的操作方法等。程序运行结果如图 4-1、图 4-2 所示。

```
1    import pandas as pd                                    #导入 pandas
2    data=pd.read_csv("data.csv",index_col=0)\              #读取数据，删除 Age 列
     .drop("Age",axis=1)
3    data.info()                                            #查看各列数据类型与缺失值情况
4    data.dropna(axis=0,inplace=True)                       #删除缺失值
5    print("-"*50)                                          #分隔线
6    data.info()                                            #查看删除缺失值后的效果
```

```
Data columns (total 3 columns):
 #   Column    Non-Null Count  Dtype
---  ------    --------------  -----
 0   Sex       891 non-null    object
 1   Embarked  889 non-null    object
 2   Survived  891 non-null    object
```

图 4-1 初始数据情况

```
Data columns (total 3 columns):
 #   Column    Non-Null Count  Dtype
---  ------    --------------  -----
 0   Sex       889 non-null    object
 1   Embarked  889 non-null    object
 2   Survived  889 non-null    object
```

图 4-2 删除缺失值后的情况

2．人工填补

人工填补是指由人工手动完成填充缺失值的工作。由于最了解数据的还是用户自己，因此该方法产生的数据偏离较小，可能是填充效果较好的一种方法。但是，该方法耗时、费力，并且当数据规模较大、缺失值较多时，该方法并不合适。

3．均值/中位数/众数填充法

一般而言，如果缺失值的数据类型为连续型变量，则可以选择均值、中位数以及众数进行填充；如果缺失值的数据类型为离散型变量，则普遍采用众数填充方式（均值、中位数、众数均是以该字段为基础进行计算的数值）。

以下程序采用均值、中位数、众数进行缺失值填充。程序运行结果如图 4-3、图 4-4所示。

```
1    import pandas as pd                                    #导入 pandas
2    data=pd.read_csv("./data.csv",index_col=0)             #读取数据
3    data.info()                                            #查看缺失情况
4    data.loc[:,"Age"]=data.loc[:,"Age"]                    #采用中位数填充 Age 字段
     .fillna(data.loc[:,"Age"].median())
5    data.loc[:,"Age"]=data.loc[:,"Age"]                    #采用均值填充 Age 字段
     .fillna(data.loc[:,"Age"].mean())
```

6	`data.loc[:,"Age"]=data.loc[:,"Age"]` `.fillna(data.loc[:,"Age"].mode()[0])`	#采用众数填充 Age 字段
7	`data.loc[:,"Embarked"]=data.loc[:,"Embarked"]` `.fillna(data.loc[:,"Embarked"].mode()[0])`	#采用众数填充 Embarked 字段
8	`data.info()`	#查看填充后的数据情况

```
Data columns (total 4 columns):
 #   Column    Non-Null Count  Dtype
---  ------    --------------  -----
 0   Age       714 non-null    float64
 1   Sex       891 non-null    object
 2   Embarked  889 non-null    object
 3   Survived  891 non-null    object
```

图 4-3　初始数据缺失情况

```
Data columns (total 4 columns):
 #   Column    Non-Null Count  Dtype
---  ------    --------------  -----
 0   Age       891 non-null    float64
 1   Sex       891 non-null    object
 2   Embarked  891 non-null    object
 3   Survived  891 non-null    object
```

图 4-4　填充缺失值后的数据情况

4.2.2　噪声数据处理方法

噪声数据处理方法

噪声是一个测量变量中的随机错误或偏差，包括错误值或偏离期望的孤立点值。噪声数据的产生有很多原因，如数据收集工具的问题，数据输入、传输错误，技术限制，等等。噪声检查中比较常见的方法是寻找数据集中与其他观测值数据集的均值差距最大的点。

在进行噪声检查后，通常采用分箱法、3σ 原则、箱形图法等方法去除数据中的噪声数据。

1．分箱法

分箱法是一种简单常用的数据清洗方法，该方法通过考察相邻数据来确定最终值。"分箱"实际上是按某一属性值划分的子区间。分箱法将连续的变量离散化，消除了极值对数据分析的影响。如果一个属性值处于某个子区间内，那么就把该值放入该分箱中，把待处理的数据按照类似的规则放进分箱中，并考察每个分箱中的数据，采用某种方法分别对各个分箱中的数据进行处理。在采用分箱法时，需要确定的两个最主要的问题是：如何分箱以及如何对每个分箱的数据进行平滑处理。常见的数据平滑方法有：①按均值平滑，对分箱中的数据求均值并用均值替代该分箱中的所有数据；②按边界值平滑，分箱中的最大值和最小值被视为箱边界，箱中的每个值都被最近的边界值替换；③按中值平滑，用分箱中的中值替代分箱中的所有数据。常见的分箱法有如下几种。

（1）等深分箱法。每个分箱中具有相同的记录数，分箱的记录数称为分箱的深度。以下程序展示了等深分箱法以及 3 种数据平滑处理方法。程序运行结果如图 4-5、图 4-6、图 4-7、图 4-8 所示。

1	`import numpy as np`	#导入 NumPy
2	`import math`	#导入 math
3	`salary=np.array([2200,2300,2400,2500,2500,2800,3000,3200,` `3500,3800,4000,4500,4700,4800,4900,5000])`	#定义数据
4	`depth=salary.reshape(int(salary.size/4),4)`	#等深分箱
5	`print("等深分箱")`	#输出 "等深分箱"
6	`print(depth)`	#输出等深分箱后的深度
7	`mean_depth=np.full([depth.shape[0],depth.shape[1]],0)`	#初始化 mean_depth

8	`for i in range(0,depth.shape[0]):`
	    `for j in range(0,depth.shape[1]):`
	        `mean_depth[i][j]=depth[i].mean()`
		#使用均值进行平滑

9	`print("等深分箱——均值平滑")`	#输出分隔符
10	`print(mean_depth)`	#输出均值平滑结果
11	`median_depth=np.full([depth.shape[0],depth.shape[1]],0)`	#初始化median_depth

12	`for i in range(0,depth.shape[0]):`
	    `for j in range(0,depth.shape[1]):`
	        `median_depth[i][j]=np.median(depth[i])`
		#使用中值进行填充

13	`print("等深分箱——中值平滑")`	#输出分隔符
14	`print(median_depth)`	#输出中值平滑结果
15	`edgeLeft = np.arange(depth.shape[0])`	#定义左边界
16	`edgeRight = np.arange(depth.shape[0])`	#定义右边界
17	`edge_depth=np.full([depth.shape[0],depth.shape[1]],0)`	#初始化edge_depth
18	`for i in range(0,depth.shape[0]):`	#遍历等深分箱行
19	`    edgeLeft[i]=depth[i][0]`	#第i左边界
20	`    edgeRight[i]=depth[i][-1]`	#第i右边界
21	`    for j in range(0,depth.shape[1]):`	#遍历等深分箱列
22	`        if(j==0):`	#第1列即左边界
23	`            edge_depth[i][j]=depth[i][0]`	#赋值
24	`        if(j==3):`	#最后1列即右边界
25	`            edge_depth[i][j]=depth[i][3]`	#赋值
26	`        else:`	
27	`            if(math.pow((edgeLeft[i]-depth[i][j]),2)>` `math.pow((edgeRight[i]-depth[i][j]),2)):`	#判断距离左边界近还是 #距离右边界近
28	`                edge_depth[i][j]=edgeRight[i]`	#赋予右边界值
29	`            else:`	
30	`                edge_depth[i][j]=edgeLeft[i]`	#赋予左边界值
31	`print("等深分箱——边界值平滑")`	#输出分隔符
32	`print(edge_depth)`	#输出边界值平滑结果

```
[[2200 2300 2400 2500]
 [2500 2800 3000 3200]
 [3500 3800 4000 4500]
 [4700 4800 4900 5000]]
```

图 4-5　等深分箱

```
[[2350 2350 2350 2350]
 [2875 2875 2875 2875]
 [3950 3950 3950 3950]
 [4850 4850 4850 4850]]
```

图 4-6　等深分箱——均值平滑

```
[[2350 2350 2350 2350]
 [2900 2900 2900 2900]
 [3900 3900 3900 3900]
 [4850 4850 4850 4850]]
```

图 4-7　等深分箱——中值平滑

```
[[2200 2200 2500 2500]
 [2500 2500 3200 3200]
 [3500 3500 3500 4500]
 [4700 4700 5000 5000]]
```

图 4-8　等深分箱——边界值平滑

（2）等宽分箱法。指每个分箱的取值范围相同。以下程序展示了等宽分箱法以及 3 种数据平滑处理方法。程序运行结果如图 4-9、图 4-10、图 4-11、图 4-12 所示。

1	`import numpy as np`	#导入 NumPy
2	`import pandas as pd`	#导入 pandas
3	`import math`	#导入 math
4	`salary=np.array([2200,2300,2400,2500,2500,2800,3000,` `3200,3500,3800,4000,4500,4700,4800,4900,5000])`	#初始化数据
5	`x_cuts = pd.cut(salary,bins=4,right=False)`	#对数据按区间分段
6	`number=pd.value_counts(x_cuts)`	#获取每个区间的数量
7	`rows = number.max()`	#取所有区间中最大的数据
8	`widthList = np.full([4,rows],0)`	#定义初始化等宽分箱
9	`i=0`	#定义 i=0
10	`for j in range(0,4):`	#遍历每箱行
11	`    for a in range(0,number[j]):`	#遍历每箱列
12	`        widthList[j][a]=salary[i]`	#赋值
13	`        i=i+1`	
14	`print("等宽分箱")`	#输出分隔符
15	`print(widthList)`	#输出等宽分箱结果
16	`mean_width = np.full([4,rows],0)`	#均值平滑，初始化
17	`for i in range(0,4):`	#遍历每箱行
18	`    for j in range(0,number[i]):`	#遍历每箱列
19	`        mean_width[i][j] =` `int(widthList[i].sum()/number[i])`	#第 i 行的均值
20	`print("等宽分箱——均值平滑")`	#输出分隔符
21	`print(mean_width)`	#输出均值等宽分箱结果
22	`median_width = np.full([4,rows],0)`	#中值平滑，初始化
23	`for i in range(0,4):`	#遍历每箱行
24	`    for j in range(0,number[i]):`	#遍历每箱列

25	`        median_width[i][j]=`
	`np.median([i for i in widthList[i]`
	`if i!=0])`
		#取中值

26	`print("等宽分箱——中值平滑")`	#输出分隔符
27	`print(median_width)`	#输出中值等宽分箱结果
28	`edgeLeft = np.arange(4)`	#定义等宽分箱每行左边界
29	`edgeRight = np.arange(4)`	#定义等宽分箱每行右边界
30	`edge_width = np.full([4,rows],0)`	#边界值平滑，初始化
31	`for i in range(0,4):`	#遍历每箱行
32	`    edgeLeft[i]=widthList[i][0]`	#取左边界
33	`    edgeRight[i]=widthList[i][number[i]-1]`	#取右边界
34	`    for j in range(0,number[i]):`	#遍历每箱列
35	`        if(j==0):`	#第 1 列左边界
36	`            edge_width[i][j]=widthList[i][0]`	#赋值
37	`        if(j==(number[i]-1)):`	#最后 1 列右边界

38	`        edge_width[i][j]= widthList[i][number[i]-1]`	#赋值
39	`    else:`	
40	`        if(math.pow(` `(edgeLeft[i]-widthList[i][j]), 2)>` `math.pow((edgeRight[i]-widthList[i][j]),2)):`	#判断距离左边界近还是距 #离右边界近
41	`            edge_width[i][j]=edgeRight[i]`	#赋右边界值
42	`        else:`	
43	`            edge_width[i][j] = edgeLeft[i]`	#赋左边界值
44	`print("等宽分箱——边界值平滑")`	#输出分隔符
45	`print(edge_width)`	#输出边界值等宽分箱结果

```
[[2200 2300 2400 2500 2500 2800]
 [3000 3200 3500 3800 4000    0]
 [4500 4700 4800    0    0    0]
 [4900 5000    0    0    0    0]]
```

图 4-9　等宽分箱

```
[[2450 2450 2450 2450 2450 2450]
 [3500 3500 3500 3500 3500    0]
 [4666 4666 4666    0    0    0]
 [4950 4950    0    0    0    0]]
```

图 4-10　等宽分箱——均值平滑

```
[[2450 2450 2450 2450 2450 2450]
 [3500 3500 3500 3500 3500    0]
 [4700 4700 4700    0    0    0]
 [4950 4950    0    0    0    0]]
```

图 4-11　等宽分箱——中值平滑

```
[[2200 2200 2200 2200 2200 2800]
 [3000 3000 3000 4000 4000    0]
 [4500 4800 4800    0    0    0]
 [4900 5000    0    0    0    0]]
```

图 4-12　等宽分箱——边界值平滑

（3）用户自定义方法。用户可以根据实际需求，自定义划分区间。如将上述程序中变量名"salary"划分为 3000 以下、3000—4000、4001—5000。

2．3σ原则

3σ原则是指如果数据服从正态分布，那么在 3σ 原则下，异常数据为一组测定值中与均值 μ 的偏差超过了 3 倍标准差 σ 的值。因此，如果数据服从正态分布，那么距离均值 3σ 之外的值出现的概率为 $P(|x-\mu|>3\sigma) \leqslant 0.003$（属于小概率事件），如图 4-13 所示。根据这一特点，可以通过计算数据集的均值和标准差，把距离均值 3 倍于数据集的标准差的点设为噪声数据并予以排除。

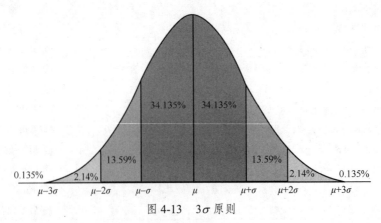

图 4-13　3σ原则

3．箱形图法

正态分布的参数 μ 和 σ 极易受到个别异常值的影响，从而影响判定的有效性，因此又产生了 Tukey 箱形图法。箱形图可以用来观察数据的整体分布情况，利用中位数、第一四分位数（Q1）、第三四分位数（Q3）、上边界（Q3+1.5×IQR）、下边界（Q1−1.5×IQR）等统计量来描述数据的整体分布情况。通过计算这些统计量，生成箱形图，如图 4-14 所示。图 4-14中，IQR 为四分位间距（Q3−Q1），(Q1,Q3)涵盖了数据分布中最中间的 50%的数据，而落在(Q1−1.5×IQR,Q3+1.5×IQR)之外的数据称为异常值（红色的点），可以将其直接删除。

图 4-14　箱形图

4.2.3　冗余数据处理方法

冗余数据既包含重复的数据，又包含与分析处理的问题无关的数据。通常采用过滤数据的方法来处理冗余数据。例如，对于重复数据采用重复过滤的方法，对于无关数据则采用条件过滤的方法。

冗余数据处理方法

1．重复过滤

重复过滤方法是指在已知重复数据内容的基础上，从每一个重复数据中抽取一条记录保存下来，并删除其他的重复数据。

以下程序描述了判断所读取的数据集中是否存在重复值以及删除重复值的方式。程序运行结果如图 4-15、图 4-16 所示。

```
1  import pandas as pd                              #导入 pandas
2  data=pd.read_csv("data.csv",index_col=0)         #读取 data.csv 数据
3  data.info()                                      #查看原始数据信息
4  if data.duplicated().any():                      #判断数据中是否存在重复值
5      data.drop_duplicates(inplace=True)           #删除重复值
6      data.info()                                  #查看数据删除重复值后的结果
```

```
Data columns (total 4 columns):
 #   Column    Non-Null Count   Dtype
---  ------    --------------   -----
 0   Age       714 non-null     float64
 1   Sex       891 non-null     object
 2   Embarked  889 non-null     object
 3   Survived  891 non-null     object
```

图 4-15　原始数据

```
Data columns (total 4 columns):
 #   Column    Non-Null Count   Dtype
---  ------    --------------   -----
 0   Age       360 non-null     float64
 1   Sex       377 non-null     object
 2   Embarked  375 non-null     object
 3   Survived  377 non-null     object
```

图 4-16　删除重复值后的数据

2．条件过滤

条件过滤方法指根据一个或者多个条件进行过滤。在操作时对一个或者多个属性设置

相应的条件，并将符合条件的数据放入结果集中，将不符合条件的数据过滤掉。例如，可以在电子商务网站中对商品的属性（品牌、价格等）进行分类，然后根据这些属性进行筛选，最终得到想要的结果。

4.2.4 数据格式与内容处理方法

在数据集中，如果数据是由系统日志生成的，那么其通常在格式和内容方面与元数据的描述一致。如果数据是由人工收集或用户填写而来的，则有很大可能在格式和内容上存在一些问题。数据格式与内容的问题主要包括以下几类。

1．时间、日期、数值、全半角等显示格式不一致

这类问题通常与输入端有关，在整合多来源数据时也有可能遇到。对该类问题的处理较简单，将其处理成一致的某种格式即可。

2．内容中有不该存在的字符

这类问题是指数据中的某些内容可能包括一部分其他类别的字符，或者在数据的头、尾、中间出现空格等，例如在姓名中存在数字、身份证号码中出现汉字等问题。这种情况下，需要以半自动校验、半人工检验的方式来找出可能存在的问题，并去除不需要的字符。

3．内容与该字段应有内容不符

这类问题是指数据表中的数据值与数据字段存在不对应的现象。例如，在数据输入中将姓名写成性别、身份证号写成手机号、身高写成体重等，均属于这类问题。这类问题并不能简单地通过删除操作来处理，因为成因有可能是人工填写错误，也有可能是前端没有校验，还有可能是导入数据时部分或全部存在字段没有对齐的问题。因此，要先识别问题类型，再根据具体情况进行不同的处理。

4.3 数据集成

数据分析与挖掘技术中通常都需要数据集成，即将来自多个不同的数据源中的数据进行合并，存放在一个一致的数据存储空间，如数据仓库中。这些数据源可能是来自多个数据库、数据立方体或一般的数据文件中。有效的数据集成方法可以减少数据集的冗余和不一致，这将有助于提高数据挖掘的准确性和速度。

在数据集成中，实体识别问题、冗余问题、元组属性以及数据值冲突的检测与处理等都是需要重点考虑的问题。

4.3.1 实体识别问题

在数据集成时，需要考虑如何匹配来自多个数据源的现实世界的等价实体，这其中最主要的便是实体识别问题。例如，如何判断一个数据库中 custom_id 字段与另一个数据库中的 custom_no 字段是相同的属性。实际上，每个属性的元数据包含名称、含义、数据类型和属性的允许取值范围以及空值处理规则，这样的元数据可以用来避免数据集成过程中的错误。

实体识别包括预处理阶段、特征向量的选取、比较函数的选取、搜索空间的优化、决策模型的选取和结果评估 6 个阶段。

（1）预处理阶段是实体识别过程的关键阶段，在该阶段中要实现数据的标准化处理，包括空格处理、字符大小转换、复杂数据结构的解析和格式转换、上下文异构的消除等。

（2）特征向量是指能够识别实体的属性集合。特征向量的选取方法包括领域专家手工指定和机器学习方法。

（3）针对所采用的数据类型，选择合适的比较函数。

（4）可采用智能算法优化空间搜索，如粒子群算法、蚁群算法等。

（5）决策模型是指在搜索空间中进行特征向量比较时判断实体是否匹配的模型。决策模型主要分为两类：一类是概率模型；另一类是基于经验的模型，即根据领域专家的经验来决策判断。

（6）评估结果有匹配、不匹配和可能匹配 3 种情况。不能确定的匹配结果需要人工进行评审，对评审过程中发现的问题进行调整或者改进决策模型，以期获得更高精度的实体识别效果。

单数据源的实体识别技术已经趋于成熟，但在大数据环境下的实体识别技术还有很大的发展空间。例如，对图数据、社交网络数据的实体识别等。对于这些复杂数据，同一实体可能具有不同的、复杂的数据描述方式。对这些复杂数据的实体识别，可以分为成对识别和成组识别。根据识别对象的不同，复杂数据的实体识别又可以分为图数据实体识别和复杂网络中节点的实体识别等。

4.3.2 冗余问题

冗余问题是数据集成的另一个需要考虑的重要问题。如果一个属性（如年收入）能由另一个或者几个属性导出，那么这个属性就是冗余的。属性名称的不一致可能会导致数据集成时产生冗余。

冗余问题可以通过相关性分析检测得到，对于标称数据，可以使用 χ^2（卡方）检验检测属性之间的相关性；对于数值数据，可以利用相关系数和协方差等方法来评估一个属性值如何随着另外一个属性值而变化。

1. 标称数据的 χ^2 检验

对于标称数据的两个属性 A 和 B，假设 A 有 c 个不同的值 $a_1, a_2, \cdots, a_c$，B 有 r 个不同的值 $b_1, b_2, \cdots, b_r$。用 A 和 B 描述的数据元组可以用一个相关表显示，其中 A 的 c 个值构成列，B 的 r 个值构成行。令 (a_i, b_j) 表示属性 A 取值 a_i、属性 B 取值 b_j 的联合事件，即 $(A = a_i, B = b_j)$。则其 χ^2 值（又称皮尔逊 χ^2 统计量）的计算公式如下：

$$\chi^2 = \sum_{i=1}^{c} \sum_{j=1}^{r} \frac{(o_{ij} - t_{ij})^2}{t_{ij}} \tag{4-1}$$

其中，o_{ij} 是联合事件 (a_i, b_j) 的观测频度（即实际计数）；t_{ij} 是 (a_i, b_j) 的期望频度，其计算公式如下：

$$t_{ij} = \frac{\text{count}(A = a_i) \times \text{count}(B = b_j)}{n} \tag{4-2}$$

其中，n 是数据元组的个数；$count(A=a_i)$ 是 A 中具有值 a_i 的元组个数；$count(B=b_j)$ 是 B 中具有值 b_j 的元组个数。

χ^2 检验假设 A 和 B 是独立的，检验基于显著水平，具有自由度 $(r-1)\times(c-1)$。如果拒绝该假设，则称 A 和 B 是统计相关的。

2．数值数据的相关系数

对于数值数据，可以利用皮尔逊相关系数法来估算属性 A 和属性 B 之间的相关度，估算公式如下：

$$S_{A,B} = \frac{\sum_{i=1}^{n}(a_i-\overline{A})(b_i-\overline{B})}{n\sigma_A\sigma_B} = \frac{\sum_{i=1}^{n}(a_ib_i)-n\overline{A}\overline{B}}{n\sigma_A\sigma_B} \tag{4-3}$$

其中，n 是元组的个数；a_i 和 b_j 分别是元组 i 和元组 j 在属性 A 和属性 B 中的值；$\overline{A}$ 和 $\overline{B}$ 分别是属性 A 和 B 的均值（或称为期望值），σ_A 和 σ_B 是属性 A 和属性 B 的标准差，具体公式如式（4-4）和式（4-5）所示；$\sum_{i=1}^{n}(a_ib_i)$ 是 A 和 B 的叉积。

$$E(X) = \overline{X} = \frac{x_1+x_2+x_3+\cdots+x_N}{N} \tag{4-4}$$

$$\sigma^2 = \frac{1}{N}\sum_{i=1}^{N}(x_i-X_i)^2 \tag{4-5}$$

其中，x_i 表示第 i 个样本的值，$\overline{X}$ 表示样本均值，N 表示样本总数。计算所得的相关系数 $S_{A,B}$ 的取值范围为 $[-1, 1]$，如果 $S_{A,B}$ 大于 0，则表示属性 A 和属性 B 是正相关的，即属性 B 的值会随着属性 A 的值增加而增加；如果 $S_{A,B}$ 小于 0，则表示属性 A 和属性 B 是负相关的，即属性 B 的值会随着属性 A 的值增加而减少；如果 $S_{A,B}$ 等于 0，则表示属性 A 和属性 B 之间无任何关系，即属性 A 和 B 之间相互独立。

3．数值数据中的协方差

协方差是一种在统计分析中常用的度量相似性的方式，也可以用于计算与评估两个属性之间的关系，两个属性 A 和 B 之间的协方差公式如下：

$$\text{Cov}(A,B) = E(A-\overline{A})(B-\overline{B}) = \frac{\sum_{i=1}^{n}(a_i-\overline{A})(B_i-\overline{B})}{n} \tag{4-6}$$

其中，$E(A)=\overline{A}$ 是指属性 A 的均值，$\overline{B}$ 是指属性 B 的均值。$S_{A,B}$ 也可以通过协方差进行计算，公式如下：

$$S_{A,B} = \frac{\text{Cov}(A,B)}{\sigma_A\sigma_B} \tag{4-7}$$

其中，σ_A 和 σ_B 分别是 A 和 B 的标准差，可以证明 $\text{Cov}(A,B)=E(AB)-\overline{A}\overline{B}$。对于两个趋向一致的属性 A 和属性 B，如果 $A>\overline{A}$，则 $B>\overline{B}$，因此属性 A 和属性 B 的协方差为正，

说明 A 和 B 可以作为冗余删除；反之，当一个属性趋向于小于它的期望值，另一个属性趋向于大于它的期望值，则属性 A 和属性 B 的协方差为负，说明 A 和 B 之间不存在冗余问题。

如果 A 和 B 相对独立，则 $E(AB) = E(A)E(B)$。因此，协方差 $Cov(A,B) = E(A - \bar{A})(B - \bar{B}) = 0$。

属性 A 和属性 B 之间的协方差与相关系数的具体实现如下所示。

```
1    import pandas as pd                              #导入pandas
2    import numpy as np                               #导入NumPy
3    a=[47, 83, 81, 18, 72, 41, 50, 66, 47, 20, 96, 21,    #属性A的值
     16, 60, 37, 59, 22, 16, 32, 63]
4    b=[56, 96, 84, 21, 87, 67, 43, 64, 85, 67, 68, 64,    #属性B的值
     95, 58, 56, 75, 6, 11, 68, 63]
5    data = np.array([a,b]).T                         #数据转置
6    dfab = pd.DataFrame(data,columns = ['A','B'])    #转为DataFrame格式
7    print('属性A和B的协方差: ',dfab.A.cov(dfab.B))   #输出属性A和B的协方差
8    print('属性A和B的相关系数: ',dfab.A.corr(dfab.B)) #输出属性A和B的相关系数
     >>>                                              #程序运行结果
     属性A和B的协方差: 310.2157894736842
     属性A和B的相关系数: 0.4992487104652438
```

4.3.3 数据值冲突的检测与处理

数据集成时，由于不同数据源的表示方式、度量方法或编码的区别，数据值可能存在冲突。例如，重量属性可能在一个系统中以国际单位进行存放，而在另一个系统中以英制单位存放；对于连锁旅馆，不同城市的房价不仅可能涉及不同的货币，而且可能涉及不同的服务（如物业的管理费用）和税收；对于大学采用的评分标准，一所大学采用 A、B、C、D、E 五级评分，另一所大学采用的是 1～10 分的十级评分，这两所大学之间很难准确地进行课程成绩的交换。

此外，在一个系统中元组的属性的抽象层可能比另一个系统中"相同的"属性低。例如，student_sum 在一个数据库中可能是指某班级的学生总数，但是在另一个数据库中可能是指学生的成绩之和。

来自不同数据源的属性间的语义和数据结构等方面的差异，给数据集成带来了很大的困难，因此需要采用相应的方法进行检测与处理。

常用的方法有全局模式法和本体方法。全局模式法通过构建一个全局模式来建立全局模式与局部数据源模式之间的映射关系。这种方法的缺点是严重依赖于相关应用系统和局部数据源模式。本体方法利用机器可理解的概念来定义概念间的关系，这些概念和概念之间的关系是用一个共享本体来表示的，各个数据源都可以理解该本体的含义。

（1）全局模式法

全局模式法主要有 X-Specs 和 COIN 两种方法，这些方法利用词法分析系统或者全局字典来定义全局模式，并且利用一些可扩展的元数据模型（比如推理式的面向对象的数据模型）来表达数据语义。

（2）本体方法

基于本体（Ontology）的冲突检测和解决方法又分为基于领域本体和基于本体映射两

种方法。基于领域本体的语义冲突检测大部分都是针对特定的域，例如基因本体（Gene Ontology），其是生命科学方面的统一医学语言系统。在这些系统中，本体可以被用来定义共同的控制词汇，这与将 XML 应用到工业界的明细说明是类似的。这些本体通常需要成千上万的概念被迭代和开发。

基于本体映射的方法是域独立的，常用的有 infoSleuth 和 OBSERVER。infoSleuth 是一个基于代理的系统，它支持从简单的小型本体构造复杂本体，这样各种工具能够调整到适合于一个组合的本体，从而应用于各个系统的域当中，并且映射关系可以用来支持本体相对应的领域专业术语之间的关系。OBSERVER 将一个基于组合的方案应用到本体的映射当中，它提供穿透领域本体的中介来加强分布式本体的查询，这样就不需要重建一个全局模式。这样就实现了使用具有很强表达能力的本体之间的映射来代替模式匹配。映射的类型主要包括类之间的映射、属性之间的映射、规则/源语之间的映射及约束条件之间的映射。

4.4 数据变换

数据变换

数据变换是将数据变换或统一成适合数据挖掘的形式。数据变换常用策略包括数据平滑、属性构造、数据聚集、数据规范化、数据离散化以及数据泛化等。

（1）数据平滑：使用一些噪声处理技术将数据集中的噪声数据去掉，这类技术包括分箱、回归、聚类等。

（2）属性构造：在现实的数据挖掘与分析项目中，单独使用数据集中的特征并不能够获得满意的结果。此时，需要用已有的特征来构建新的特征。

（3）数据聚集：对数据进行汇总和聚合。例如，可以聚集日销售数据，计算月和年的销售量。通常，这一步用来为多个抽象层的数据分析构造数据立方体。

（4）数据规范化：在进行数据挖掘与分析的过程中，数据的量纲不一致，会严重影响分析结果。因此，需要对一些属性值进行规范化。

（5）数据离散化：数值属性的原始值用区间标签或概念标签替换。例如，客户购买商品的数量可以替换成 0～200、201～400 等区间标签；体重可以用瘦、较瘦、中等、较胖、胖等标签，这些标签可以递归地组织成更高层的概念，实现数值属性的概念分层。

（6）数据泛化：使用概念分层，用高层概念替换底层或原始数据。例如，分类的属性，如街道，可以泛化为较高层次的概念，如城市或国家。许多属性的概念分层都蕴含在数据库的模式中，可以在模式中自动定义。

上述关于数据变换所使用的方法，与之前在数据清洗时所使用的方法存在重叠部分，例如数据平滑与离散化可以使用数据清洗中噪声数据的处理方式，属性构造和聚集可以用在数据集成中。

4.4.1 数据规范化

在数据挖掘与分析过程中，数据集中的各个特征值的量纲可能不一致，因此不同属性值的数据范围波动差距可能会比较大，从而导致数据分析结果不佳。例如，身高的取值范围比薪水的取值范围小很多，从而造成分析结果不佳；又如，把长度的度量单位从原来的厘米变成英寸、质量单位从公斤变成磅等，都可能产生不同的数据分析结果。因此，为了规避数据分析对度量单位选择的依赖性，数据在使用前应该先进行规范化或者标准化。

数据规范化试图赋予所有属性相等的权重。规范化对于设计神经网络的分类算法、回归算法非常有用。例如，使用全连接神经网络模型在经过规范化的数据集上训练并预测房价，所得结果往往要比在未经规范化的数据集上训练并预测要准确很多。对于基于距离的方法，规范化可以帮助防止具有较大初始值域的属性与具有较小初始值域的属性相比权重过大。

常用的数据规范化方法包括最小-最大规范化、z-score 规范化和小数定标规范化等。

（1）最小-最大规范化

最小-最大规范化是利用线性变换的方法对数据进行处理，把原来的取值范围映射到 $[\text{new\_min}_A, \text{new\_max}_A]$ 上，其计算公式如下：

$$v_i' = \frac{v_i - \min_A}{\max_A - \min_A}\left(\text{new\_max}_A - \text{new\_min}_A\right) + \text{new\_min}_A \qquad （4-8）$$

其中，v_i 表示该列的每个属性值，$\min_A$、$\max_A$ 分别表示属性 A 的最小值和最大值。在实际的数据分析应用中，通常将 new_min_A、new_max_A 分别设置为 0、1，以便将数据映射到[0, 1]。

最小-最大规范化的具体实现如下所示，程序运行结果如图 4-17、图 4-18 所示。

```
1  from sklearn.preprocessing import MinMaxScaler      #导入 MinMaxScaler 包
2  from sklearn.datasets import load_iris              #导入鸢尾花数据集
3  iris=load_iris()                                    #读取鸢尾花数据集
4  data=iris.data[0:6]                                 #选择前 6 个数据
5  print(data)                                         #输出未归一化前的结果
6  data_MMS=MinMaxScaler().fit_transform(data)         #对数据归一化
7  print(data_MMS)                                     #输出归一化之后的结果
```

```
[[5.1 3.5 1.4 0.2]
 [4.9 3.  1.4 0.2]
 [4.7 3.2 1.3 0.2]
 [4.6 3.1 1.5 0.2]
 [5.  3.6 1.4 0.2]
 [5.4 3.9 1.7 0.4]]
```

图 4-17　原始数据

```
[[0.625      0.55555556 0.25       0.        ]
 [0.375      0.         0.25       0.        ]
 [0.125      0.22222222 0.         0.        ]
 [0.         0.11111111 0.5        0.        ]
 [0.5        0.66666667 0.25       0.        ]
 [1.         1.         1.         1.        ]]
```

图 4-18　最小-最大规范化后的数据

（2）z-score 规范化

z-score（z 分数）规范化也被称为零均值规范化，它是在每个属性的均值与标准差上进行计算的。计算公式如下：

$$v_i' = \frac{v_i - \overline{A}}{\sigma_A} \qquad （4-9）$$

其中，$\overline{A}$ 是属性 A 上所有值的均值，σ_A 是该属性上所有值的标准差。

z-score 规范化的具体实现如下所示，程序运行结果如图 4-19、图 4-20 所示。

```
1  from sklearn.preprocessing import StandardScaler     #导入 StandardScaler 包
2  from sklearn.datasets import load_iris               #导入鸢尾花数据集
3  iris=load_iris()                                     #读取鸢尾花数据集
4  data=iris.data[0:6]                                  #选择前 6 项数据
```

大数据预处理技术　第4章

5	print(data)	#输出未归一化前的结果
6	data_ss=StandardScaler().fit_transform(data)	#对数据归一化
7	print(data_ss)	#输出归一化之后的结果

```
[[5.1 3.5 1.4 0.2]
 [4.9 3.  1.4 0.2]
 [4.7 3.2 1.3 0.2]
 [4.6 3.1 1.5 0.2]
 [5.  3.6 1.4 0.2]
 [5.4 3.9 1.7 0.4]]
```

图 4-19 原始数据

```
[[ 0.57035183  0.37257241 -0.39735971 -0.4472136 ]
 [-0.19011728 -1.22416648 -0.39735971 -0.4472136 ]
 [-0.95058638 -0.58547092 -1.19207912 -0.4472136 ]
 [-1.33082093 -0.9048187   0.39735971 -0.4472136 ]
 [ 0.19011728  0.69192018 -0.39735971 -0.4472136 ]
 [ 1.71105548  1.64996352  1.98679854  2.23606798]]
```

图 4-20 z-score 规范化后的数据

（3）小数定标规范化

小数定标规范化通过移动属性 A 的值的小数点位置进行规范化。小数点的移动位数依赖于 A 的最大绝对值。A 的值 v_i 被规范化为 v_i'。计算公式如下：

$$v_i' = \frac{v_i}{10^j} \tag{4-10}$$

其中，j 是使 $\max(|v_i'|) < 1$ 的最小整数值。

4.4.2 通过离散化变换数据

有些数据挖掘算法，要求数值属性为标称属性。当数据中包含数值属性时，为了使用这些算法，需要将数值属性转换为标称属性。通过采取各种方法将数值属性的值域划分成一些小的区间，并将这些连续的小区间与离散的值关联起来，可以实现数值属性向标称属性的变换。这种将连续数据划分成不同类别的过程通常被称为数据离散化。

有效的离散化能够减少算法的时间和空间开销，提高算法对样本的聚类能力，增强算法抗噪声数据的能力以及提高算法的精度。

离散化技术可以根据如何对数据进行离散化加以分类。如果首先找出一点或几个点（称为分裂点）来划分整个属性区间，然后在结果区间上递归地重复这一过程，直到达到指定数目的区间数，则称它为自顶向下离散化或分裂；自底向上离散化或合并正好相反，首先将所有的连续值看作可能的分裂点，通过合并相邻域的值形成区间，然后递归地应用这一过程于结果区间。

常用的数据离散化技术主要包括以下几类。

（1）分箱法离散化

利用分箱法可以实现数据离散化。例如，通过使用等宽或等深分箱，然后用箱均值或中位数替换箱中的每个值，可以将属性值离散化。分箱法需要预先指定箱的个数，并且它对箱的个数敏感，也容易受孤立点的影响。分箱法离散化的实现如下所示，程序运行结果如图 4-21 所示。

1	import pandas as pd	#导入 pandas
2	x=[1,2,5,10,12,14,17,20,23,26,29,30,40,45,47,48,49,60]	#定义初始化数据
3	s=pd.Series(x)	#转为 Series 类型
4	s=pd.cut(x,bins=[0,10,20,30,40,50,60])	#分箱操作，bins 为区间间距
5	print(s)	#输出 s

```
[(0, 10], (0, 10], (0, 10], (0, 10], (10, 20], ..., (40, 50], (40, 50], (40, 50], (40, 50], (50, 60]]
Length: 18
Categories (6, interval[int64]): [(0, 10] < (10, 20] < (20, 30] < (30, 40] < (40, 50] < (50, 60]]
```

图 4-21　分箱法离散化结果

（2）二值化方式离散化

根据阈值将数据二值化（特征值设置为 0 或 1），用于处理连续型变量。大于阈值的值映射为 1，小于或等于阈值的值映射为 0。默认阈值为 0 时，特征中所有的正值都映射为 1。二值化是针对文本计数数据的常见操作，分析人员可以决定仅考虑某种现象的存在与否。此外，它还可以用作考虑布尔随机变量的估计器的预处理步骤。

将年龄属性进行二值化操作的程序如下。

```
1   from sklearn.preprocessing import Binarizer        #导入 Binarizer 工具包
2   import pandas as pd                                 #导入 pandas 工具包
3   import numpy as np                                  #导入 NumPy 工具包
4   data=pd.read_csv("data.csv",index_col=0).dropna()   #读取数据，并删除空值
5   X = data.Age.values.reshape(-1,1)                   #将形状变成二维
6                                                        #将年龄数值转为只有 0、1
    transformer = Binarizer(threshold=30).fit_transform(X)  #的数据值
7   print(np.unique(transformer))                       #查看是否只有 0、1
    >>>二值化结果                                         #程序运行结果
    [0. 1.]
```

4.5　数据归约

数据归约

用于数据挖掘的原始数据集的属性数目可能会有十几个，甚至更多，其中大部分属性可能与数据挖掘任务不相关，或者是冗余的。例如，数据对象的 ID 通常对于挖掘任务无法提供有用的信息；生日属性和年龄属性相互关联存在冗余，因为可以通过生日日期推算出年龄。不相关和冗余的属性增加了数据量，可能会减慢数据挖掘过程，从而降低数据挖掘的准确率。

数据归约（也称为数据消减、特征选择）可以用来得到数据集的归约表示，使得数据集变小，同时仍然基本保持源数据的完整性。也就是说，在归约后的数据集上进行挖掘，仍然能够得到与使用原数据集近乎相同的分析结果。

经典的数据归约策略包含维归约、数量归约和数据压缩。下面重点介绍维归约。维归约指的是减少所考虑的属性个数，体现在两个方面：一是通过创建新属性，将一些旧属性合并在一起，从而降低数据集的维度；二是通过选择属性的子集来降低数据集的维度，这种归约称为属性子集选择或特征选择。

维归约的优点包括：①如果维度（数据属性的个数）较低，许多数据挖掘算法的效果会更好，这是因为维归约可以删除不相关的特征并降低噪声；②维归约可以使模型更容易理解，因为模型可以只涉及较少的特征；③维归约还可以使数据可视化更容易。

根据特征选择形式的不同，可将维归约分为 3 种类型。

（1）过滤法（Filter）按照发散性或者相关性对各个特征进行评分，设定阈值，进行特征选择。

（2）包装法（Wrapper）根据目标函数（通常是预测效果评分），每次选择若干特征，或者排除若干特征。

（3）嵌入法（Embedded）使用某些机器学习的算法和模型进行训练，得到各个特征的权值系数，根据系数从大到小选择特征。类似于过滤法，但是要通过训练模型的方式来确定特征的优劣。

4.5.1 过滤法

1．方差选择法

使用方差选择法，首先需要计算各个特征的方差，然后根据阈值，选择方差大于阈值的特征。使用 feature_selection 库的 VarianceThreshold 类可以实现方差选择法对特征的选择。具体实现如下所示，程序运行结果如图 4-22、图 4-23 所示。

```
1  from sklearn.feature_selection import VarianceThreshold    #导入方差工具包
2  from sklearn.datasets import load_iris                     #导入数据
3  iris=load_iris()                                           #加载数据
4  print("原始数据\n{}".format(iris.data[0:5]))               #输出原始数据
5  x_var=VarianceThreshold(threshold=0.5).fit_transform       #设置阈值为 0.5，过滤数据
   (iris.data)
6  print("方差选择法过滤后数据\n{}".format(x_var[0:5]))        #输出方差选择法过滤后的数据
```

```
[[5.1 3.5 1.4 0.2]
 [4.9 3.  1.4 0.2]
 [4.7 3.2 1.3 0.2]
 [4.6 3.1 1.5 0.2]
 [5.  3.6 1.4 0.2]]
```

```
[[5.1 1.4 0.2]
 [4.9 1.4 0.2]
 [4.7 1.3 0.2]
 [4.6 1.5 0.2]
 [5.  1.4 0.2]]
```

图 4-22　原始数据　　　　图 4-23　方差选择法过滤后的数据

2．相关系数法

使用相关系数法，需要先计算各个特征对目标值的相关系数以及相关系数的 P 值。用 feature_selection 库的 SelectKBest 类结合相关系数，可以实现特征选择。具体实现如下所示，程序运行结果如图 4-24、图 4-25 所示。

```
1  from sklearn.feature_selection import SelectKBest          #导入 SelectKBest 工具包
2  import numpy as np                                         #导入 NumPy 工具包
3  from scipy.stats import pearsonr                           #导入 pearsonr 工具包
4  from sklearn.datasets import load_iris                     #导入数据
5  iris=load_iris()                                           #加载数据
6  print("原始数据\n{}".format(iris.data[0:5]))               #输出原始数据
7  m=SelectKBest(lambda X, Y: np.array(list(map              #使用皮尔逊相关系数
   (lambda x: abs(pearsonr(x, Y)[0]), X.T))), k=2)
   .fit_transform(iris.data, iris.target)
8  print("相关系数法过滤后数据\n{}".format(m[0:5]))            #输出相关系数法过滤后的数据
```

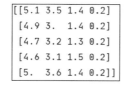

```
[[5.1 3.5 1.4 0.2]
 [4.9 3.  1.4 0.2]
 [4.7 3.2 1.3 0.2]
 [4.6 3.1 1.5 0.2]
 [5.  3.6 1.4 0.2]]
```

图 4-24　原始数据

```
[[1.4 0.2]
 [1.4 0.2]
 [1.3 0.2]
 [1.5 0.2]
 [1.4 0.2]]
```

图 4-25　相关系数法过滤后的数据

3．卡方检验法

经典的卡方检验用于检验定性自变量对定性因变量的相关性。假设自变量有 n 种取值，因变量有 m 种取值，考虑自变量等于 i 且因变量等于 j 的样本频数的观察值与期望的差距，构建统计量，这个统计量就是自变量对因变量的相关性。用 feature_selection 库的 SelectKBest 类结合卡方检验实现特征选择的代码如下，程序运行结果如图 4-26、图 4-27 所示。

```
1   from sklearn.feature_selection import SelectKBest    #导入 SelectKBest 工具包
2   from sklearn.feature_selection import chi2           #导入 chi2 工具包
3   from sklearn.datasets import load_iris               #导入数据
4   iris=load_iris()                                      #加载数据
5   print("原始数据\n{}".format(iris.data[0:5]))          #输出原始数据
6   m=SelectKBest(chi2, k=2).fit_transform               #使用卡方检验过滤
    (iris.data, iris.target)
7   print("卡方检验法过滤后数据\n{}".format(m[0:5]))       #输出卡方检验法过滤后的数据
```

```
[[5.1 3.5 1.4 0.2]
 [4.9 3.  1.4 0.2]
 [4.7 3.2 1.3 0.2]
 [4.6 3.1 1.5 0.2]
 [5.  3.6 1.4 0.2]]
```

图 4-26　原始数据

```
[[1.4 0.2]
 [1.4 0.2]
 [1.3 0.2]
 [1.5 0.2]
 [1.4 0.2]]
```

图 4-27　卡方检验法过滤后的数据

4.5.2　包装法

包装法中最常见的方法之一是递归消除特征法。递归消除特征法使用一个学习模型进行多轮训练，每轮训练后，消除若干权值系数对应的特征，再基于新特征集进行下一轮训练，再消除若干权值系数对应的特征，重复上述过程，直到剩下的特征数满足需求为止。使用 feature_selection 库的 RFE 类实现特征选择的程序如下，程序运行结果如图 4-28、图 4-29 所示。

```
1   from sklearn.feature_selection import RFE              #导入 SelectKBest 工具包
2   from sklearn.linear_model import LogisticRegression    #导入 LogisticRegression 工具包
3   from sklearn.datasets import load_iris                 #导入数据包
4   iris=load_iris()                                        #加载数据
5   print("原始数据\n{}".format(iris.data[0:5]))            #输出原始数据
```

| 6 | m=RFE(estimator=LogisticRegression(),
n_features_to_select=2).fit_transform(iris.data,iris.target) | #使用递归消除特征法 |
| 7 | print("包装法过滤后数据\n{}".format(m[0:5])) | #输出包装法过滤后的数据 |

```
[[5.1 3.5 1.4 0.2]
 [4.9 3.  1.4 0.2]
 [4.7 3.2 1.3 0.2]
 [4.6 3.1 1.5 0.2]
 [5.  3.6 1.4 0.2]]
```

```
[[1.4 0.2]
 [1.4 0.2]
 [1.3 0.2]
 [1.5 0.2]
 [1.4 0.2]]
```

图 4-28　原始数据　　　　　　　　图 4-29　包装法过滤后的数据

4.5.3　嵌入法

1.基于惩罚项的特征选择法

使用带惩罚项的学习模型,除了筛选出特征,同时也进行了降维。使用 feature_selection 库中的 SelectFromModel 类,结合带 L2 惩罚项的逻辑回归模型,实现特征选择的程序如下,程序运行结果如图 4-30、图 4-31 所示。

1	from sklearn import feature_selection	#导入 feature_selection 工具包
2	from sklearn.linear_model import LogisticRegression	#导入 LogisticRegression 工具包
3	from sklearn.datasets import load_iris	#导入数据
4	iris=load_iris()	#加载数据
5	print("原始数据\n{}".format(iris.data[0:5]))	#输出原始数据
6	m = feature_selection.SelectFromModel (LogisticRegression(penalty="l2", C=0.1)). fit_transform(iris.data, iris.target)	#使用带 L2 惩罚项的逻辑回归来选择 #基模型
7	print("基于惩罚项的特征选择结果\n{}".format(m[0:5]))	#输出基于惩罚项的特征选择结果

```
[[5.1 3.5 1.4 0.2]
 [4.9 3.  1.4 0.2]
 [4.7 3.2 1.3 0.2]
 [4.6 3.1 1.5 0.2]
 [5.  3.6 1.4 0.2]]
```

```
[[1.4 0.2]
 [1.4 0.2]
 [1.3 0.2]
 [1.5 0.2]
 [1.4 0.2]]
```

图 4-30　原始数据　　　　　　　　图 4-31　基于惩罚项的特征选择结果

2.基于树模型的特征选择法

梯度提升决策树（Gradient Boosting Decision Tree，GBDT）也可以用来作为学习模型进行特征选择,使用 feature_selection 库中的 SelctFromModel 类结合 GBDT 模型,实现特征选择的程序如下,程序运行结果如图 4-32、图 4-33 所示。

| 1 | from sklearn import feature_selection | #导入 feature_selection 工具包 |
| 2 | from sklearn.ensemble import
GradientBoostingClassifier | #导入 GradientBoostingClassifier 工具包 |

3	`from sklearn.datasets import load_iris`	#导入数据
4	`iris=load_iris()`	#加载数据
5	`print("原始数据\n{}".format(iris.data[0:5]))`	#输出原始数据

6	`m = feature_selection.SelectFromModel`
	`(GradientBoostingClassifier()).fit_transform`
	`(iris.data, iris.target)`
		#使用树模型来选择基模型

7	`print("基于树模型的特征选择结果\n{}".format(m[0:5]))`	#输出基于树模型的特征选择结果

```
[[5.1 3.5 1.4 0.2]
 [4.9 3.  1.4 0.2]
 [4.7 3.2 1.3 0.2]
 [4.6 3.1 1.5 0.2]
 [5.  3.6 1.4 0.2]]
```

图 4-32　原始数据

```
[[1.4 0.2]
 [1.4 0.2]
 [1.3 0.2]
 [1.5 0.2]
 [1.4 0.2]]
```

图 4-33　基于树模型的特征选择结果

4.6　数据脱敏

数据脱敏

数据脱敏（Data Masking），又称数据去隐私化或数据变形，是在给定的规则、策略下对敏感数据进行变换、修改的技术机制，能够在很大程度上解决敏感数据在非可信环境中使用的问题。

敏感信息的泄露将会对个人生活、企业重大利益、社会稳定及国家安全造成威胁。因此，确保数据安全成为大数据产业发展最为重要的前提条件。传统数据安全主要是通过数据加密、数据访问控制等手段对数据进行安全保护，其目标是通过将数据隔离在某个范围内，降低数据被获得的可能性或在严格范围内进行共享。而大数据产业发展的基础是数据的开放共享，通过推动数据资源的整合，提升数据与数据的关联程度。传统数据安全保护方法与产业发展存在着天然矛盾，因此，在保障数据安全的基础上最大化数据的可用性成为当前大数据产业发展的焦点问题。数据脱敏技术作为近年来解决大数据开放共享问题的重要技术，被广泛地应用于大数据产业中。

4.6.1　数据脱敏类型

根据应用特征，数据脱敏可以分为静态数据脱敏和动态数据脱敏。

（1）静态数据脱敏是指对敏感数据进行脱敏处理后，将数据从生产环境导入其他非生产环境进行使用。静态数据脱敏适用于将数据抽取出生产环境并脱敏后分发至测试、开发、培训、数据分析等场景。

在实际应用中，有时可能需要将生产环境的数据复制到测试、开发库中，以此来排查问题或进行数据分析，但出于安全考虑又不能将敏感数据存储在非生产环境中，此时就需要把敏感数据从生产环境脱敏之后应用于非生产环境中。这样脱敏后的数据与生产环境隔离，满足业务需要的同时又保障了生产数据的安全。

（2）动态数据脱敏会对数据进行多次脱敏，更多应用于直接连接生产数据的场景，在用户访问生产环境敏感数据时实时进行脱敏，因为有时在不同情况下对于同一敏感数据的读取，需要做不同级别的脱敏处理。不同角色、不同权限所执行的脱敏方案会不同。例如，运维人员在运维工作中直连生产数据库、业务人员需要通过生产环境查询客户信息等。

按照脱敏规则，数据脱敏可以分为可恢复性脱敏和不可恢复性脱敏。可以把二者分别看作可逆加密和不可逆加密。

（1）可恢复性脱敏是指数据经过脱敏规则转化后，还可以再次经过某些处理规则还原出原来的数据。

（2）不可恢复性脱敏是指数据经过脱敏规则转化后，将无法还原到原来的数据。

注意，在抹去数据中的敏感内容时，需要保持原有的数据特征、业务规则和数据关联性，保证开发、测试以及数据分析类业务不会受到脱敏的影响，使脱敏前后的数据保持一致性和有效性。

4.6.2 数据脱敏方法

数据脱敏的目的是通过一定的方法消除原始数据中的敏感信息。数据脱敏的数据处理方法是通过对指定的敏感数据进行编辑，使得敏感数据不再含有敏感内容，从而达到使人或机器无法获取敏感数据的敏感意义的目的。

在数据脱敏的过程中，需要根据不同的数据应用场景，选择相应的数据脱敏方法，常用的数据脱敏方法包括仿真、数据替换、对称加密、数据截取、数据混淆、平均化等。

1．仿真

仿真根据敏感数据的原始内容生成符合原始数据编码和校验规则的新数据，使用相同含义的数据替换原有的敏感数据。例如，姓名脱敏后仍然为有意义的姓名，住址脱敏后仍然为住址。仿真算法能够保证脱敏后数据的业务属性和关联关系，从而具备较好的可用性。

2．数据替换

数据替换用某种字符对敏感内容进行替换，从而破坏数据的可读性，并不保留原有数据的语义和格式。例如，使用特殊字符、随机字符、固定值字符等进行数据替换。

```
1   import re                                            #导入正则包
2   address="江苏省徐州市鼓楼区幸福路碧园小区19栋18号1单元202室"   #定义数据
3   address=re.sub("[0-9]","*",address)                  #对地址中的数据进行替换
4   pattern="区(.*?)路(.*?)小区"                           #设置正则模板
5   pat=re.findall(pattern,address)[0][::-1]             #查找模板中的字符
6   for i in pat:                                        #遍历字符
7       if i in address:                                 #判断是否在address中
8           address=address.replace(i,"*")               #字符替换
9   print(address)                                       #输出结果
    >>>                                                  #程序运行结果
    江苏省徐州市鼓楼区*路*小区**栋**号*单元***室
```

3．对称加密

对称加密是一种特殊的可逆脱敏方法，通过加密密钥和算法对敏感数据进行加密，密

文格式与原始数据在逻辑规则上一致，通过密钥解密可以恢复原始数据。但要注意的就是密钥的安全性。

4．数据截取

数据截取对原始数据选取部分内容进行截取，使其不具有利用价值。例如，对手机号前 7 位进行截取，其他数据用"*"代替，示例如下。

```
1  tel="19845873548"                    #初始化手机号
2  print(tel.replace(tel[7:],4*"*"))    #截取并替换
   >>>                                  #程序运行结果
   1984587****
```

5．数据混淆

将敏感数据的内容进行无规则打乱，从而在隐藏敏感数据的同时能够保持原始数据的格式。例如，字母变为随机字母，数字变为随机数字，文字随机替换文字，这种方法可以在一定程度上保留原有数据的格式，且用户不易察觉。

6．平均化

平均化方法经常用在统计场景，针对数值型数据，先计算它们的均值，使脱敏后的值在均值附近随机分布，从而保持数据的总和不变。

4.7 案例：汽车行驶工况数据预处理

汽车行驶工况
数据预处理

只有把理论知识同具体实际相结合，才能正确回答实践提出的问题，扎实提升读者的理论水平与实战能力。为此，本节给出汽车行驶工况数据预处理案例供读者实践。

4.7.1 案例背景

汽车行驶工况（Driving Cycle）又称车辆测试循环，是通过数据分析构建的描述汽车行驶情况的速度-时间曲线。它可以体现汽车道路行驶的运动学特征，模拟真实的交通状况，以测试车辆尾气排放和燃料消耗。它是汽车行业的一项重要的、共性基础技术，也是汽车各项性能指标标定优化时的主要基准。

目前，汽车业发达国家都有自己的汽车行驶工况标准，而国外的行驶工况与国内行驶工况存在较大差异，直接采用可能会导致检测结果与实际数据存在较大误差。因此，有必要建立反映国内汽车行驶特点的典型行驶工况，提高检测结果的准确性和可靠性。本案例以 2019 年"华为杯"第十六届中国研究生数学建模竞赛 D 题"汽车行驶工况构建"提供的数据集为研究对象，利用大数据预处理技术对其进行处理分析，从而为后续的汽车行驶工况构建提供数据支撑。

4.7.2 数据描述

该汽车行驶工况数据集中包含 3 个文件，每个文件中的数据均采集于同一辆汽车、同

一个城市、不同的时间点，GPS（Global Positioning System，全球定位系统）车速数据列的单位是 km/h。加速度为描述物体速度变化快慢的物理量，是汽车行驶状态的一个重要的评价参数，它不能直接通过数据采集设备进行采集。利用采集的 GPS 数据，根据 $a_t = \dfrac{v_{t+T} - v_t}{T}$，计算汽车在时间 t 到时间 $t+T$ 内的加速度，若加速度大于 0 m/s^2，则表示汽车在加速行驶，若加速度小于 0 m/s^2，则表示汽车在减速行驶。对于普通汽车而言，百公里加速的时间必须大于 7 s，也就是最大加速度不超过 3.968 m/s^2，紧急刹车的最小加速度处于 $-8\sim-7.5$ m/s^2，故汽车加速度的范围为 -8 m/s$^2\leqslant a\leqslant+3.968$ m/s^2。汽车怠速状态是指发动机空转，并且在不大于 180 s 的一段时间区间内，汽车的最高车速小于 10 km/h 的运行状况。

4.7.3　数据预处理

由于汽车行驶数据的采集设备直接记录的原始采集数据往往会包含一些不理想的数据值，包括由 GPS 信号中断、加减速异常、长时间停车、怠速异常等问题造成的异常数据，故采用数据预处理技术对其进行处理。

第 1 步：查看提供的数据中是否存在空值（代码第 10～12 行）。由图 4-34 至图 4-36 可知原始数据中并不存在空值。

第 2 步：通过文件 1、文件 2 和文件 3 的数据描述可知"时间"列是字符串类型，所以要将其转为时间类型（代码第 13～14 行）。

第 3 步：计算下一行数据与上一行数据之间的时间差值（代码第 15～17 行）。判断间隔时间是否为 1 s，如果是，则继续往下扫描，如果不是，则认定该处存在数据缺失。如果间隔时间为 2～10 s，则进行相应的填充，填充方式为：数据列名为 X 轴加速度、Y 轴加速度、Z 轴加速度和 GPS 车速，利用线性插值的方式进行填充，而其他列直接采用原先列的数据填充（代码第 18～20 行）。如果间隔时间超过 10 s，则直接删除异常数据（代码第 21～22 行），从而得到该步骤的最终数据，如图 4-37 至图 4-39 所示。

第 4 步：根据汽车行驶中的加速度所在区间为[-8, 3.968]，可绘制出文件 1、文件 2 和文件 3 的加速度密度分布图（代码第 26 行），如图 4-40 所示。计算下一行数据与上一行数据之间的加速度（代码第 23 行），若加速度位于上述区间内，则继续往下扫描，如果不是，则可判定该处加速度异常，直接删除（代码第 27 行）。

第 5 步：对于怠速的汽车行驶数据，只保留前 180 s 内的数据（代码第 29～30 行），将处理完的数据保存（代码第 31 行）。

```
1    import pandas as pd                                  #导入 pandas
2    import numpy as np                                   #导入 NumPy
3    import matplotlib.pyplot as plt                      #导入 matplotlib
4    import datetime                                      #导入 datetime
5    import seaborn as sns                                #导入 seaborn
6    mpl.rcParams['font.sans-serif'] = ['SimHei']         #设置中文字体格式
7    data_1=pd.read_csv("./data1.csv")                    #读取文件 1 的数据
8    data_2=pd.read_csv("./data2.csv")                    #读取文件 2 的数据
9    data_3=pd.read_csv("./data3.csv")                    #读取文件 3 的数据
10   data_1.info()                                        #查看文件 1 的数据描述
11   data_2.info()                                        #查看文件 2 的数据描述
12   data_3.info()                                        #查看文件 3 的数据描述
```

13	`def str2DataTime(data):` `#将"时间"列转换为时间类型`

```python
def str2DataTime(data):                              #将"时间"列转换为时间类型
    for x in data:
        x["时间"]=pd.to_datetime(x["时间"],format="%Y/%m/%d %H:%M:%S.000.")
```

14	`str2DataTime([data_1,data_2,data_3])`
15	`time1=data_1["时间"].diff().dt.total_seconds()` `#计算文件1的时间差值`
16	`time2=data_2["时间"].diff().dt.total_seconds()` `#计算文件2的时间差值`
17	`time3=data_3["时间"].diff().dt.total_seconds()` `#计算文件3的时间差值`

18	

```python
def interpolate(x,y,n):                              #线性插值
    res=[]
    delta=(y-x)/n
    for i in range(1,n):
        res.append(x+delta)
        x+=delta
    return res
```

19	

```python
def filling_values(data_1):                          #对1~10s的值进行填充
    wait_add_df=pd.DataFrame()
    for row_index,item in data_1.loc[(time1<=10)&(time1>=2),:].iterrows():
        n=int(time1[row_index])
        delta_df=pd.DataFrame()
        row=data_1.iloc[row_index-1,:]
        delta_df['时间']=[row["时间"]+datetime.timedelta(seconds=i)
for i in range(1,n)]
        for _f in data_1.columns:
            if _f==' X轴加速度' or _f=='Y轴加速度' or _f=='Z轴加速度':
                delta_df[_f]=[(item[_f]+row[_f])/2 for x in range(1,n)]
                continue
            delta_df[_f]=interpolate(row[_f],item[_f],n)
            wait_add_df=wait_add_df.append(delta_df,ignore_index=True)

        data_tmp=pd.concat([data_1,wait_add_df],ignore_index=True)
        data_tmp.sort_values(["时间"],inplace=True)
        data_tmp.index=range(len(data_tmp))
    return data_tmp
```

20	

```python
data_1=filling_values(data_1)                        #调用填充函数,填补缺失数据
data_2=filling_values(data_2)
data_3=filling_values(data_3)
```

21	

```python
def deleteMoreTen(data):                             #删除时间差值超过10s的数据
    tmp=data["时间"].diff().dt.total_seconds()
    data.loc[tmp>10,:]=np.nan
    data.dropna(inplace=True)
    data.index=range(len(data))
    return data
```

22	

```python
data_1=deleteMoreTen(data_1)                         #删除超过10s的数据
data_2=deleteMoreTen(data_2)
data_3=deleteMoreTen(data_3)
```

23	

```python
def deleteA(data):                                   #定义删除加速度异常数据的方法
    list_a=[]
    for df1 in data:
```

```
              df1["瞬时加速度"]=round(df1["GPS 车速"].diff().shift(-1)*(5/18),4)
              list_a.append(df1["瞬时加速度"].to_list())
              count1=0
              count2=0
              for (index,se) in df1.iterrows():
                  if (index!=df1.shape[0]-1):
                      if (df1["时间"][index]+datetime.timedelta(seconds=1)!=
df1["时间"][index+1]):
                          df1["瞬时加速度"][index]=np.nan
                          count1+=1
                      if df1["瞬时加速度"][index]<-8 or df1["瞬时加速度"][index]>3.968:
                          df1["瞬时加速度"][index] = np.nan
                          count2+=1
          return list_a
```
24	`list_a=deleteA([data_1,data_2,data_3])`	#调用删除方法
25	`pd_1=pd.DataFrame(list_a)`	#将 list_a 转为 DataFrame
26	`def paint_jsd(pd_1):`	#绘制加速度密度分布图

```
          plt.rcParams['axes.unicode_minus'] =False
          fig = plt.figure(figsize=(16, 5), dpi= 100)
          grid=plt.GridSpec(1,3)
          ax_left=plt.subplot(grid[0,0])
          ax_main=plt.subplot(grid[0,1])
          ax_right=plt.subplot(grid[0,2])
          x_title=["文件 1","文件 2","文件 3"]
          for i,ax in enumerate([ax_left,ax_main,ax_right]):
              sns.kdeplot(pd_1.loc[i,(pd_1.iloc[i,:]<3.968)&(
pd_1.iloc[i,:]>=-8)], shade=True, color="g", label="[-8～3.968]", alpha=.7,ax=ax)
              sns.kdeplot(pd_1.loc[i,pd_1.iloc[i,:]>=3.968], shade=True,
color="deeppink", label="[>=3.968]", alpha=.7,ax=ax)
              sns.kdeplot(pd_1.loc[i,pd_1.iloc[i,:]<=-8],
shade=True, color="dodgerblue", label="[<=-8]", alpha=.7,ax=ax)
              ax.set_title(x_title[i])
              ax.legend()
          plt.savefig("./数据处理过程中的图片/加速度密度分析图.png")
          plt.show()
```
27	`data_1=data_1.dropna()`	#删除加速度异常的值
	`data_2=data_2.dropna()`	
	`data_3=data_3.dropna()`	
28	`data_1.index=range(data_1.shape[0])`	#更新 DataFrame 的索引
	`data_2.index=range(data_2.shape[0])`	
	`data_3.index=range(data_3.shape[0])`	
29	`def del_idle_speed_records(data):`	#删除急速异常的数据
	`    idle_time=data[data['GPS 车速']==0]`	

```
          time_windows=10
          _i=0
          begin_flag=False
          head_index=0
          head_i=0
          flag=False
```

```
            first_index=0
            last_index=0
            index_res=[]
            for _,row in data.iterrows():
                if row['GPS车速']==0:
                    if not flag:
                        flag=True
                        first_index=_
                else:
                    if flag:
                        last_index=_
                        flag=False
                        index_res.append((first_index,last_index))
            _sum=0
            for (a,b) in index_res:
                if b-a>180:
                    _sum+=1
                    drop_index=[]
                    i=0
                    while a+180+i<b:
                        drop_index.append(a+180+i)
                        i+=1
                    #print(data.shape)
                    data.drop(drop_index,inplace=True)
                    #print(data.shape)
            print(_sum,len(index_res))
            print('after del idle time :',data.shape[0])
            data.index=range(len(data))
            return data
30  data_1=del_idle_speed_records(data_1)          #调用删除怠速数据的值
    data_2=del_idle_speed_records(data_2)
    data_3=del_idle_speed_records(data_3)
31  data_1.to_csv("./删除速度异常文件1.csv")          #保存数据
    data_2.to_csv("./删除速度异常文件2.csv")
    data_3.to_csv("./删除速度异常文件3.csv")
    >>>                                             #程序运行结果如下
```

```
Data columns (total 14 columns):
#   Column      Non-Null Count   Dtype
--- ------      --------------   -----
0   时间          185725 non-null  object
1   GPS车速       185725 non-null  float64
2   X轴加速度       185725 non-null  float64
3   Y轴加速度       185725 non-null  float64
4   Z轴加速度       185725 non-null  float64
5   经度          185725 non-null  float64
6   纬度          185725 non-null  float64
7   发动机转速       185725 non-null  int64
8   扭矩百分比       185725 non-null  int64
9   瞬时油耗        185725 non-null  float64
10  油门踏板开度      185725 non-null  float64
11  空燃比         185725 non-null  float64
12  发动机负荷百分比    185725 non-null  int64
13  进气流量        185725 non-null  float64
```

图 4-34 文件 1 的数据描述

```
Data columns (total 14 columns):
#   Column      Non-Null Count   Dtype
--- ------      --------------   -----
0   时间          145825 non-null  object
1   GPS车速       145825 non-null  float64
2   X轴加速度       145825 non-null  float64
3   Y轴加速度       145825 non-null  float64
4   Z轴加速度       145825 non-null  float64
5   经度          145825 non-null  float64
6   纬度          145825 non-null  float64
7   发动机转速       145825 non-null  int64
8   扭矩百分比       145825 non-null  int64
9   瞬时油耗        145825 non-null  float64
10  油门踏板开度      145825 non-null  float64
11  空燃比         145825 non-null  float64
12  发动机负荷百分比    145825 non-null  int64
13  进气流量        145825 non-null  float64
```

图 4-35 文件 2 的数据描述

大数据预处理技术 第 4 章

```
Data columns (total 14 columns):
 #   Column          Non-Null Count     Dtype
---  ------          --------------     -----
 0   时间             164914 non-null    object
 1   GPS车速          164914 non-null    float64
 2   X轴加速度         164914 non-null    float64
 3   Y轴加速度         164914 non-null    float64
 4   Z轴加速度         164914 non-null    float64
 5   经度             164914 non-null    float64
 6   纬度             164914 non-null    float64
 7   发动机转速         164914 non-null    int64
 8   扭矩百分比         164914 non-null    int64
 9   瞬时油耗          164914 non-null    float64
 10  油门踏板开度        164914 non-null    float64
 11  空燃比            164914 non-null    float64
 12  发动机负荷百分比     164914 non-null    int64
 13  进气流量          164914 non-null    float64
```

图 4-36　文件 3 的数据描述

```
Data columns (total 14 columns):
 #   Column          Non-Null Count     Dtype
---  ------          --------------     -----
 0   时间             185305 non-null    datetime64[ns]
 1   GPS车速          185305 non-null    float64
 2   X轴加速度         185305 non-null    float64
 3   Y轴加速度         185305 non-null    float64
 4   Z轴加速度         185305 non-null    float64
 5   经度             185305 non-null    float64
 6   纬度             185305 non-null    float64
 7   发动机转速         185305 non-null    float64
 8   扭矩百分比         185305 non-null    float64
 9   瞬时油耗          185305 non-null    float64
 10  油门踏板开度        185305 non-null    float64
 11  空燃比            185305 non-null    float64
 12  发动机负荷百分比     185305 non-null    float64
 13  进气流量          185305 non-null    float64
```

图 4-37　文件 1 时间差值处理后的数据描述

```
Data columns (total 14 columns):
 #   Column          Non-Null Count     Dtype
---  ------          --------------     -----
 0   时间             145679 non-null    datetime64[ns]
 1   GPS车速          145679 non-null    float64
 2   X轴加速度         145679 non-null    float64
 3   Y轴加速度         145679 non-null    float64
 4   Z轴加速度         145679 non-null    float64
 5   经度             145679 non-null    float64
 6   纬度             145679 non-null    float64
 7   发动机转速         145679 non-null    float64
 8   扭矩百分比         145679 non-null    float64
 9   瞬时油耗          145679 non-null    float64
 10  油门踏板开度        145679 non-null    float64
 11  空燃比            145679 non-null    float64
 12  发动机负荷百分比     145679 non-null    float64
 13  进气流量          145679 non-null    float64
```

图 4-38　文件 2 时间差值处理后的数据描述

```
Data columns (total 14 columns):
 #   Column          Non-Null Count     Dtype
---  ------          --------------     -----
 0   时间             164558 non-null    datetime64[ns]
 1   GPS车速          164558 non-null    float64
 2   X轴加速度         164558 non-null    float64
 3   Y轴加速度         164558 non-null    float64
 4   Z轴加速度         164558 non-null    float64
 5   经度             164558 non-null    float64
 6   纬度             164558 non-null    float64
 7   发动机转速         164558 non-null    float64
 8   扭矩百分比         164558 non-null    float64
 9   瞬时油耗          164558 non-null    float64
 10  油门踏板开度        164558 non-null    float64
 11  空燃比            164558 non-null    float64
 12  发动机负荷百分比     164558 non-null    float64
 13  进气流量          164558 non-null    float64
```

图 4-39　文件 3 时间差值处理后的数据描述

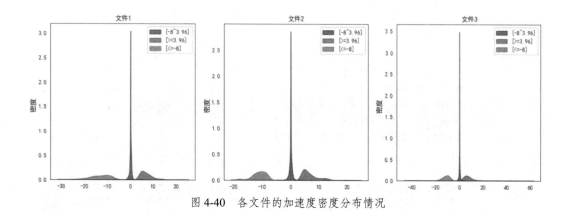

图 4-40　各文件的加速度密度分布情况

4.8　本章小结

　　数据分析与挖掘需依赖大规模、高质量的数据，而利用数据采集工具获得的数据通常存在残缺、虚假、敏感等问题。利用数据预处理技术对采集的数据进行清洗、填补、平滑、合并、规范化以及脱敏等，将其转化为相对单一且便于处理的格式，从而提高数据质量。

　　本章从数据预处理背景、主要任务和处理工具入手，通过理论和实践相结合的方式详细介绍了数据清洗、数据集成、数据变换、数据归约和数据脱敏的使用目的、处理方法以及实验结果。

4.9 习题

1. 通过爬虫工具爬取所需要的数据，往往在某些字段上存在空值，请阐述采用何种方式处理这一问题？

2. 如何判断属性 A 和属性 B 之间是否存在相关性？

3. 如下规范化方法的值域是什么？

（1）最小-最大规范化。

（2）z-score 规范化。

（3）小数定标规范化。

4. 在数据集成的过程中需要考虑哪些问题？

5. 数据归约的优点有哪些？简述经典的数据归约策略。

6. 假设所分析的数据包含商品价格（单位：元），数据组中的值为 3, 5, 7, 10, 15, 20, 30, 60, 70, 80, 90, 100，将其划分到大小为 3 的等宽分箱中，并给出每个分箱中的数据。

第 **5** 章 Excel 数据获取与预处理

Microsoft Excel 是一个功能强大的电子表格程序，它不仅可以将整齐而美观的表格呈现给用户，还可以用来进行数据的分析和预测，完成许多复杂的数据运算，帮助用户做出更有根据的决策。同时，它还可以将表格中的数据通过各种各样的图形、图表表现出来，增强表格的表达力和感染力，广泛应用于管理、统计、财经、金融等领域。掌握 Excel 常用的数据获取与预处理技术能够有效指导数据分析的初学者并使其快速入门，还能帮助人们提高工作效率，使大家不需要太多的相关专业知识就可以完成复杂的数据处理任务。本章主要介绍 Excel 数据获取、Excel 数据清洗与转换及 Excel 数据抽取与合并等内容，并通过具体案例对 Excel 数据获取与预处理进行实践应用，这有助于读者了解 Excel 数据清洗的步骤和方法，掌握一定的操作技能，为后续清洗大型数据集打下良好的基础。

5.1 Excel 数据获取

数据的处理流程首先从数据获取开始，没有获取数据就无法进行后续的数据分析与挖掘等工作。因此，数据获取是数据分析与挖掘的重要前提。

获取文本数据

5.1.1 获取文本数据

在 Excel 中，可以选择"文件"菜单中的"打开"命令，在弹出的"打开"对话框的"文件类型"下拉列表中选择"文本文件(*.prn;*.txt;*.csv)"，这样就可以从打开的文本文件中获取该文件中的数据。但是，用这种方法将数据导入 Excel 后，就无法与该文本文件同步了，即使文本文件中的数据进行了更新，Excel 中的数据也不会同时进行更新，而必须重新导入才能更新。

在 Excel 2019 中，通过"数据"选项卡中"获取和转换数据"组中的"从文本/CSV"命令，同样可以获得文本文件中的数据，在导入数据的同时 Excel 还会将其作为外部数据，在需要的时候进行刷新或者定期对其进行刷新，从而保证导入数据与源数据的一致性。具体操作如下。

（1）打开"导入数据"对话框

新建一个空白工作簿，在"数据"选项卡中选择"获取和转换数据"组中的"从文本/CSV"命令，如图 5-1 所示；弹出"导入数据"对话框，如图 5-2 所示。

（2）导入文本文件

在"导入数据"对话框中，选择需要导入的文本文件（可以是 TXT 类型，也可以是 CSV 类型），"打开"按钮变为"导入"按钮。单击"导入"按钮，弹出"文本文件加载"对话框，如图 5-3 所示。

图 5-1 "从文本/CSV"命令

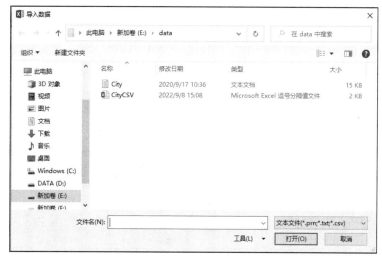

图 5-2 "导入数据"对话框

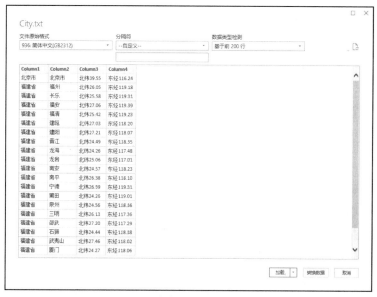

图 5-3 "文本文件加载"对话框

在"文本文件加载"对话框的"文件原始格式"下拉列表中，显示了当前文本文件采用的字符编码格式，可以通过该下拉列表选择待导入文本文件新的字符编码格式。注意：采用文件原始格式时，有些中文字体会显示乱码，此时建议选择"65001:Unicode(UTF-8)"。在"分隔符"下拉列表中可以选择要采用的数据分隔符号，选择字符编码格式及分隔符的操作如图 5-4 所示。

图 5-4　选择字符编码格式及分隔符

在"文本文件加载"对话框中单击"加载"按钮，即可实现文本文件的导入。

（3）刷新数据

导入数据后，Excel 会将导入的数据作为外部数据区域，当原始数据有改动时，可以单击"数据"选项卡中"查询和连接"组中的"全部刷新"命令来刷新数据，如图 5-5 所示。此时，Excel 中的数据会变为改动后的数据。

图 5-5　"全部刷新"命令

5.1.2　获取网站数据

获取网站数据

在 Excel 2019 中，通过"获取和转换数据"组的功能，可以通过以下 3 个步骤获取某些网站上公布的相关数据：①在 Excel 2019 中找到获取网站数据的命令；②选择要获取数据的相关网站；③导入该网站的数据。

以获取上海市统计局网站公布的 2021 年上半年上海市地区生产总值数据为例，具体的操作步骤如下。

（1）打开"从 Web"对话框

新建一个空白工作簿，在"数据"选项卡的"获取和转换数据"组中，单击"自网站"命令，也可以在"获取数据"下拉列表中依次选择"自其他源"→"自网站"选项，如图 5-6 所示，弹出"从 Web"对话框。

（2）打开上海市统计局网站

在"从 Web"对话框的"URL"文本框中输入上海市统计局发布数据的网址" http://tjj.sh.gov.cn/ydsj2/20210720/caa56776ca0e4f72a9b449c9fd244c54.html"，如图 5-7 所示。

（3）选择和导入数据表

在"从 Web"对话框中单击"确定"按

图 5-6　选择"自网站"选项

钮，弹出"导航器"对话框，在"显示选项"列表框中选择"Table 0"，如图 5-8 所示。
单击"加载"按钮，即可在 Excel 2019 工作簿中导入网站数据，如图 5-9 所示。

图 5-7 "从 Web"对话框

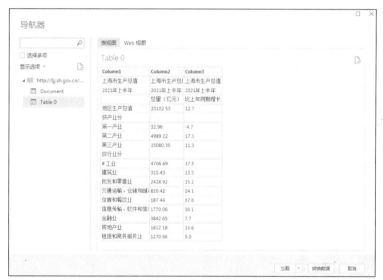

图 5-8 "导航器"对话框

Column1	Column2	Column3
上海市生产总值	上海市生产总值	上海市生产总值
2021年上半年	2021年上半年 总量（亿元）	2021年上半年 比上年同期增长（%）
地区生产总值	20102.53	12.7
按产业分		
第一产业	32.96	-4.7
第二产业	4989.22	17.3
第三产业	15080.35	11.3
按行业分		
# 工业	4706.69	17.5
建筑业	315.43	13.5
批发和零售业	2428.92	15.2
交通运输、仓储和邮政业	820.42	24.1
住宿和餐饮业	187.44	37.6
信息传输、软件和信息技术服务业	1770.06	16.1
金融业	3842.65	7.7
房地产业	1812.18	13.6
租赁和商务服务业	1270.66	5.0

图 5-9 导入上海市 2021 年上半年地区生产总值数据后的效果

5.1.3 获取数据库中的数据

在 Excel 2019 中，通过"获取和转换数据"组的功能，也可以从 MySQL、SQL Server、Oracle、Access 等数据库中获取数据。例如，某餐饮企业搞活动，需要获取各会员的电话号码，以便通过短信邀请各会员，该餐饮企业会员的电话号码信息保存在 MySQL 数据库的"info"数据表中。从该数据表中获取数据的操作步骤如下。

（1）启动 ODBC 数据源管理程序

在计算机中打开"控制面板"窗口，依次选择"系统和安全"→"管理工具"选项，弹出"管理工具"窗口，如图 5-10 所示。

图 5-10 "管理工具"窗口

双击"ODBC 数据源(64 位)"程序，弹出"ODBC 数据源管理程序(64 位)"对话框，如图 5-11 所示。

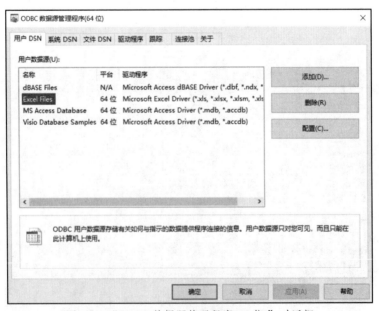

图 5-11 "ODBC 数据源管理程序(64 位)"对话框

注意，如果是 64 位操作系统的计算机，则选择"ODBC Data Sources(32-bit)"或者"ODBC

数据源(64 位)"程序都可以；如果是 32 位操作系统的计算机，则只能选择"ODBC Data Sources(32-bit)"程序。

（2）创建新数据源

在"ODBC 数据源管理程序(64 位)"对话框中，在"名称"列中选择"Excel Files"，然后单击"添加"按钮，弹出"创建新数据源"对话框（此操作必须提前下载、安装 MySQL 数据库 ODBC 驱动），如图 5-12 所示。

（3）配置 ODBC 数据源

在"创建新数据源"对话框中，选择"MySQL ODBC 8.0 Unicode Driver"选项，单击"完成"按钮，弹出"MySQL Connector/ODBC Data Source Configuration"对话框，如图 5-13 所示。

图 5-12 "创建新数据源"
对话框

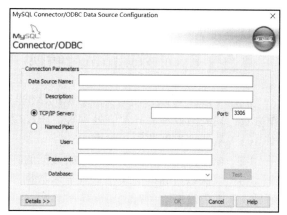

图 5-13 "MySQL Connector/ODBC Data
Source Configuration"对话框

① Data Source Name：表示数据源名称。在该文本框中输入的是自定义的数据源名称。

② Description：在该文本框中输入的是对数据源的描述。

③ TCP/IP Server：表示 TCP/IP 服务器。如果数据库安装在本地计算机，则在该文本框中输入"localhost"；如果数据库不安装在本地计算机，则需要输入数据库所在计算机的 IP 地址。3306 是 MySQL 数据库默认的端口号。

④ User 和 Password：分别表示用户名和密码，这是在下载 MySQL 时自定义设置的。

⑤ Database：表示在"Database"下拉列表中可选择所需连接的数据库。

（4）数据源的具体配置

在"MySQL Connector/ODBC Data Source Configuration"对话框的"Data Source Name"文本框中输入"会员信息"；在"Description"文本框中输入"某餐饮企业的会员信息"；在"TCP/IP Server"文本框中输入"localhost"，端口号 3306 保持不变；在"User"文本框中输入用户名，在"Password"文本框中输入密码，在"Database"下拉列表中选择"data"。配置结果如图 5-14 所示。

（5）连接测试

单击图 5-14 中的"Test"按钮，弹出"Test Result"对话框，若显示"Connection Successful"，则说明连接成功，如图 5-15 所示，单击"确定"按钮即可在 Excel 表格中获取到会员信息。

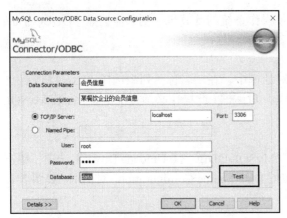

图 5-14　数据源的具体配置

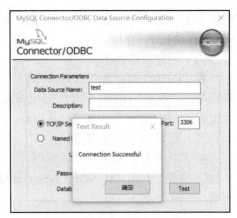

图 5-15　"Test Result" 对话框

5.2　Excel 数据清洗与转换

利用 Excel 可以方便地实现数据的清洗与转换功能，如数据检查、数据类型转化、数据去重、缺失值处理、异常值处理等。Excel 数据清洗和转换的基本操作步骤如下。

（1）从外部数据源导入数据。

（2）在单独的工作簿中创建原始数据的副本。

（3）确保以行和列的表格形式显示数据，并且每列中的数据都相似，所有的列和行都可见，范围内没有空白行。

（4）执行不需要对列进行操作的任务，例如拼写检查或使用"查找和替换"对话框。

（5）执行需要对列进行操作的任务。

通常情况下，对列进行操作的步骤为：①在需要清理的原始列 A 旁边插入新列 B；②在新列 B 的顶部添加将要转换数据的公式；③在新列 B 中使用向下填充公式，自动计算列 B 中的值；④选择并复制新列 B，然后将其作为值粘贴到列 A 中。

5.2.1　常用数据分析函数

1．IS 类函数

IS 类函数包括 ISBLANK、ISERROR、ISLOGICAL、ISNA、ISNONTEXT、ISTEXT 和 ISNUMBER 等。该类函数用来对某个单元格当前值的类型进行判断，以便知道其类型后，再采取下一步操作，用于辅助实现数据的清洗。其中，ISBLANK 函数用于判断指定的单元格是不是空的；ISERROR 函数用于判断公式运行结果是否出错；ISLOGICAL 函数用于判断输入参数是不是逻辑类型；ISNA 函数用来检测一个值是不是 "#N/A"（空值）；ISNONTEXT 函数用于判断一个引用的参数或指定单元格的内容是否非文本；ISTEXT 函数用于判断引用的参数或指定单元格的内容是不是文本；ISNUMBER 函数用于判断引用的参数或指定单元格中的值是不是数字。

例如，公式 "= ISBLANK(A1)"，表示对 A1 单元格是不是 "空" 进行判断。如果为空，则返回值为 TRUE；如果不为空，则返回值为 FALSE。

IS 类函数可以与其他函数结合使用。例如，假设需要计算 A 列除以 B 列的值，但不能确定 B 列单元格内是否均包含数字。如果包含空白单元格，则返回错误值 "#DIV/0!"；如果包含字母等非数字内容，则返回错误值"#VALUE!"。为了处理这种情况，可以使用公式"=IF(ISERROR((A1/B1)),"引用包含空白单元格或非数字内容",(A1/B1))"，这样就能够检查出 B 列可能出现空白单元格或非数字内容的情况。实例结果如图 5-16 所示。

2．统计计算类函数

（1）SUM/ SUMIF/ SUMIFS 函数

① SUM 函数。

【主要功能】求和操作，用来计算某一个或多个单元格区域所有数值的和。

【语法格式】=SUM(number1, number2, number3, …)。

【例 5-1】在 C4 单元格中输入公式"=SUM(A1:D1)"。该公式表示对 A1、B1、C1 和 D1 这 4 个水平方向的连续单元格求和，相当于公式"=A1+B1+C1+D1"。实例运行结果如图 5-17 所示。

	A	B	C	D
1	被除数	除数	直接引用公式	与ISERROR函数结合使用
2	78	2	39	39
3	89	3	29.66666667	29.66666667
4	9	4	2.25	2.25
5	98	5	19.6	19.6
6	10		#DIV/0!	引用包含空白单元格或非数字内容
7	20 W		#VALUE!	引用包含空白单元格或非数字内容
8	12 !		#VALUE!	引用包含空白单元格或非数字内容

图 5-16 IS 类函数与其他函数的结合使用

C4			fx	=SUM(A1:D1)	
	A	B	C	D	E
1	20	30	50	80	
2					
3					
4			180		

图 5-17 SUM 函数的应用

② SUMIF 函数。

【主要功能】按条件进行求和。根据指定条件对若干单元格、区域或引用进行求和。即对条件区域进行判断，如果某些单元格满足指定条件，则对求和区域所对应的若干单元格进行求和。

【语法格式】=SUMIF(range, criteria, [sum_range])。

【例 5-2】在 E11 单元格中输入公式"= SUMIF(D2:D9,"1",E2:E9)"。该公式实际上只统计了组别为"1"的生产量，最终计算结果为 497，如图 5-18 所示。

使用 SUMIF 函数时，可以使用通配符进行模糊求和。

【例 5-3】统计赵姓员工的生产量，公式为"= SUMIF(B2:B9,"赵*",E2:E9)"。该公式相当于对序号为 5 和 8 的单元格进行求和，最终结果为 243，运行结果如图 5-19 所示。此公式也可替换为"{=SUM((LEFT(B2:B9)="赵")*E2:E9)}"的数组公式，计算结果同样是 243。

	fx		= SUMIF(D2:D9,"1",E2:E9)	
A	B	C	D	E	F
序号	姓名	性别	组别	生产量（件）	
1	张耀宇	男	1	150	
2	李慧	女	2	110	
3	胡泰益	男	2	118	
4	孙韦迦	女	1	113	
5	赵子桐	男	1	128	
6	张兰欣	女	1	106	
7	李霖	男	2	131	
8	赵紫睿	女	1	115	
				497	

图 5-18 SUMIF 函数单条件求和

	fx		= SUMIF(B2:B9,"赵*",E2:E9)	
A	B	C	D	E	F
序号	姓名	性别	组别	生产量（件）	
1	张耀宇	男	1	150	
2	李慧	女	2	110	
3	胡泰益	男	2	118	
4	孙韦迦	女	1	113	
5	赵子桐	男	1	128	
6	张兰欣	女	1	106	
7	李霖	男	2	131	
8	赵紫睿	女	1	115	
				243	

图 5-19 SUMIF 函数模糊求和

用 SUMIF 函数求和，当第 3 个参数省略时，则对条件区域中的单元格求和。

【例 5-4】对生产量大于 110 件的生产量求和。输入公式"=SUMIF(E2:E9,">110")"，计算结果为 755。由于 SUMIF 的第 3 个参数被省略，此时求和的单元格区域为 E2:E9，相当于公式"= SUMIF(E2:E9,">110",E2:E9)"的计算结果，运行结果如图 5-20 所示。

③ SUMIFS 函数。

【主要功能】多条件求和。按多个条件对指定单元格、区域或引用求和。扩展了 SUMIF 函数的功能，用于计算单元格区域或数组中符合多个指定条件的数字的总和。

图 5-20　SUMIF 函数去参数单条件求和

【语法格式】= SUMIFS(sum_range, range, criteria, [range2, criteria2], …)。

【例 5-5】在 G2 单元格中输入公式并按"Enter"键，汇总销售总价在 3 元到 7 元的商品总额。输入的公式为"=SUMIFS(E2:E10,E2:E10,">=3",E2:E10,"<=7")"，或"=SUMIF(E2:E10,"<=7")−SUMIF(E2:E10,"<3")"，或"=SUM((E2:E10>=3)*(E2:E10<=7)*(E2:E10))"。

SUMIFS 函数的运行结果如图 5-21 所示。

图 5-21　SUMIFS 函数求和

（2）COUNT/ COUNTIF/ COUNTIFS 计数函数

① COUNT 函数。

【主要功能】计算数字类型数据的个数。

【语法格式】= COUNT(value l, value2, …)。

例如，如果 A1=8、A2=" "、A3=姓名、A4=14、A5="*"、A6=168，输入公式"=COUNT(A1:A6)"，则返回结果为 3，实际上只是对数字单元格进行了个数统计。

② COUNTIF 函数。

【主要功能】计算区域中满足给定条件的单元格的个数。

【语法格式】=COUNTIF(range, criteria)。

【例 5-6】统计销量大于 800 的员工人数。在 E2 单元格中输入一个公式并按"Enter"键，可以统计出销量大于 800 的员工人数。其中，A 列为员工姓名，B 列为员工性别，C 列为员工销量。输入公式"= COUNTIF(C2:C10,">800")"，运行结果如图 5-22 所示。

③ COUNTIFS 函数.

【主要功能】计算区域中满足多个条件的单元格个数。

【语法格式】=COUNTIFS(criteria_range1, criteria1, [criteria_range2, criteria2], ...)。

【例 5-7】在 E2 单元格中输入公式并按"Enter"键，统计销量在 600～800 的男员工人数。其中，A 列为员工姓名，B 列为员工性别，C 列为员工销量。输入公式"= COUNTIFS(B2:B10,"男",C2:C10,">=600",C2:C10,"<=800"）"，运行结果如图 5-23 所示。

= COUNTIF(C2:C10,">800")

A	B	C	D	E	F	G
姓名	性别	销量（个）		销量大于800的员工人数		
孙婷媛	女	968		4		
王小雅	女	994				
赵佳缘	男	809				
王文凯	男	758				
张靖雯	女	586				
胡建	男	647				
孙焕欢	女	501				
王立鑫	女	969				
赵志刚	男	691				

图 5-22　COUNT 函数计数运算

= COUNTIFS(B2:B10,"男",C2:C10,">=600",C2:C10,"<=800")

A	B	C	D	E	F	G	H	I
姓名	性别	销量（个）		销量在600~800的男员工人数				
孙婷媛	女	968		3				
王小雅	女	994						
赵佳缘	男	809						
王文凯	男	758						
张靖雯	女	586						
胡建	男	647						
孙焕欢	女	501						
王立鑫	女	969						
赵志刚	男	691						

图 5-23　COUNTIFS 函数计数运算

（3）SUMPRODUCT 函数

【主要功能】计算数组元素的乘积之和。在给定的几组数组中，将数组间对应的元素相乘，并返回乘积之和。

【语法格式】= SUMPRODUCT(array1, array2, ...)。

【例 5-8】有数组一与数组二，其中数组一为{2,7;3,8;4,9}，数组二为{6,3;7,4;8,5}，求这两个数组间对应的元素的乘积，并返回乘积之和，即 2×6+7×3+3×7+8×4+4×8+9×5。计算结果为 163，运行结果如图 5-24 所示。

B7　=SUMPRODUCT(A2:B4*C2:D4)

	A	B	C	D
1	数组一		数组二	
2	2	7	6	3
3	3	8	7	4
4	4	9	8	5
5				
6		具体写法	返回值	
7	公式一	=SUMPRODUCT(A2:B4*C2:D4)	163	
8	公式二	=SUMPRODUCT(A2:B4,C2:D4)	163	

图 5-24　SUMPRODUCT 函数的应用

（4）RANK 函数

【主要功能】排序，返回某一数值在一列数值中相对于其他数值的大小排位。

【语法格式】=RANK(Number, Ref, [Order])。

【例 5-9】在一组语文成绩中，按降序对成绩进行排列。在 D2 单元格中输入公式"=RANK(C2,C$2:C$10)"，此公式等同于"=RANK(C2,C$2:C$10,0)"，公式输入后在 D2 单元格中出现数字 1，说明该同学的语文成绩排名为第 1 名；在 D2 单元格的右下角，将公式向下拖曳，这样就得到了学生语文成绩的排名情况，运行结果如图 5-25 所示。

=RANK(C7,C$2:C$10)

A	B	C	D	E	F
班级	姓名	语文	排名		
八（1）班	张永露	112	1		
八（1）班	林典	107	4		
八（1）班	朱瑞婷	112	1		
八（1）班	叶芬	101	7		
八（1）班	陈文兰	103	6		
八（1）班	陈雨	108	3		
八（1）班	汪桢瑞	99	8		
八（1）班	张俊	98	9		
八（1）班	杨丽	106	5		

图 5-25　RANK 函数排序

（5）RAND/ RANDBETWEEN 随机数函数

① RAND 函数。

【主要功能】返回一个大于或等于 0 且小于 1 的随机数，每次计算工作表（按"F9"键）将返回一个新的数值。

【语法格式】= RAND( )。

②RANDBETWEEN 函数。

【主要功能】返回两个指定数值之间的一个随机数，每次重新计算工作表（按"F9"键）都将返回新的数值。注意，RANDBETWEEN 函数的最小单位是 1，所以该函数只能返回整数值。

【语法格式】= RANDBETWEEN(bottom, top)。

（6）AVERAGE 函数

【主要功能】计算所有参数的算术平均值。

【语法格式】= AVERAGE(number1, number2,…)。

例如，A2=100、A3=60、A4=90、A5=95、A6=78，则这组数据的算术平均值计算公式为"=AVERAGE(A2:A6)"，返回值为 84.6。

（7）STDEV 函数

【主要功能】计算给定样本的标准差，它反映了数据相对于算术平均值的离散程度。

【语法格式】= STDEV(number1, number2,…)。

【例 5-10】假设一班考试的成绩为 A2=75、A3=86、A4=78、A5=96、A6=69、A7=92、A8=84 和 A9=100，估算所有成绩标准差的公式为"= STDEV(A2:A9)"，其结果等于 10.7038044。上述结果反映了一班成绩的波动情况（数值越小，说明该班学生间的成绩差异较小；反之，说明该班存在两极分化）。

（8）SUBTOTAL 函数

【主要功能】返回数据清单或数据库中的分类汇总。

【语法格式】= SUBTOTAL(function_nun,ref1,ref2,…)。

例如，如果 A1=20、A2=30、A3=45，则公式"= SUBTOTAL(9,A1:A3)"将使用 SUM 函数对 A1:A3 区域进行求和操作（9 代表 SUM 函数），其结果为 95。如果用户使用"数据"选项卡中的"分类汇总"命令创建了分类汇总数据清单，也可以编辑 SUBTOTAL 函数对其进行修改。

SUBTOTAL 函数可以实现求均值、计数、求最大值、求最小值、求乘积、求标准差、求和等多种操作，其功能如图 5-26 所示。

图 5-26　SUBTOTAL 函数的功能

5.2.2　删除重复行

1．选择不重复的记录

选择单元格区域，或确保活动单元格位于表格中，然后选择"数据"→"筛选"→"高级"命令（在"排序和筛选"组中）。在打开的"高级筛选"对话框中，选中"将筛选结果复制到其他位置"单选按钮，选择一个单元格作为存储筛选结果的起始单元格，并选中"选择不重复的记录"复选框，单击"确定"按钮，如图 5-27 所示，将返回不存在重复值的列表。

2．删除重复值

选择单元格区域，或确保活动单元格位于表格中，然后选择"数据"→"删除重复值"命令，在打开的"删除重复值"对话框中，选择需要删除重复值的列，如图 5-28 所示，即可实现对重复值的删除功能。

图 5-27 选择不重复的记录

图 5-28 "删除重复值"对话框

3. 删除空格和非输出字符

（1）CODE 函数

【主要功能】用于返回字符串中第 1 个字符的数字代码，返回的代码对应计算机当前使用的字符集。

【语法格式】=CODE(text)。

例如，将如下内容粘贴到空白单元格中。

=CODE("EXCEL")：返回第 1 个字符 "E" 对应的数字代码 69。

=CODE(" ")：返回空格对应的数字代码 32。

=CODE("函数")：返回第 1 个汉字 "函" 对应的数字代码 47791。

（2）CLEAN 函数

【主要功能】删除当前操作系统无法输出的字符。

【语法格式】=CLEAN(字符串)。

例如，用 CLEAN 函数清除换行符，运行结果如图 5-29 所示。

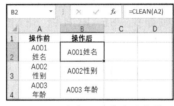

图 5-29 清除无法输出的字符

5.2.3 文本查找与替换

1. FIND/FINDB 函数

【主要功能】以字符（FIND 函数）或字节（FINDB 函数）为单位并区分大小写地查找指定字符的位置，用于查找指定字符串内的子串，并从字符串的首字符开始返回要查找字符串的起始位置编号。也就是对原始数据中某个字符串进行定位，以确定其位置。当无法找到需要查找的字符时，将返回错误值 "#VALUE!"。

FIND 与 FINDB 函数的区别在于：前者是以字符数为单位返回起始位置编号，后者是以字节数为单位返回起始位置编号。这两个函数不允许使用通配符。如果开始查找的位置小于或等于 0 或者大于第 2 个参数文本的字符/字节个数，则返回错误值 "#VALUE!"。

【语法格式】=FIND/FINDB(待查找字符, 指定字符串, 指定开始查找的字符数)。当省略第 3 个参数时，默认从第 1 个字符开始查找。

【例 5-11】假定 A5 单元格为字符串，其内容为 "大数据采集技术和预处理技术"，注意字符串中有两个 "术" 字。表 5-1 显示了使用 FIND 函数和 FINDB 函数查找 "术" 字起始位置的情况。在 FINDB 函数中，因为每个字符均按字节进行计算，而一个汉字为 2 个字节，所以第 1 个汉字 "术" 从第 13 个字节开始。

表 5-1　使用 FIND 及 FINDB 函数查找字符

查找要求	使用 FIND 函数的公式	返回值	使用 FINDB 函数的公式	返回值
查找第 1 个"术"字的起始位置	=FIND("术",A5)	7	=FINDB("术",A5)	13
查找第 1 个"术"字的起始位置	=FIND("术",A5,1)	7	=FINDB("术",A5,1)	13
查找第 1 个"术"字的起始位置	=FIND("术",A5,7)	7	=FINDB("术",A5,7)	13
查找第 2 个"术"字的起始位置	=FIND("术",A5,8)	13	=FINDB("术",A5,14)	25
查找第 2 个"术"字的起始位置	=FIND("术",A5,13)	13	=FINDB("术",A5,13)	25
查找第 2 个"术"字的起始位置	=FIND("术",A5,14)	#VALUE!	=FINDB("术",A5,27)	#VALUE!

2．SEARCH/SEARCHB 函数

【主要功能】以字符（SEARCH 函数）或字节（SEARCHB 函数）为单位不区分大小写地查找指定字符的位置。以字符数为单位，返回从指定位置开始首次找到特定字符或文本串的位置编号。该函数可以使用通配符问号（？）和星号（＊），问号匹配任意单个字符，星号匹配任意一串字符。如果要查找实际的问号或星号，需要在字符前添加波形符（～）。

【语法格式】=SEARCH/SEARCHB(待查找字符,指定字符串,从第几个字符开始)。

与 FIND 函数类似，SEARCH 函数的第 3 个参数也可以省略，当其省略时默认从第 1 个字符开始查找。SEARCH 及 SEARCHB 函数的应用示例如图 5-30 所示。

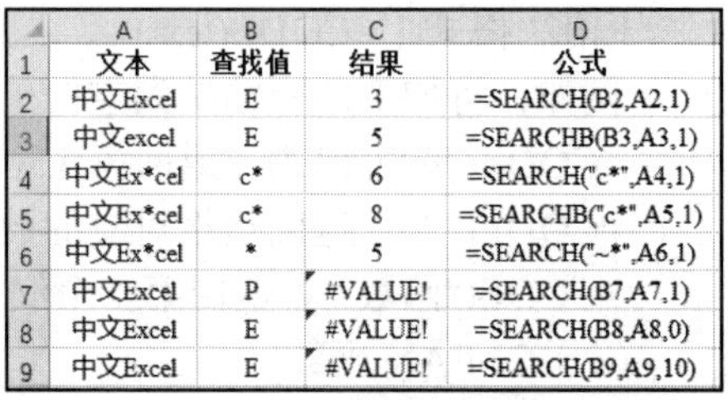

	A	B	C	D
1	文本	查找值	结果	公式
2	中文Excel	E	3	=SEARCH(B2,A2,1)
3	中文excel	E	5	=SEARCHB(B3,A3,1)
4	中文Ex*cel	c*	6	=SEARCH("c*",A4,1)
5	中文Ex*cel	c*	8	=SEARCHB("c*",A5,1)
6	中文Ex*cel	*	5	=SEARCH("~*",A6,1)
7	中文Excel	P	#VALUE!	=SEARCH(B7,A7,1)
8	中文Excel	E	#VALUE!	=SEARCH(B8,A8,0)
9	中文Excel	E	#VALUE!	=SEARCH(B9,A9,10)

图 5-30　SEARCH 及 SEARCHB 函数的应用示例

3．REPLACE/REPLACEB 函数

【主要功能】将一个字符串中的部分字符用另一个字符串替换。

【语法格式】=REPLACE/REPLACEB(待替换的字符串,开始的位置,替换长度,用来替换的内容)。

这两个函数的区别在于：REPLACE 函数对字符进行操作，REPLACEB 函数对字节进行操作。

【例 5-12】REPLACE 及 REPLACEB 函数的应用示例，如图 5-31 所示。

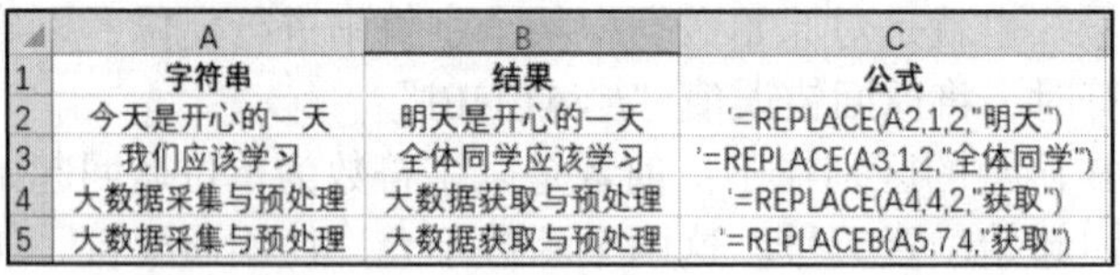

	A	B	C
1	字符串	结果	公式
2	今天是开心的一天	明天是开心的一天	'=REPLACE(A2,1,2,"明天")
3	我们应该学习	全体同学应该学习	'=REPLACE(A3,1,2,"全体同学")
4	大数据采集与预处理	大数据获取与预处理	'=REPLACE(A4,4,2,"获取")
5	大数据采集与预处理	大数据获取与预处理	'=REPLACEB(A5,7,4,"获取")

图 5-31　REPLACE 及 REPLACEB 函数的应用示例

4．SUBSTITUTE 函数

【主要功能】替换指定的字符串。

【语法格式】=SUBSTITUTE(字符串,被替换的字符串,替换字符串,[替换位置])。参数"替换位置"省略时，默认替换第 1 个匹配的字符串。

【例 5-13】SUBSTITUTE 函数的应用示例，如图 5-32 所示。

	A	B	C
1	字符串	结果	公式
2	今天是开心的一天	明天是开心的一天	'=SUBSTITUTE(A2,"今天","明天")
3	我们应该学习	全体同学应该学习	'=SUBSTITUTE(A3,"我们","全体同学")
4	大数据采集与预处理	大数据获取与预处理	'=SUBSTITUTE(A4,"采集","获取")

图 5-32　SUBSTITUTE 函数的应用示例

【例 5-14】使用 SUBSTITUTE 函数加密身份证号中的出生日期。在目标单元格 D1 中输入公式"=SUBSTITUTE(C1,MID(C1,7,8),"********")"并使用向下填充功能，完成对所有单元格的运算。运行结果如图 5-33 所示。

	A	B	C	D
1	姓名	性别	身份证号	加密后的身份证号
2	宋江	男	410123106905122311	410123********2311
3	鲁俊义	男	130101106810162345	130101********2345
4	吴用	男	130103107111231567	130103********1567
6	武松	男	370100107305061230	370100********1230
7	李逵	男	130101107010162345	130101********2345
8	林冲	男	410315107011261673	410315********1673
9	孙二娘	女	130212107301151622	130212********1622
10	顾大嫂	女	371093107208161124	371093********1124

图 5-33　使用 SUBSTITUTE 函数加密出生日期

5.2.4　字符串截取

数据截取类函数的主要功能是从文本中提取需要的字符串。

1．LEFT/LEFTB 函数

【主要功能】从一个文本字符串的第 1 个字符开始，返回指定个数的字符。

【语法格式】=LEFT/LEFTB(字符串,提取长度)。

这两个函数的区别在于：LEFT 函数按字符数进行操作，LEFTB 函数按字节数进行操作。LEFT/LEFTB 函数的应用示例如图 5-34 所示。

2．RIGHT/RIGHTB 函数

【主要功能】从一个文本字符串的最后一个字符开始返回指定个数的字符。

【语法格式】=RIGHT/RIGHTB(字符串,提取长度)。

这两个函数的区别在于：RIGHT 函数按字符数进行操作，RIGHTB 函数按字节数进行操作。此外，LEFT 与 RIGHT 函数的不同之处在于：LEFT 函数是从前向后提取字符，RIGHT 函数是从后向前提取字符。

【例 5-15】RIGHT/RIGHTB 函数的应用示例如图 5-35 所示。

	A	B	C
1	字符串	结果	公式
2	大数据Bigdata	大	=LEFT(A2)
3	大数据Bigdata		=LEFT(A3,)
4	大数据Bigdata	大数据	=LEFT(A4,3)
5	大数据Bigdata	大数据Bigd	=LEFT(A5,7)
6	大数据Bigdata	大数据B	=LEFTB(A6,7)

图 5-34　LEFT/LEFTB 函数的应用示例

	A	B	C
1	字符串	结果	公式
2	大数据Bigdata	a	=RIGHT(A2)
3	大数据Bigdata		=RIGHT(A3,)
4	大数据Bigdata	ata	=RIGHT(A4,3)
5	大数据Bigdata	数据Bigdata	=RIGHT(A5,9)
6	大数据Bigdata	据Bigdata	=RIGHTB(A6,9)

图 5-35　RIGHT/RIGHTB 函数的应用示例

3．MID/MIDB 函数

【主要功能】从文本字符串中指定的位置开始，提取指定长度的字符。

【语法格式】=MID/MIDB(字符串,第 1 个待提取字符的位置,提取长度)。

这两个函数的区别在于：MID 函数按字符数进行操作，MIDB 函数按字节数进行操作。

【例 5-16】 MID/MIDB 函数的应用示例如图 5-36 所示。

	A	B	C
1	字符串	结果	公式
2	大数据Bigdata	大数据B	=MID(A2,1,4)
3	大数据Bigdata	大数	=MIDB(A3,1,4)
4	大数据Bigdata	据Bigdata	=MID(A5,3,9)
5	大数据Bigdata	数据Bigda	=MIDB(A6,3,9)

图 5-36　MID/MIDB 函数的应用示例

4．LEN/LENB 函数

【主要功能】返回文本字符串的长度。

【语法格式】=LEN/LENB(字符串)。

这两个函数的区别在于：LEN 函数返回文本字符串的字符数，LENB 函数返回文本字符串的字节数。

例如，公式“LEN("北京欢迎你")”，返回值为 5，说明此字符串长度为 5；而公式“LENB("北京欢迎你")”，返回值为 10，说明此字符串的字节数为 10。

5.2.5　数据的转置

TRANSPOSE 函数用于将行单元格区域转置为列单元格区域。

【主要功能】返回数组或单元格区域的转置（所谓转置就是将数组的第 1 行作为新数组的第 1 列，数组的第 2 行作为新数组的第 2 列，以此类推）。

【语法格式】= TRANSPOSE(array)。

【例 5-17】 在 A12:J13 单元格区域中输入数组公式并按“Ctrl+Shift+Enter”组合键，将原来 10 行 2 列的数据转换为 2 行 10 列的数据。输入公式“=TRANSPOSE(A1:B10)”，运行结果如图 5-37 所示。

B13　{=TRANSPOSE(A1:B10)}

	A	B	C	D	E	F	G	H	I	J
1	姓名	销量（个）								
2	孙婷媛	968								
3	王小雅	994								
4	赵佳缘	809								
5	王文凯	758								
6	张靖雯	586								
7	胡建	647								
8	孙焕欢	501								
9	王立鑫	969								
10	赵志刚	691								
11										
12	姓名	孙婷媛	王小雅	赵佳缘	王文凯	张靖雯	胡建	孙焕欢	王立鑫	赵志刚
13	销量（个）	968	994	809	758	586	647	501	969	691

图 5-37　TRANSPOSE 函数进行数据转置

注意，如果单元格中有日期数据，则在转换后的单元格区域中必须将单元格的格式设置为日期，否则将会显示日期的序列号。

5.2.6　数据的查询和引用

1．OFFSET 函数

【主要功能】以指定的引用为参照系，通过给定偏移量得到新的引用。返回的引用可以是一个单元格，也可以是一个单元格区域，而且可以指定区域的大小。

【语法格式】=OFFSET(reference, rows, cols, height, width)。

该函数的应用中，reference 作为偏移量参照系的引用区域，必须是对单元格或相连单元格区域的引用；否则，函数 OFFSET 将返回错误值“#VALUE!”。如果行数和列数的偏移量超出工作表边缘，函数将返回错误值“#REF!”。如果省略 height 或 width，则假设其高度或宽度与 reference 相同。

OFFSET 函数并不移动任何单元格或更改选定区域，它只是返回一个引用。它可用于任何需要将引用作为参数的函数。例如，公式“=SUM(OFFSET(A2,1,2,3,1))”将计算比单元格 A2 靠下 1 行并靠右 2 列的 3 行 1 列的区域的总和。

2．LOOKUP 函数（向量形式）

【主要功能】仅在单行单列中查找（向量形式）。LOOKUP 函数用于在工作表的某一行或某一列区域或数组中查找指定的值，然后在另一行或另一列区域或数组中返回相同位置上的值。

【语法格式】=LOOKUP(lookup_value, lookup_ vector, result_vector）。

【例 5-18】在 H2 单元格中输入公式并按“Enter”键，根据姓名查找员工编号。其中 A 列为员工编号，B 列为员工姓名，输入公式“= LOOKUP(G2,B1:B11,A1:A11)”，则只是查找 B1:B11 单元格区域中姓名为“李慧”对应的员工编号，运行结果如图 5-38 所示。

H2 =LOOKUP(G2,B1:B11,A1:A11)

	A	B	C	D	E	F	G	H
1	员工编号	姓名	性别	年龄	入职日期		姓名	员工编号
2	LSSX-1	张耀宇	男	21	2019/4/2		李慧	LSSX-2
3	LSSX-2	李慧	女	21	2019/6/11			
4	LSSX-3	胡泰盎	男	22	2020/9/1			
5	LSSX-4	孙韦迦	女	23	2019/5/23			
6	LSSX-5	赵子桐	男	26	2021/3/9			
7	LSSX-6	张兰欣	女	30	2020/2/9			
8	LSSX-7	李霖	男	34	2020/6/6			
9	LSSX-8	赵紫睿	女	34	2020/10/12			
10	LSSX-9	胡连华	女	36	2020/11/13			
11	LSSX-10	孙婷媛	女	47	2019/6/12			

图 5-38 LOOKUP 函数查找数据（向量形式）

3．LOOKUP 函数（数组形式）

【主要功能】LOOKUP 函数用于在区域或数组的第 1 行或第 1 列中查找指定的值，然后返回该区域或数组中最后一行或最后一列中相同位置上的值。

【语法格式】=LOOKUP(lookup_value, array)。

【例 5-19】在 H2 单元格中输入公式并按“Enter”键，查找 G2 单元格中员工的年龄。输入公式“= LOOKUP(H2,A1:D11)”。本例使用 LOOKUP 函数的数组形式，通过在 A1:D11 单元格区域中的第 1 列（A 列）查找 G2 单元格中的员工姓名，返回该区域最后一列（D 列）中该员工的年龄，运行结果如图 5-39 所示。

A	B	C	D	E	F	G	H
姓名	员工编号	性别	年龄	入职日期		姓名	年龄
张耀宇	LSSX-1	男	21	2019/4/2		李慧	21
李慧	LSSX-2	女	21	2019/6/11			
胡泰盎	LSSX-3	男	22	2020/9/1			
孙韦迦	LSSX-4	女	23	2019/5/23			
赵子桐	LSSX-5	男	26	2021/3/9			
张兰欣	LSSX-6	女	30	2020/2/9			
李霖	LSSX-7	男	34	2020/6/6			
赵紫睿	LSSX-8	女	34	2020/10/12			
胡连华	LSSX-9	女	36	2020/11/13			
孙婷媛	LSSX-10	女	47	2019/6/12			

图 5-39 LOOKUP 函数查找数据（数组形式）

4．HLOOKUP 函数

【主要功能】用于在区域或数组的首行查找指定的值，返回与指定值同列的该区域或数组中其他行的值。

【语法格式】=HLOOKUP(lookup_value, table_array, row_index_num[,range_ lookup])。

【例 5-20】使用 HLOOKUP 函数，实现查询指定月份的销售员的销售业绩，运行结果如图 5-40 所示。

	A	B	C	D	E	F	G	H	I
1	销售员	一月	二月	三月	总计		销售量查询	二月	公式
2	李慧	1001	953	901	2855		李慧	953	=HLOOKUP($H$1,$B$1:$D$7,ROW(A2),FALSE)
3	赵子桐	986	910	907	2803		赵子桐	910	=HLOOKUP($H$1,$B$1:$D$7,ROW(A3),FALSE)
4	张兰欣	1100	867	986	2953		张兰欣	867	=HLOOKUP($H$1,$B$1:$D$7,ROW(A4),FALSE)
5	李霖	863	900	879	2642		李霖	900	=HLOOKUP($H$1,$B$1:$D$7,ROW(A5),FALSE)
6	胡连华	759	890	908	2557		胡连华	890	=HLOOKUP($H$1,$B$1:$D$7,ROW(A6),FALSE)
7	王宏伟	876	912	890	2678		王宏伟	912	=HLOOKUP($H$1,$B$1:$D$7,ROW(A7),FALSE)

图 5-40　HLOOKUP 函数实现查询功能

5．VLOOKUP 函数

【主要功能】用于在区域或数组的首列查找指定的值，返回与指定值在同一行的该区域或数组中其他列的值。

【语法格式】=VLOOKUP(lookup_value, table_array, col_index_num[,range_ lookup])。

【例 5-21】根据商品名称查找销量。在 F3 单元格中输入公式并按"Enter"键，根据 E3 单元格中的商品名称查找对应的销量。其中 A 列为商品名称，B 列为商品单价，C 列为商品的销量。输入公式"= VLOOKUP(E3,A1:C10,3, FALSE)"，由于本例的 VLOOKUP 函数的第 4 个参数设置为 FALSE，因此为"精确查找"，如果找不到所需的值，则会返回错误值"#N/A"，运行结果如图 5-41 所示。

【例 5-22】将学生的百分制成绩换算为五级计分制成绩。在 C2 单元格中输入公式后按"Enter"键并向下填充，根据 B 列中的成绩对学生进行五级计分制评定。评定规则是：成绩在 60 分以下评定为"不及格"，成绩在 60～69 分评定为"及格"，成绩在 70～79 分评定为"中等"，成绩在 80～89 分评定为"良好"，成绩在 90～100 分评定为"优秀"。输入公式"=VLOOKUP(B2,{0,"不及格";60,"及格";70,"中等";80,"良好";90,"优秀"},2,TRUE)"。运行结果如图 5-42 所示。

F3		▼	:	×	✓	f_x	= VLOOKUP(E3,A1:C10,3, FALSE)

	A	B	C	D	E	F
1	商品	单价	销量			
2	电视	3100	851		商品	销量
3	冰箱	1900	784		电脑	920
4	洗衣机	2400	918			
5	空调	1700	872			
6	音响	1000	563			
7	电脑	5800	920			
8	手机	2300	554			
9	微波炉	570	735			
10	电暖气	340	967			

图 5-41　VLOOKUP 函数查找数据

	A	B	C
1	姓名	成绩	评定等级
2	毕生昊	66	及格
3	李唯佳	87	良好
4	谭皓元	56	不及格
5	迟成林	93	优秀
6	林子粲	60	及格
7	周慧凯	90	优秀
8	徐寿颖	79	中等
9	王心雨	100	优秀

图 5-42　VLOOKUP 函数查找数据示例

5.2.7　字母与数字的转换

1．LOWER 函数

【主要功能】将一个字符串中的所有大写字母转换为小写字母。

【语法格式】= LOWER(text)。

其中，text 是包含待转换字母的字符串，LOWER 函数不改变字符串中非字母的字符，LOWER 与 PROPER、UPPER 函数非常相似。

例如，如果 A1 单元格的内容为：Excel，输入公式"= LOWER(A1)"，则返回值为 excel。

2．PROPER 函数

【主要功能】将字符串的首字母及任何非字母字符之后的首字母转换成大写，将其余的字母转换成小写。

【语法格式】= PROPER(text)。

其中，text 是需要进行转换的字符串，包括双引号中的字符串、返回文本值的公式或对含有文本的单元格的引用等。

例如，如果 A2 单元格的内容为：学习 excel 以及 word。输入公式"= PROPER(A2)"，则返回值为：学习 Excel 以及 Word。

3．UPPER 函数

【主要功能】将文本中英文小写字母转换为大写形式。

【语法格式】= UPPER(text)。

例如，A2 单元格的内容为 I Love You。在 B2 单元格中输入公式"=UPPER(A2)"或输入公式"= UPPER("I Love You")"，返回值为 I LOVE YOU。文本中的英文小写字母全部转换成英文大写形式。对于本身是英文大写的则不会改变；对于本身是汉字的，也是原样返回。

4．DOLLAR 函数或 RMB 函数

【主要功能】按照货币格式将小数四舍五入到指定的位数并转换成文本。

【语法格式】= DOLLAR(number, decimals)或=RMB(number, decimals)。

【例 5-23】在 A2 单元格中输入公式"=RMB(88.886)"，由于省略第 2 个参数，因此视第 2 个参数为 2，最终返回值为¥88.89。在 A3 单元格中输入公式"=RMB(88.886,1)"，第 2 个参数值为 1，即对该数值四舍五入到十分位，保留 1 位小数，最终返回值为¥88.9。在 A4 单元格中输入公式"=RMB(88.886, −1)"，第 2 个参数值为−1，即对该数值四舍五入到小数点左边一位（个位），并保证个位数最终为 0，最终返回值为¥90。

5．TEXT 函数

【主要功能】用于将数值转换为按指定数字格式表示的文本。

【语法格式】=TEXT(value, format_text)。

【例 5-24】设 B3 单元格中内容为 2816.83，在 C3 单元格中输入公式"=TEXT(B3,"0.0")"，含义是将数字 2816.83 四舍五入到十分位（即保留一位小数），返回值为 2816.8。

5.3 Excel 数据抽取与合并

数据抽取是指从原数据表中抽取某些值、字段、记录，以形成一个新数据表的过程。抽取某个值的操作称为查找引用，抽取字段的操作称为字段拆分。

5.3.1 值的抽取

1. MATCH 函数

【主要功能】查找某个值在指定区域内的相对位置。

【语法格式】=MATCH(Lookup_value, Lookup_array, Match_type)。

其中，Lookup_value 为要查找的值；Lookup_array 为要查找的范围；Match_type 为匹配模式，一般情况下被设置为 0，即默认值。

【例 5-25】查找姓名为"伍豪"的同学在数据表 C 列中的具体位置。在 P5 单元格中输入公式"=MATCH(N32,C2:C54,0)"，如图 5-43 所示，这里要查找的元素是 N32 单元格中的伍豪，伍豪属于姓名，所以查找的范围是 C 列，匹配模式选择 0（代表精确匹配）。

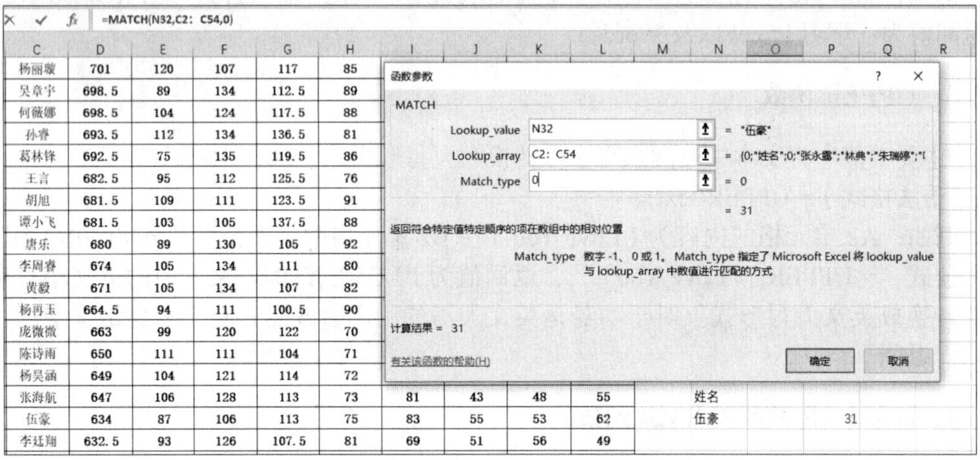

图 5-43 MATCH 函数查找数据

最后的结果返回值是 31，说明要查找的"伍豪"是在查找区域的第 31 行。

2. INDEX 函数

【主要功能】根据行列位置的坐标抽取对应的元素。

【语法格式】=INDEX(Array, Row_num, Column_num)。

其中，Array 为查找区域；Row_num 为第几行，可用 MATCH 函数获得；Column_num 为第几列，可用 MATCH 函数获得。

【例 5-26】抽取实际数据区域中第 2 行、第 3 列的值。在单元格中输入公式"=INDEX(B3:E52,2,3)"，表示从 B3:E52 区域中取第 2 行第 3 列的值，结果是 137，如图 5-44 所示。

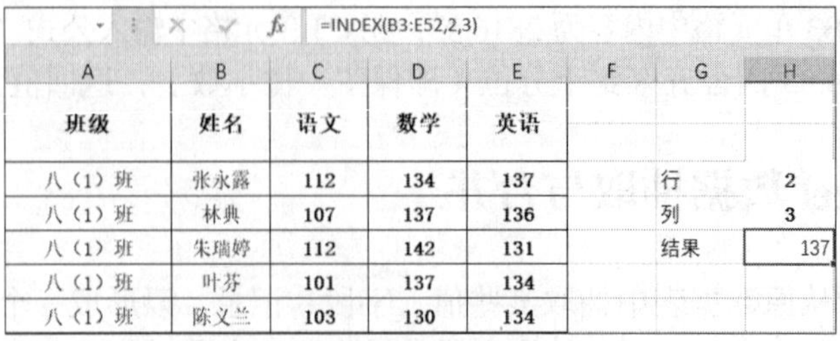

图 5-44 INDEX 函数查找数据

3．INDEX 与 MATCH 函数的联合应用

MATCH 函数是将一个元素的绝对位置取出，而 INDEX 函数是对已知元素的绝对位置取值，它们刚好是相反且互补的关系，因此常将 INDEX 函数与 MATCH 函数联合使用。若将它们与数据验证功能同时使用，能够更加灵活地查找数据。INDEX 函数与 MATCH 函数还经常被用在动态交互图表中，用于抽取数值。操作步骤如下。

第 1 步：先在 G2 单元格中做一个数据验证。选择"数据"选项卡中"数据工具"组的"数据验证"命令，如图 5-45 所示。

图 5-45　选择"数据验证"命令

第 2 步：在弹出的"数据验证"对话框中，在"验证条件"栏的"允许"下拉列表中选择"序列"，"来源"选择$A$3: $A$52 区域，单击"确定"按钮，如图 5-46 所示。此时，在 G2 单元格中形成一个数据验证下拉列表，可以在该下拉列表中选择不同的姓名。

图 5-46　设置验证条件

第 3 步：在 H2 单元格中输入公式"=INDEX(B2:B51,MATCH($G$2, $A$2:$A$51,0))"，如图 5-47 所示。其中，MATCH($G$2:$A$2,$A$51,0))表示在$A$2:$A$51 区域中查找 G2 单元格中姓名所在的行，然后使用 INDEX 函数从 B2:B51 区域中返回指定行与 B 列交叉位置上的值。本例中，当 G2 单元格选中"叶芬"后，将会得到该行对应的 B 列中的数据，其结果为 101。

第 4 步：横向拖曳公式，可以得到选中行号其他列对应的值，如图 5-48 所示。

第 5 步：在 G2 单元格中选择不同的姓名，H2:J2 区域会抽取出其他姓名对应的不同列的值，如图 5-49 所示。

H2			f_x	=INDEX(B2:B51,MATCH($G$2,$A$2:$A$51,0))				
	A	B	C	D	E	F	G	H
1	姓名	语文	数学	英语				
2	张永露	112	134	137			叶芬	101
3	林典	107	137	136				
4	朱瑞婷	112	142	131				
5	叶芬	101	137	134				
6	陈义兰	103	130	134				
7	陈雨	108	134	136.5				
8	汪桢瑞	99	140	131				

图 5-47　INDEX 和 MATCH 函数的联合应用

H2			f_x	=INDEX(B2:B51,MATCH($G$2,$A$2:$A$51,0))
	A	B	C	D	E	F	G	H	I	J
1	姓名	语文	数学	英语				语文	数学	英语
2	张永露	112	134	137		叶芬		101	137	134
3	林典	107	137	136						
4	朱瑞婷	112	142	131						
5	叶芬	101	137	134						
6	陈义兰	103	130	134						
7	陈雨	108	134	136.5						
8	汪桢瑞	99	140	131						

图 5-48　INDEX 和 MATCH 函数
联合应用的结果

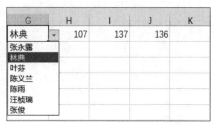

图 5-49　INDEX 和 MATCH 函数
联合应用不同结果的切换

5.3.2　数据合并

数据合并是指数据表的合并及字段的合并。数据表的合并主要是依靠两个表中相同字段的匹配来完成，而字段的合并与字段拆分是相对应的。

数据表合并是在已知两个表有相同字段的前提下，将其合并在一起的操作。在进行数据处理过程中，可能会遇到如图 5-50 所示的情况，表 1 缺失的"总分"列数据在表 2 中。需对表 2 中每一行的数据进行匹配查找，这种对行的合并操作称为横向连接。

数据合并

D2			f_x				
	A **表1** B		C	D	E	F **表2** G	H
1	考号	姓名	语文	总分		姓名	总分
2	201908001	张永露	112			张永露	817
3	201908005	林典	107			林典	811
4	201908003	朱瑞婷	112			朱瑞婷	797
5	201908018	叶芬	101			叶芬	767
6	201908009	陈义兰	103			陈义兰	756
7	201908019	陈雨	108			陈雨	742.5
8	201908012	汪桢瑞	99			汪桢瑞	732
9	201908027	张俊	98			张俊	726
10	201908036	杨丽	107			杨丽	720
11	201908024	许晨曦	106			许晨曦	715.5
12	201908013	郑旺	102			郑旺	705.5
13							

图 5-50　需要横向连接的两个表

进行横向连接的表格需符合 3 个条件：①有两张表；②两张表中有相同的字段；③其中一张表缺少另一张表里的其他字段。

用 VLOOKUP 函数进行横向连接的操作如下。

第 1 步：选中 D2 单元格，插入 VLOOKUP 函数。

第 2 步：输入各个参数，公式为"=VLOOKUP(B2,F:G,2,0)"。注意到两个表中"姓名"

是共同的字段，因此查找的单元格就是 B2。要查找的表格为表 2 所在的区域，查找的是表 2 中的"总分"列的值，因此 Col_index_num 参数为"2"，最后一个参数采用默认值 0，即精确查找，如图 5-51 所示。

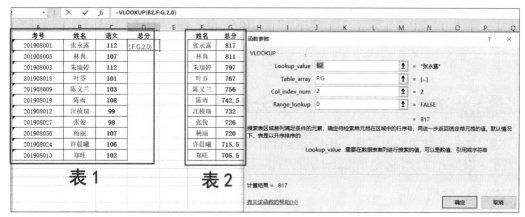

图 5-51 设置 VLOOKUP 函数

第 3 步：将公式拖曳到 D3:D12 区域的单元格中，结果如图 5-52 所示。合并的表中有两行总分值没有找到，是因为表 2 里缺少相应的姓名。

	A	B	C	D	E	F	G
1	考号	姓名	语文	总分		姓名	总分
2	201908001	张永露	112	817		张永露	817
3	201908005	林典	107	811		林典	811
4	201908003	朱瑞婷	112	797		朱瑞婷	797
5	201908018	叶芬	101	767		叶芬	767
6	201908009	陈义兰	103	756		陈义兰	756
7	201908019	陈雨	108	742.5		陈雨	742.5
8	201908012	汪桢瑞	99	#N/A		张俊	726
9	201908027	张俊	98	726		杨丽	720
10	201908036	杨丽	107	720		郑旺	705.5
11	201908024	许晨曦	106	#N/A			
12	201908013	郑旺	102	705.5			

图 5-52 VLOOKUP 函数的操作结果

5.3.3 字段合并

将多列数据合并为一列数据的操作称为字段合并。例如，将省、市、区 3 列数据合并为一列完整的地址数据。字段合并的方法有很多，本小节介绍最常用的两种方法。

1．连接符"&"

使用连接符"&"可以将多个单元格合并在一起，如图 5-53 所示，在 E2 单元格内输入"=A2&B2&C2"，会将 A2、B2 和 C2 这 3 个单元格的内容合并在一起。

2．CONCATENATE 函数

【主要功能】将多个字符合并成一个，其效果与连接符"&"是一样的。
【语法格式】=CONCATENATE(Text1,Text2,…)。

【例 5-27】将 A2、B2、C2 这 3 个单元格中的内容合并为一个字符串，在 E3 单元格中输入公式 "=CONCATENATE(A2,B2,C2)"，结果如图 5-54 所示。

图 5-53　使用连接符合并字段　　　　　　图 5-54　使用 CONCATENATE 函数合并字段

5.4　案例：房价行情的对比分析

通过 Excel 数据获取工具，从某房价行情网站上获取部分房价信息，并进行数据处理与展示，以提升读者实际运用 Excel 进行数据处理的实践技能。

5.4.1　数据获取

新建一个空白工作簿，在"数据"选项卡的"获取和转换数据"组中，单击"自网站"命令，在打开的"从 Web"对话框中，输入关于房价行情的网址 https://www.creprice.cn/rank/index.html。本案例采用基本模式，只需要把所需获取数据的网址输入 URL 文本框中即可。如需设置更多的参数，可以选中"高级"单选按钮，此时可以设置"命令超时（分钟）""HTTP 请求标头参数"等内容，如图 5-55 所示。设置完成后，单击"确定"按钮，打开"导航器"对话框，如图 5-56 所示。

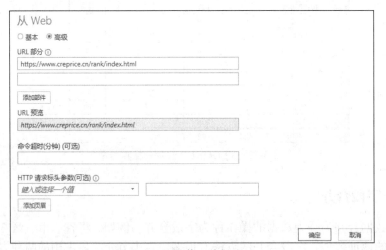

图 5-55　设置获取数据的 URL

在"导航器"对话框的"显示选项"列表框中选择"Table 0"，右侧"表视图"选项卡中将显示能够导入 Excel 中的数据信息，如图 5-56 所示。

单击"转换数据"按钮，打开"Power Query 编辑器"窗口，如图 5-57 所示。可以在该窗口中对导入的数据进行排序、删除、替换等各种操作。处理完成后，单击"关闭并上载"命令，即可完成数据的导入。如果不需要使用 Power Query 编辑器对数据进行编辑，可以直接在"导航器"对话框中单击"加载"按钮，直接实现数据的导入。数据导入后的结果如图 5-58 所示。

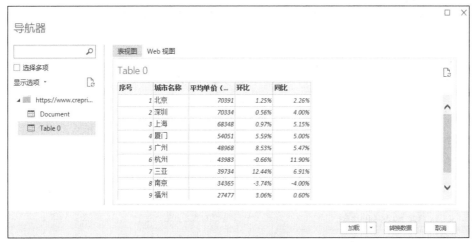

图 5-56 "导航器"对话框

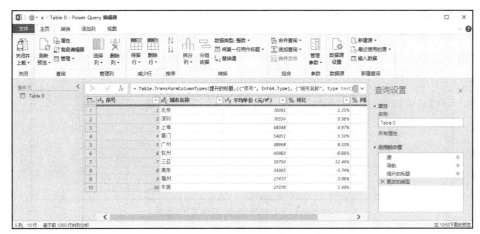

图 5-57 "Power Query 编辑器"窗口

图 5-58 数据获取结果

5.4.2 数据预处理与分析

1. ISBLANK 查找是否存在空值

选择常用的分析函数对单元格当前值的情况进行判断，以便于后续操作，辅助实现数据的预处理。例如，选择 ISBLANK 函数判断“平均单价”列中的单元格是不是空白，判断结果如图 5-59 所示。

F2 =ISBLANK(C1)

	A	B	C	D	E	F
1	序号	城市名称	平均单价（元/	环比	同比	判断单元格是否为空
2	1	北京	70391	0.0125	0.0226	FALSE
3	2	深圳	70334	0.0056	0.04	FALSE
4	3	上海	68348	0.0097	0.0515	FALSE
5	4	厦门	54051	0.0559	0.05	FALSE
6	5	广州	48968	0.0853	0.0547	FALSE
7	6	杭州	43983	-0.0066	0.119	FALSE
8	7	三亚	39734	0.1244	0.0691	FALSE
9	8	南京	34365	-0.0374	-0.04	FALSE
10	9	福州	27477	0.0306	0.006	FALSE
11	10	东莞	27270	0.0149	0.089	FALSE

图 5-59 判断单元格内容是不是空白

2. SUMIF 按条件求和

使用 SUMIF 函数中的通配符进行条件求和，实现对北京和南京两个城市的同比数值进行求和（房价同比是指这一统计时间段的房价与历史上同一统计时间段相比。例如 2022 年 5 月的房价与 2021 年 5 月的房价相比）。在单元格中输入公式“= SUMIF(B2:B11,"*京",E2:E11)”，计算结果如图 5-60 所示。

G5 = SUMIF(B2:B11,"*京",E2:E11)

	A	B	C	D	E	F	G
1	序号	城市名称	平均单价（元/㎡）	环比	同比		
2	1	北京	70391	0.0125	0.0226		
3	2	深圳	70334	0.0056	0.04		
4	3	上海	68348	0.0097	0.0515		
5	4	厦门	54051	0.0559	0.05		-0.0174
6	5	广州	48968	0.0853	0.0547		
7	6	杭州	43983	-0.0066	0.119		
8	7	三亚	39734	0.1244	0.0691		
9	8	南京	34365	-0.0374	-0.04		
10	9	福州	27477	0.0306	0.006		
11	10	东莞	27270	0.0149	0.089		

图 5-60 SUMIF 函数条件求和结果

3. COUNTIF 按条件计数

为了对该房价行情信息的平均单价进行评估，采用 COUNTIF 函数计算满足给定条件的房屋平均单价的数量。例如，统计平均单价在 4 万元/m^2 到 7 万元/m^2 的城市，输入公式“= COUNTIFS(C2:C11,">=40000",C2:C11,"<=70000")”，统计结果如图 5-61 所示。

G5 = COUNTIFS(C2:C11,">=40000",C2:C11,"<=70000")

	A	B	C	D	E	F	G
1	序号	城市名称	平均单价（元/㎡）	环比	同比		
2	1	北京	70391	0.0125	0.0226		
3	2	深圳	70334	0.0056	0.04		
4	3	上海	68348	0.0097	0.0515		
5	4	厦门	54051	0.0559	0.05		4
6	5	广州	48968	0.0853	0.0547		
7	6	杭州	43983	-0.0066	0.119		
8	7	三亚	39734	0.1244	0.0691		
9	8	南京	34365	-0.0374	-0.04		
10	9	福州	27477	0.0306	0.006		
11	10	东莞	27270	0.0149	0.089		

图 5-61 COUNTIF 函数统计结果

4. RANK 排序

根据“环比”列中的数据对获取的数据进行排序。首先，在 G2 单元格中输入公式“=RANK(D2,D$2:D$11)”，此公式等同于“=RANK(D2,D$2:D$11,0)”，输入公式后在 G2

单元格中出现数字6，说明该城市的环比数值排名为第6名。在G2单元格的右下角将公式向下拖曳，这样便得到相应的环比数值排名，运行结果如图5-62所示。

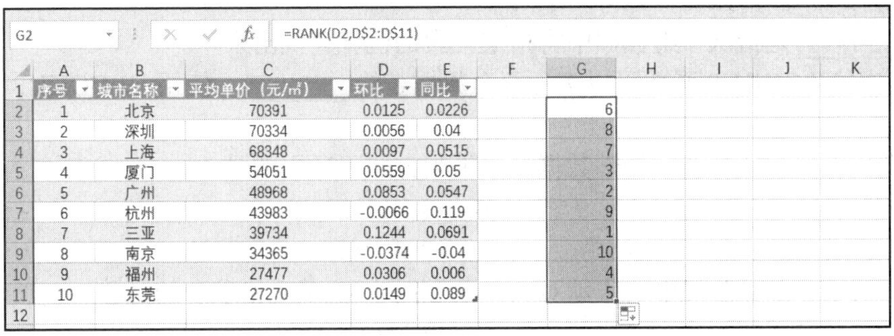

G2 =RANK(D2,D$2:D$11)

	A	B	C	D	E	F	G
1	序号	城市名称	平均单价（元/m²）	环比	同比		
2	1	北京	70391	0.0125	0.0226		6
3	2	深圳	70334	0.0056	0.04		8
4	3	上海	68348	0.0097	0.0515		7
5	4	厦门	54051	0.0559	0.05		3
6	5	广州	48968	0.0853	0.0547		2
7	6	杭州	43983	-0.0066	0.119		9
8	7	三亚	39734	0.1244	0.0691		1
9	8	南京	34365	-0.0374	-0.04		10
10	9	福州	27477	0.0306	0.006		4
11	10	东莞	27270	0.0149	0.089		5

图5-62 RANK函数排序结果

5. LOOKUP条件查找

若想要在表格中查找南京市的房价同比情况，可以选择LOOKUP函数，该函数用于在工作表的某一行或某一列区域或数组中查找指定的值，然后在另一行或另一列区域或数组中返回相同位置上的值。本例在A1:E11单元格区域中的第2列（B列）查找G3单元格中的城市名称并返回该区域最后一列（E列）中该城市的同比值，输入公式“= LOOKUP(G3, B1:B11,E1:E11)”，得到的运行结果如图5-63所示。

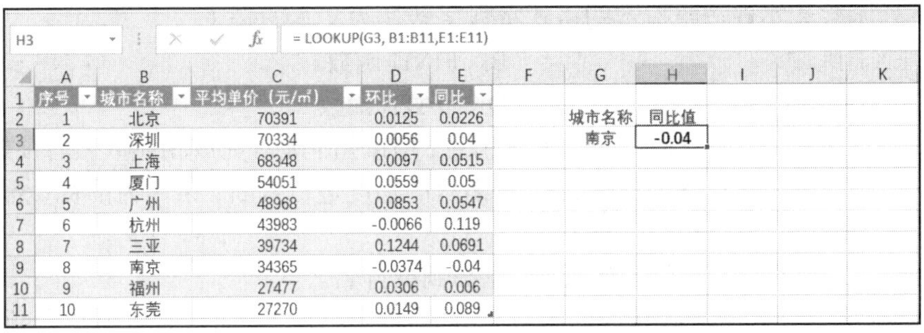

H3 = LOOKUP(G3, B1:B11,E1:E11)

	A	B	C	D	E	F	G	H
1	序号	城市名称	平均单价（元/m²）	环比	同比			
2	1	北京	70391	0.0125	0.0226		城市名称	同比值
3	2	深圳	70334	0.0056	0.04		南京	-0.04
4	3	上海	68348	0.0097	0.0515			
5	4	厦门	54051	0.0559	0.05			
6	5	广州	48968	0.0853	0.0547			
7	6	杭州	43983	-0.0066	0.119			
8	7	三亚	39734	0.1244	0.0691			
9	8	南京	34365	-0.0374	-0.04			
10	9	福州	27477	0.0306	0.006			
11	10	东莞	27270	0.0149	0.089			

图5-63 LOOKUP函数查找结果

通过Excel获取一个网站房价行情数据的实际案例，综合运用前述内容中提到的各种方法和函数，展示了Excel在数据获取和处理中的实际应用。

5.5 本章小结

Excel内置了许多数据获取及数据清洗的函数，这些函数能较好地实现数据获取、数据及文本的查找和替换、数据抽取及合并、字母大小写转换、删除空格及非输出字符等操作。本章概述了利用Excel进行数据获取与预处理的相关方法，为读者使用Excel进行数据获取及预处理奠定了实践基础。

5.6 习题

1. 数据预处理的第1步就是数据清洗，该过程包括对________、________、________和不规范数据的处理。

2. 对于空值的处理，需结合实际的数据和业务需求，一般有_____、_____和使用替代值这 3 种处理方式。

3. _____是指从一组数据中将指定元素的位置查找出来。

4. 使用 VLOOKUP 函数可以实现两个数据表的_____，使用 HLOOKUP 函数可以实现两个数据表的_____。

5. 利用 Excel 2019 获取外部数据时，下列方式不适用的是（　　）。
A. 自文本
B. 自 Web
C. 自工作表
D. 自 Access

6. 下列求和函数公式中，表示对 A1 单元格到 A5 单元格求和的是（　　）。
A. SUM(A1,A5)
B. SUM(A1:A5)
C. SUM(A1;A5)
D. SUM(A1-A5)

7. 字段拆分是指从长字符串或数值中分割出特定部分的操作，下列函数无法实现字段拆分的是（　　）。
A. LEFT 函数
B. RIGHT 函数
C. MID 函数
D. INDEX 函数

8. 数据表的合并主要是依靠两个表的相同（　　）匹配来完成的。
A. 文本
B. 字段
C. 行列数
D. 数据值

9. 下列函数能实现按照指定的格式将数字转换为文本的是（　　）。
A. TEXT 函数
B. FIND 函数
C. RAND 函数
D. DATE 函数

10. 表 5-2 所示为某餐饮店的会员消费信息，请按如下要求完成相应数据的预处理操作。

（1）评定各个会员的消费金额，对会员消费的额度进行判断，条件为消费金额大于 500 元，则评为白银会员，否则评为普通会员。

（2）对表中全部会员的消费金额进行从高到低排名。

（3）计算需要向各个分店发放的奖金总额，判断条件为：如果会员消费金额达到 500 元，则发放奖金 20 元，否则发放奖金 10 元。

表 5-2　某餐饮店的会员消费信息

订单号	会员名	店铺名	消费金额/元	结算时间
2016080104l7	苗宇	私房小站（盐田分店）	165	2016/8/1 11:11
2016080l0301	李靖	私房小站（罗湖分店）	321	2016/8/1 11:31
2016080l0413	卓永梅	私房小站（盐田分店）	854	2016/8/1 12:54
2016080104l7	张大鹏	私房小站（罗湖分店）	466	2016/8/1 13:08
2016080l0392	李小东	私房小站（番禺分店）	704	2016/8/1 13:07
2016080l0381	沈晓雯	私房小站（天河分店）	239	2016/8/1 13:23
2016080l0429	苗泽坤	私房小站（福田分店）	699	2016/8/1 13:34
2016080l0433	李达明	私房小站（番禺分店）	511	2016/8/1 13:50
2016080l0569	蓝娜	私房小站（盐田分店）	326	2016/8/1 17:18

11. 表中多余的空行必须删除，否则会对后续的处理和分析造成误导。请利用本章所学的知识，自行采集数据，并对大量数据中的多余空行进行快速删除。

第6章 Python 数据预处理

数据即资源，数据要准确无误才能切实地反映现实状况，帮助人们有效地进行组织决策。但是，在众多数据中普遍存在大量的"脏"数据，即不完整、不规范、不准确的数据。数据中的"脏"数据会严重影响数据分析的结果。因此，在进行数据分析之前进行数据预处理，提高数据质量是十分必要的。本章介绍 Python 数据预处理中的科学计算库 NumPy 和数据分析库 pandas，以及数据的分组、分割、合并和变形，缺失值、异常值和重复值处理，时间序列数据处理及文本数据分析等数据预处理技术；最后，通过一个综合案例，展示应用 Python 进行数据预处理的相关操作。

6.1 Python 数据预处理基础

为了更好地使用 Python 进行数据预处理，需要先掌握 Python 的 NumPy 和 pandas 这两个库。

6.1.1 科学计算库 NumPy

NumPy 是 Python 中关于科学计算的第三方库，它提供了多维数组对象、多种派生对象（如掩码数组、矩阵等）及用于快速操作数组的函数。NumPy 最重要的一个操作对象是 N 维数组 ndarray。ndarray 是一系列相同类型数据的集合，每个元素在内存中都有相同大小的存储区域。ndarray 的索引与 Python 一样，都是从 0 开始的，所以 ndarray 可以使用索引访问所有的元素。

注意，在 Python 环境中，NumPy 需要先安装、再使用。可以通过命令行窗口进入 Python 安装目录，并运行"pip install numpy"命令对 NumPy 进行安装。如果需要验证 NumPy 是否安装成功，则可以在 NumPy 安装完成后通过输入"import numpy"语句并运行，查看是否输出报错提示。

1. 一维数组的创建

NumPy 中的 numpy.array()函数用于创建一个一维数组，其可以设定索引值访问并修改数组中的任意值。

【例 6-1】一维数组的创建及其应用。

数组的创建

```
1   import numpy as np                        #导入 NumPy 第三方工具包
2   a = np.array(range(0,9))                  #创建一个一维数组
3   print('数组a: {}'.format(a))              #输出数组a
```

4	`print('数组a的长度为：{}'.format(len(a)))`	#数组 a 的长度
5	`print('数组a的形状为：{}'.format(a.shape))`	#数组 a 的形状
6	`print('数组a的类型为：{}'.format(type(a)))`	#数组 a 的类型
7	`print('数组a的维度为：{}'.format(a.ndim))`	#数组 a 的维度
8	`a[1]=9999`	#更改数组索引 1 的值为 9999
9	`a[2]=6666`	#更改数组索引 2 的值为 6666
10	`print('修改后的数组a为：{}'.format(a))`	#输出修改后的数组 a 的值
	`>>>`	#程序运行结果
	`数组a：[0 1 2 3 4 5 6 7 8]`	
	`数组a的长度为：9`	
	`数组a的形状为：(9,)`	
	`数组a的类型为：<class 'numpy.ndarray'>`	
	`数组a的维度为：1`	
	`修改后的数组a为：`	
	`[0 9999 6666    3    4    5    6    7    8]`	

2. 多维数组的创建

与创建一维数组类似，NumPy 中也可以创建多维数组。

【例 6-2】多维数组的创建及其应用。

1	`import numpy as np`	#导入 NumPy
2	`a = np.array([[1, 2], [3, 4]])`	#创建一个二维数组
3	`print('数组a：{}'.format(a))`	#输出二维数组 a 的值
4	`print('数组a的类型为：{}'.format(type(a)))`	#数组 a 的类型
5	`print('数组a元素的类型：{}'.format(type(a[0][0])))`	#数组 a 元素的类型
6	`print('数组a的维度为：{}'.format(a.ndim))`	#数组 a 的维度
7	`b = np.array([1, 2, 3, 4, 5], dtype=np.float64)`	#设置数组中元素的类型
8	`print('数组b：{}'.format(b))`	#输出数组 b 的值
9	`print('数组b的类型为：{}'.format(type(b)))`	#数组 b 的类型
10	`print('数组b的维度为：{}'.format(b.ndim))`	#数组 b 的维度
11	`c= np.array([[1, 2, 3, 4, 5]])`	#创建一个三维数组
12	`print('数组c：{}'.format(c))`	#输出数组 c 的值
	`>>>`	#程序运行结果
	`数组a：[[1 2]`	
	`    [3 4]]`	
	`数组a的类型为：<class 'numpy.ndarray'>`	
	`数组a元素的类型为：<class 'numpy.int32'>`	
	`数组a的维度为：2`	
	`数组b：[1. 2. 3. 4. 5.]`	
	`数组b的类型为：<class 'numpy.ndarray'>`	
	`数组b的维度为：1`	
	`数组c：[[1 2 3 4 5]]`	

除 numpy.array()函数外，还有一些函数也可以创建数组。比如，zeros((m,n))函数可以创建一个 *m* 行 *n* 列的全 0 数组；ones((m,n))函数可以创建一个 *m* 行 *n* 列的全 1 数组；eye(m)函数可以创建一个对角线上全是 1、其他位置全是 0 的二维数据；arange(m,n,t)函数可以创建一个从起点 *m* 到终点 *n*、步长为 *t* 的一维数组；full((m,n),c)函数可以创建一个 *m* 行 *n* 列、元素全为 *c* 的二维数组。

【例 6-3】NumPy 中常见的创建数组的函数及其应用。

```
1    import numpy as np                      #导入 NumPy
2    a=np.zeros(5)                           #创建包含 5 个元素，元素全为 0 的一维数组
3    print('数组 a 为: {}'.format(a))        #输出数组 a 的元素
4    b=np.ones(5)                            #创建包含 5 个元素，元素全为 1 的一维数组
5    print('数组 b 为: {}'.format(b))        #输出数组 b 的元素
6    c=np.zeros((2,2))                       #创建包含 4 个元素，元素全为 0 的二维数组
7    print('数组 c 为: {}'.format(c))        #输出数组 c 的元素
8    d=np.ones((2,2))                        #创建包含 4 个元素，元素全为 1 的二维数组
9    print('数组 d 为: {}'.format(d))        #输出数组 d 的元素
10   e=np.eye(3)                             #创建一个 3×3 的单位矩阵
11   print('数组 e 为: {}'.format(e))        #输出数组 e 的元素
12   f=np.arange(0,10,2)                     #创建起点为 0，终点为 10，步长为 2 的数组
13   print('数组 f 为: {}'.format(f))        #输出数组 f 的元素
14   g=np.full((4,4),6)                      #生成一个 4×4 的元素全为 6 的矩阵
15   print('数组 g 为: {}'.format(g))        #输出数组 g 的元素
     >>>                                     #程序运行结果
     数组 a 为: [0. 0. 0. 0. 0.]
     数组 b 为: [1. 1. 1. 1. 1.]
     数组 c 为: [[0. 0.]
                 [0. 0.]]
     数组 d 为: [[1. 1.]
                 [1. 1.]]
     数组 e 为: [[1. 0. 0.]
                 [0. 1. 0.]
                 [0. 0. 1.]]
     数组 f 为: [0 2 4 6 8]
     数组 g 为: [[6 6 6 6]
                 [6 6 6 6]
                 [6 6 6 6]
                 [6 6 6 6]]
```

3. NumPy 的数据类型

NumPy 提供了多种可用于构造数组的数据类型，通过设置 dtype 来显式地指定数据类型。如果使用 numpy.array()函数创建数组时没有指定 dtype 参数来设置数组的数据类型，numpy.array()函数会尝试为这个数组推断出一个较为合适的数据类型，并将该数据类型保存到 dtype 参数中。例如，在例 6-2 中，并未给二维数组 a 设定相应的数据类型，array()函数根据二维数组 a 中的元素自动推断出其中的元素类型为 int32。

【例 6-4】设定 NumPy 数组元素数据类型的应用。

```
1   import numpy as np                              #导入 NumPy
2   a=np.array([1,2,3,4],dtype=np.int64)            #设定数组 a 元素的数据类型为 int64
3   print('数组 a 的元素类型：{}'.format(a.dtype))     #输出数组 a 中元素的数据类型
4   b=np.array([1,2,3,4],dtype=np.float64)          #设置数组 b 元素的数据类型为 float64
5   print('数组 b 的元素类型：{}'.format(b.dtype))     #输出数组 b 中元素的数据类型
    >>>                                             #程序运行结果
    数组 a 的元素类型：int64
    数组 b 的元素类型：float64
```

可以通过 ndarray 的 astype()方法明确地将一个数组从一种 dtype 转换成另一种 dtype。

【例 6-5】修改 NumPy 数组元素的数据类型的应用。

```
1   import numpy as np                              #导入 NumPy
2   a=np.array([1,2,3,4])                           #创建数组
3   print('数组 a 的元素类型：{}'.format(a.dtype))     #输出数组 a 中元素的数据类型
4   float_a=a.astype(np.float64)                    #修改数组 a 中元素的数据类型
5   print('修改元素类型：                             #输出修改后元素的数据类型
    {}'.format(float_a.dtype))
    >>>                                             #程序运行结果
    数组 a 的元素类型：int32
    修改元素类型：float64
```

注意，若创建的数组中的元素类型是浮点型，使用 astype()方法将其转换为整型时，会将小数部分截取删除。

【例 6-6】NumPy 数组元素的数据类型的转换应用。

```
1   import numpy as np                              #导入 NumPy
2   a=np.array([1.1,1.2,1.3,1.4])                   #创建数组
3   print('数组 a 中的元素为：{}'.format(a))          #输出数组 a 中的元素
4   print('数组 a 的元素类型：{}'.format(a.dtype))     #输出数组 a 中元素的数据类型
5   b=a.astype(np.int64)                            #更改数组元素的数据类型为 int64
6   print('修改后的数组 a 中元素为：{}'.format(b))     #输出修改后数组 a 中的元素
7   print('数组 a 元素类型：{}'.format(b.dtype))       #输出修改后数组 a 中元素的数据类型
    >>>                                             #程序运行结果
    数组 a 中元素为：[1.1 1.2 1.3 1.4]
    数组 a 的元素类型：float64
    更改后的数组 a 中元素为：[1 1 1 1]
    数组 a 元素类型：int64
```

4．NumPy 数组的运算

NumPy 数组运算的实质是将数组中对应位置的元素进行运算操作。常见的运算方法包括加、减、乘、除、取相反数、平方和按位异或运算等。

【例 6-7】NumPy 数组简单运算的应用。

```
1    import numpy as np                          #导入 NumPy
2    a = np.array([2,1,1,2])                     #创建数组 a
3    b = np.array([2,1,1,2])                     #创建数组 b
4    print('两个相同形状数组 a、b 相加: ')         #输出提示
5    c = a + b                                    #将数组 a、b 相加
6    print('{}+{}={}'.format(a,b,c))             #输出数组 a、b 相加的结果
7    print('两个相同形状数组 a、b 相减: ')         #输出提示
8    c = a - b                                    #将数组 a、b 相减
9    print('{}-{}={}'.format(a,b,c))             #输出数组 a、b 相减的结果
10   print('两个相同形状数组 a、b 相乘: ')         #输出提示
11   c = a * b                                    #将数组 a、b 相乘
12   print('{}*{}={}'.format(a,b,c))             #输出数组 a、b 相乘的结果
13   print('两个相同形状数组 a、b 相除: ')         #输出提示
14   c = a / b                                    #将数组 a、b 相除
15   print('{}/{}={}'.format(a,b,c))             #输出数组 a、b 相除的结果
16   print('数组 a 相反数: ')                     #输出提示
17   print(-a)                                    #输出数组 a 的相反数
18   print('数组 a 的平方: ')                     #输出提示
19   print(a**2)                                  #输出数组 a 的平方
20   print('数组 a 的按位异或: ')                 #输出提示
21   print(a^b)                                   #输出数组 a 按位异或的结果
     >>>                                          #程序运行结果
     两个相同形状数组 a、b 相加:
     [2 1 1 2]+[2 1 1 2]=[4 2 2 4]
     两个相同形状数组 a、b 相减:
     [2 1 1 2]-[2 1 1 2]=[0 0 0 0]
     两个相同形状数组 a、b 相乘:
     [2 1 1 2]*[2 1 1 2]=[4 1 1 4]
     两个相同形状数组 a、b 相除:
     [2 1 1 2]/[2 1 1 2]=[1. 1. 1. 1.]
     数组 a 相反数:
     [-2 -1 -1 -2]
     数组 a 的平方:
     [4 1 1 4]
     数组 a 的按位异或:
     [0 0 0 0]
```

除了上述常见的方法，NumPy 还提供了一些封装好的通用函数（如计算平方根 sqrt()、取对数 log()、求正弦 sin()等）和聚合函数（如求和 sum()、最小值 min()、最大值 max()、乘积 prod()、均值 mean()等）用于快速进行数组运算。

【例 6-8】NumPy 数组运算的应用。

```
1    import numpy as np                          #导入 NumPy
2    a=np.array([[4,  4],  [4,  4]])            #创建数组 a
```

3	`print('数组a中元素: {}'.format(a))`	#输出数组 a 中的元素
4	`print('数组a使用sqrt(): {}'.format(np.sqrt(a)))`	#对数组 a 求平方根
5	`print('数组a使用sin(): {}'.format(np.sin(a)))`	#对数组 a 求正弦值
6	`print('数组a使用sum(): {}'.format(np.sum(a)))`	#对数组 a 的元素求和
7	`print('数组a使用min(): {}'.format(np.min(a)))`	#对数组 a 的元素求最小值
8	`print('数组a使用max(): {}'.format(np.max(a)))`	#对数组 a 的元素求最大值
9	`print('数组a用prod(): {}'.format(np.prod(a)))`	#对数据 a 的所有元素相乘
10	`print('数组a用mean(): {}'.format(np.mean(a)))`	#对数组 a 的元素求均值
11	`print('square()方法: {}'.format(np.square(a)))`	#计算各个元素的平方
12	`print('power()方法: {}'.format(np.power(a,3)))`	#计算各个元素的 3 次方
13	`print('power()方法: {}'.format(np.isnan(a)))`	#判断不是空值
	`>>>`	#程序运行结果
	`数组a中元素: [[4 4]` `           [4 4]]`	
	`数组a使用sqrt(): [[2. 2.]` `                 [2. 2.]]`	
	`数组a使用sin(): [[-0.7568025 -0.7568025]` `                [-0.7568025 -0.7568025]]`	
	`数组a使用sum(): 16`	
	`数组a使用min(): 4`	
	`数组a使用max(): 4`	
	`数组a用prod(): 256`	
	`数组a用mean(): 4.0`	
	`square()方法: [[16 16]` `             [16 16]]`	
	`power()方法: [[64 64]` `             [64 64]]`	
	`power()方法: [[False False]` `             [False False]]`	

5．NumPy 数组的索引

数组索引等同于访问数组元素，NumPy 数组的索引从 0 开始，这意味着第 1 个元素的索引为 0，第 2 个元素的索引为 1，以此类推。可以通过引用其索引号来访问数组元素。

【例 6-9】数组索引的应用。

1	`import numpy as np`	#导入 NumPy
2	`a=np.array([[1,1,2,2],[3,3,4,4]])`	#创建数组 a
3	`print('数组a: {}'.format(a))`	#输出数组 a
4	`print('取数组a[1,3]的数据: {}'.format(a[1,3]))`	#取数组 a 第 1 行第 3 列的数据
5	`a[1,3]=666`	#更改 a[1,3]的数据为 666
6	`print('更改后的数组a: {}'.format(a))`	#输出更改后的数组 a
7	`b=a[:2,:2]`	#取第 0、1 行，第 0、1 列的元素
8	`print('数组b: {}'.format(b))`	#输出数组 b

```
>>>                                              #程序运行结果
数组a: [[1 1 2 2]
        [3 3 4 4]]
取数组a[1,3]的数据: 4
更改后的数组a: [[  1   1   2   2]
                [  3   3   4 666]]
数组b: [[1 1]
        [3 3]]
```

6．整数数组索引

使用数组索引访问多维 NumPy 数组时，得到的数组是原始数组的子数组。而整数数组索引允许跨行访问不同行的数据，能够形成新的数组。

【例 6-10】整数数组索引的应用。

```
1    import numpy as np                                    #导入 NumPy
2    a=np.array([[1,2,3],[4,5,6]])                         #创建数组 a
3    print('数组a: {}'.format(a))                          #输出数组 a
4    print('取第 0 行第 1 个数字，取第 1 行第 0 个数字')      #不使用整数数组索引
5    print(a[0][1])                                        #输出 a[0][1]的值
6    print(a[1][0])                                        #输出 a[1][0]的值
7    print("-----------------------------")               #输出分隔线
8    print('取第 0 行第 1 个数字，取第 1 行第 0 个数字')      #使用整数数组索引
9    print(a[[0,1],[1,0]])                                 #输出结果
     >>>                                                   #程序运行结果
     数组a: [[1 2 3]
             [4 5 6]]
     取第 0 行第 1 个数字，取第 1 行第 0 个数字
     2
     4
     -----------------------------
     取第 0 行第 1 个数字，取第 1 行第 0 个数字
     [2 4]
```

7．布尔数组索引

布尔索引作为数组的索引时，会根据布尔数组的 True 或 False 值，选择满足某些条件的数组元素。

【例 6-11】布尔数组索引的应用。

```
1    import numpy as np                                    #导入 NumPy
2    a=np.array([[1,2],[3,4]])                             #创建数组 a
3    print('数组a: {}'.format(a))                          #输出数组 a 的元素
4    bol=(a>1)                                             #判断数组元素值是否大于 1
5    print('判断结果: {}'.format(bol))                     #输出变量 bol 的值
6    print('输出大于 1 的值: {}'.format(a[bol]))           #输出大于 1 的值
7    print('输出小于 3 的值: {}'.format(a[a<3]))           #输出小于 3 的值
```

```
>>>                                                      #程序运行结果
数组a：[[1 2]
        [3 4]]
判断结果：[[False  True]
          [ True  True]]
输出大于1的值：[2 3 4]
输出小于3的值：[1 2]
```

6.1.2　数据分析库 pandas

pandas 是 Python 的核心数据分析库，提供了高效地操作大型数据集所需的快速、便捷地处理数据的函数和方法。pandas 可以从各种文件格式（如 CSV、JSON、SQL、Excel 等）的文件中导入数据，可以对各种数据进行运算操作，如归并、选择、数据清洗和数据加工等。pandas 已广泛应用于学术、金融、统计学等各个数据分析领域。

pandas 主要的数据结构是 Series（一维数组）与 DataFrame（二维数组）。这两种数据结构能够广泛应用于大多数领域的数据处理。pandas 基于 NumPy 开发，可以与其他第三方科学计算库完美集成。与 NumPy 类似，pandas 也需要先安装再使用。

1．创建 Series 对象

pandas 中的 Series 是一维数组的数据结构，类似表格中的一列，它由一组数据以及与之相关的索引号组成。Series 可以保存任何数据类型的数据，如字符串、数字、布尔值等。数据显示时，Series 的索引（Index）在左边，数值（Value）在右边，如果索引列对应的数据找不到，结果会显示 NaN（缺失值）。

Series 对象的创建方法如下：

```
pandas.Series(data, index, dtype, name, copy)
```

其中，data 表示创建 Series 对象的数据，既可以是列表、元组、字典，也可以是标量，如果是字典，将键值对中的"值"作为数据，将"键"作为索引；index 为每个数据指定的索引，如果不指定，默认使用从 0 开始依次递增的整数值作为索引；dtype 表示数据类型，默认时系统自动判断；name 表示给 Series 设置的名称，默认 name=None；copy 表示复制数据，默认为 False。

【例 6-12】用列表创建一个简单的 Series 对象。

```
1   import pandas as pd                                  #导入 pandas
2   a = [1, 2, 3]                                        #创建列表 a
3   ser = pd.Series(a)                                   #通过列表 a 创建 Series 对象
4   print(ser)                                           #输出 ser 的值
    >>>                                                  #程序运行结果
    0    1
    1    2
    2    3
    dtype: int64
```

除了能够使用列表创建 Series 对象，还可以通过元组、一维数组、字典、标量等方式创建 Series 对象。

【例 6-13】 使用多种方式创建简单的 Series 对象。

```
1    import pandas as pd                              #导入 pandas
2    print('使用元组创建 Series')                      #输出提示
3    tup=(1,2,3)                                      #创建元组
4    s=pd.Series(tup)                                 #使用元组创建 Series 对象
5    print(s)                                         #输出 s 的值
6    print('使用一维数组创建 Series')                  #输出提示
7    arr=np.array([1,2,3])                            #一维数组的创建
8    ys=pd.Series(arr)                                #使用一维数组创建 Series 对象
9    print(ys)                                        #输出 ys 的值
10   print('使用字典创建 Series')                      #输出提示
11   dic={"index0":1,"index1":2,"index2":3}           #创建字典
12   ds=pd.Series(dic)                                #使用字典创建 Series 对象
13   print(ds)                                        #输出 ds 的值
14   print('使用标量创建 Series')                      #输出提示
15   bs=pd.Series(10)                                 #使用标量创建 Series 对象
16   print(bs)                                        #输出 bs 的值
     >>>                                              #程序运行结果
     使用元组创建 Series
     0    1
     1    2
     2    3
     dtype: int64
     使用一维数组创建 Series
     0    1
     1    2
     2    3
     dtype: int32
     使用字典创建 Series
     index0    1
     index1    2
     index2    3
     dtype: int64
     使用标量创建 Series
     0    10
     dtype: int64
```

在创建 Series 对象时，也可以同时设置 Series 对象的相关属性。

【例 6-14】 在创建 Series 对象的同时，设定 Series 对象的参数。

```
1    import pandas as pd                              #导入 pandas
2    a = [1, 2, 3]                                    #创建列表 a
3    print('设置 index、name 以及 dtype 的参数')       #输出提示
4    ser = pd.Series(data=a,index=['a','b','c'],      #设置数据和索引
5    name='这是一个 Series',dtype='float64')          #设定 name 和 dtype 属性
6    print(ser)                                       #输出 ser 的值
```

```
>>>                                                          #程序运行结果
设置 index、name 以及 dtype 的参数
a    1.0
b    2.0
c    3.0
Name: 这是一个 Series, dtype: float64
```

2. 查看和操作 Series 对象

创建好 Series 对象后，可以通过 "Series 对象.属性" 的方式直接访问 Series 对象的属性，也可以调用相应的方法对 Series 对象的属性值进行一定的统计操作。

【例 6-15】对 Series 对象进行查看和提取操作。

```
1   import pandas as pd                                    #导入 pandas
2   a = [4,5,6]                                            #创建列表 a
3   print('设置 index、name 及 dtype 的参数')               #输出提示
4   ser = pd.Series(data=a,index=['a','b','c'],            #设置数据和索引
5   name='这是一个 Series',dtype='float64')                 #设定 name 和 dtype 属性
6   print(ser)                                             #输出 ser 的值
7   print('查看 Series 对象参数的值')                        #输出提示
8   print('ser 中的 values:{}'.format(ser.values))          #输出 ser 中元素的值
9   print('ser 中的 name:{}'.format(ser.name))              #输出 ser 中的 name 属性
10  print('ser 中的 index:{}'.format(ser.index))            #输出 ser 中的 index 属性
11  print('ser 中的 dtype:{}'.format(ser.dtype))            #输出 ser 中元素的数据类型
12  print('使用 mean() 方法对 Series 的值取平均')            #输出提示
13  print(ser.mean())                                      #使用 mean() 方法
    >>>                                                    #程序运行结果
    设置 index、name 及 dtype 的参数
    a    4.0
    b    5.0
    c    6.0
    Name: 这是一个 Series, dtype: float64
    查看 Series 对象参数的值
    ser 中的 values:[4. 5. 6.]
    ser 中的 name:这是一个 Series
    ser 中的 index:index(['a', 'b', 'c'], dtype='object')
    ser 中的 dtype:float64
    使用 mean() 方法对 Series 的值取平均
    5.0
```

3. 创建 DataFrame 对象

DataFrame（数据框）是一个表格型的数据结构，既有行索引（保存在 index 中），也有列索引（保存在 columns 中），它可以被看作 Series 对象从一维到多维的扩展。DataFrame 对象每列相同位置处的元素共用一个行索引，每行相同位置处的元素共用一个列索引，每列可以是不同的数据类型（数值、字符串、布尔值等）。

DataFrame 对象的创建方法如下：

```
pandas.DataFrame(data, index, columns, dtype, copy)
```

其中，data 表示创建 DataFrame 对象的数据（可以是数组、列表、字典、Series 等类型）；index 表示行索引，也称行标签；columns 表示列索引，也称列标签；dtype 用来指定元素的数据类型，默认时系统自动判断；copy 表示复制数据，默认为 False。

【例 6-16】使用数组或列表组成的字典创建 DataFrame 对象。

```
1   import pandas as pd                           #导入 pandas
2   print('创建 DataFrame')                        #输出提示
3   data1 = {'a' : [1,2],'b' : [4,5], 'c' : [7,8]}  #创建字典
4   df1 = pd.DataFrame(data1)                     #通过字典创建 DataFrame
5   print(df1)                                    #输出 df1
    >>>                                           #程序运行结果
    创建 DataFrame
       a  b  c
    0  1  4  7
    1  2  5  8
```

【例 6-17】使用由 Series 组成的字典创建 DataFrame 对象。

```
1   import pandas as pd                           #导入 pandas
2   import numpy as np                            #导入 NumPy
3   print('由 Series 组成的字典创建 DataFrame')      #输出提示
4   data2 = {'a' : pd.Series(np.random.rand(3)),  #创建第 1 个 Series
5            'b' : pd.Series(np.random.rand(4)),  #创建第 2 个 Series
6            'c' : pd.Series(np.random.rand(5))}  #创建第 3 个 Series
7   df2 = pd.DataFrame(data2)                     #构建 DataFrame
8   print(df2)                                    #输出 df2 的值
    >>>                                           #程序运行结果
    由 Series 组成的字典创建 DataFrame
              a         b         c
    0  0.014231  0.264698  0.620003
    1  0.005264  0.199053  0.492979
    2  0.812914  0.658674  0.764992
    3       NaN  0.314128  0.188877
    4       NaN       NaN  0.098748
```

其中，NaN 是 "Not a Number" 的缩写，意思是 "不是一个数字"，通常表示空值。

【例 6-18】通过二维数组创建 DataFrame 对象。

```
1   import pandas as pd                           #导入 pandas
2   import numpy as np                            #导入 NumPy
3   print('通过二维数组创建 DataFrame')             #输出提示
4   df3=pd.DataFrame(np.random.randint(0,10,(3,5)))  #创建 3 行 5 列的二维数组
5   print(df3)                                    #输出 df3 的值
```

```
>>>                                                          #程序运行结果
通过二维数组创建 DataFrame
   0  1  2  3  4
0  4  7  3  3  5
1  7  8  9  9  1
2  0  4  2  9  8
```

【例 6-19】使用由字典组成的列表创建 DataFrame 对象。

```
1    import pandas as pd                                   #导入 pandas
2    print('由字典组成的列表创建 DataFrame')                  #输出提示
3    data4 = [{'a':0,'b':1},{'a':2,'b':3}]                 #创建由字典组成的列表
4    df4 = pd.DataFrame(data4)                             #构建 DataFrame
5    print(df4)                                            #输出 df4 的值
     >>>                                                   #程序运行结果
     由字典组成的列表创建 DataFrame
        a  b
     0  0  1
     1  2  3
```

【例 6-20】使用由字典组成的字典创建 DataFrame 对象。

```
1    import pandas as pd                                          #导入 pandas
2    import numpy as np                                           #导入 NumPy
3    print('由字典组成的字典创建 DataFrame:')                        #输出提示
4    data5 = {'Xiaohua': {'Chinese':np.random.randint(60,100) ,   #创建第1个字典
5                         'Math':np.random.randint(60,100),
6                         'English':np.random.randint(60,100)},
7            'Xiaoming':{'Chinese':np.random.randint(60,100),     #创建第2个字典
8                         'Math':np.random.randint(60,100),
9                         'English':np.random.randint(60,100)},
10           'Xiaoliang':{'Chinese':np.random.randint(60,100),    #创建第3个字典
11                         'Math':np.random.randint(60,100),
12                         'English':np.random.randint(60,100)},
13          }
14   df5 = pd.DataFrame(data5)                                    #构建 DataFrame
15   print(df5)                                                   #输出 df5 的值
     >>>                                                          #程序运行结果
     由字典组成的字典创建 DataFrame:
              Xiaohua  Xiaoming  Xiaoliang
     Chinese      88        66         96
     Math         73        70         61
     English      68        73         89
```

4. DataFrame 对象的操作

【例 6-21】从 DataFrame 对象中选取行或列。

```
1    import pandas as pd                              #导入 pandas
2    df = pd.DataFrame({'col1':list(range(0,5)),      #创建 DataFrame
3    'col2':range(5,10),'col3':range(10,15)})
4    print("从 DataFrame 取出一行")                    #输出提示
5    print(df.iloc[0])                                #取 df 的第 0 行
6    print("从 DataFrame 取出一列")                    #输出提示
7    print(df['col1'])                                #取 df 中'col1'列的数据
8    print("输出 df 的类型")                           #输出提示
9    print(type(df))                                  #输出 df 的类型
10   print("输出 df.iloc[0]的类型")                    #输出提示
11   print(type(df.iloc[0]))                          #输出 df.iloc[0]的类型
12   print("输出 df['col1']的类型")                    #输出提示
13   print(type(df['col1']))                          #输出 df['col1']的类型
     >>>                                              #程序运行结果
     从 DataFrame 取出一行
     col1      0
     col2      5
     col3      10
     Name: 0, dtype: int64
     从 DataFrame 取出一列
     0     0
     1     1
     2     2
     3     3
     4     4
     Name: col1, dtype: int64
     输出 df 的类型
     <class 'pandas.core.frame.DataFrame'>
     输出 df.iloc[0]的类型
     <class 'pandas.core.series.Series'>
     输出 df['col1']的类型
     <class 'pandas.core.series.Series'>
```

【例 6-22】修改 DataFrame 对象中的行名或列名。

```
1    import pandas as pd                              #导入 pandas
2    df = pd.DataFrame({'col1':list(range(0,3)),      #创建 DataFrame
3    'col2':range(3,6)})
4    df=df.rename(index={0:'a',1:'b',2:'c'},          #将行的索引修改为 a、b、c
5    columns={'col1':'X','col2':'Y'})                 #将列的索引修改为 X、Y
6    print(df)                                         #输出 df
     >>>                                              #程序运行结果
         X    Y
     a   0    3
     b   1    4
     c   2    5
```

【例 6-23】查看 DataFrame 对象的属性。

```
1    import pandas as pd                                  #导入 pandas
2    df = pd.DataFrame({'col1':list(range(0,2)) ,         #创建 DataFrame
3      'col2':range(0,2)})
4    print(df.index)                                      #输出 df 的行索引
5    print(df.columns)                                    #输出 df 的列索引
6    print(df.values)                                     #输出 df 的值
7    print(df.shape)                                      #输出 df 的形状
8    print(df.mean())                                     #输出 df 中数据的均值
     >>>                                                  #程序运行结果
     RangeIndex(start=0, stop=2, step=1)
     Index(['col1', 'col2'], dtype='object')
     [[0 0]
      [1 1]]
     (2, 2)
     col1    0.5
     col2    0.5
     dtype: float64
```

【例 6-24】DataFrame 对象中行或列的添加及删除。

```
1    import pandas as pd                                  #导入 pandas
2    df = pd.DataFrame({'col1':list(range(0,2)),          #创建 DataFrame 对象
3      'col2':range(3,5),'col3':range(5,7)})
4    df['col4']=pd.Series(range(8,10))                    #给 df 新增一列 col4
5    df1=pd.DataFrame({'col1':list(range(0,2)),           #给 df 添加一行 df1
6      'col2':range(3,5),'col3':range(5,7),'col4':range(8,10)},
7      index=['a','b'])
8    df=df.append(df1)                                    #给 df 添加一行 df1
9    print("添加行、列之后的 df")                          #输出提示
10   print(df)                                            #输出 df
11   print("删除 col3 这一列")                             #输出提示
12   del df['col3']                                       #删除 col3 这一列
13   print("删除 col3 后的 df")                            #输出提示
14   print(df)                                            #输出 df
15   print("删除第一行的数据")                             #输出提示
16   df=df.drop(1)                                        #删除第一行的数据
17   print("删除第一行后的 df")                            #输出提示
18   print(df)                                            #输出 df
     >>>                                                  #程序运行结果
     添加行、列之后的 df
         col1  col2  col3  col4
     0      0     3     5     8
     1      1     4     6     9
     a      0     3     5     8
     b      1     4     6     9
     删除 col3 这一列
```

```
删除 col3 后的 df
    col1  col2  col4
0     0     3     8
1     1     4     9
a     0     3     8
b     1     4     9
删除第一行的数据
删除第一行后的 df
    col1  col2  col4
0     0     3     8
a     0     3     8
b     1     4     9
```

5．DataFrame 对象的常用数据筛选方法

DataFrame 对象的常用数据筛选方法如表 6-1 所示，表中的 df 表示一个 DataFrame 对象。

表 6-1　DataFrame 对象的常用数据筛选方法

DataFrame 对象的数据筛选方法	功能描述
df.head(N)	返回前 N 行
df.tail(M)	返回后 M 行
df[m: n]	数据切片，选取 $m \sim n-1$ 行
df[df['列名']>value] 或 df.query('列名>value')	选取满足条件的行
df.query('列名==[v1,v2,...]')	选取列名的值等于 v1,v2,...的行
df.ix[: ,'colname']	选取 colname 列的所有行
df.ix[row, col]	选取某一元素
df.['col']	获取 col 列，返回 Series 对象

6．DataFrame 对象的常用数据预处理方法

DataFrame 对象的常用数据预处理方法如表 6-2 所示，表中的 df 表示一个 DataFrame 对象。

表 6-2　DataFrame 对象的常用数据预处理方法

DataFrame 对象的数据预处理方法	功能描述
df.duplicated(subset=None, keep='first'/'last'/'False')	返回用布尔值表示的重复行。None：所有行。first：默认值，除了第 1 次出现外，其余相同的被标记为重复。last：除了最后 1 次出现外，其余相同的被标记为重复。False：所有相同的都被标记为重复
df.drop_duplicates(subset=None, keep= 'first'/'last'/'False', inplace= False/True)	删除 df 中的重复行，并返回删除重复行后的结果。inplace 为 False 时表示不直接在原始数据中删除，并生成一个副本，为 True 时表示直接在原始数据中删除
df.fillna(value=None,method=None, axis=None,inplace=False, limit=None)	使用指定的方法填充 NA、NaN 缺失值
df.drop(labels=None,axis=0, index=None,columns=None, inplace=False)	删除指定轴上的行或列。它不改变原有的 DataFrame 对象中的数据，而是返回另一个 DataFrame 对象来存放删除后的数据
df.dropna(axis=0,how='any',thresh= None,subset=None, inplace=False)	删除指定轴上的缺失值

DataFrame 对象的数据预处理方法	功能描述
del df['col']	直接在 df 对象上删除指定的 "col" 列
df.reindex(index=None,columns= None, fill_value='NaN')	改变索引，返回一个重新索引的新对象。index 用作新行索引，columns 用作新列索引，将缺失值填充为 fill_value
df.replace(to_replace=None,value= None, inplace=False,limit=None,regex =False,method='pad')	把 to_replace 列出的且在 df 对象中出现的元素值替换为 value 所表示的值
df.merge(right,how='inner',on=None, left_on=None,right_on=None)	通过行索引或列索引进行两个 DataFrame 对象的连接
df.concat(objs,axis=0,join='outer', join_axes=None,ignore_index=False, keys=None)	以指定的轴将多个对象堆叠到一起，该方法不删除对象中的重复记录
df.stak(level=-1,dropna=True)	将 df 的列旋转为行
df.unstak(level=-1,fill_value=None)	将 df 的行旋转为列

6.2 数据的分组、分割、合并和变形

在数据挖掘及分析之前，通常需要对数据进行分组、分割、合并和变形等操作，这是数据分析准备工作中的重要环节。

6.2.1 数据分组

在数据处理过程中，经常需要对某些局部数据进行统计分析，如求均值、最小值、最大值、总和等，这时就需要用到 groupby()函数。

1．groupby()函数的应用

groupby()函数的主要作用是进行数据的分组以及分组后的组内运算，其主要步骤为：首先，将 DataFrame 对象按照指定的键分割成若干组；接着，对每个组应用累计、转换或过滤函数进行计算；最后，将每一组的结果进行合并输出。该函数的常见语法格式如下：

```
df.groupby(by=None,axis=0,as_index=True,sort=True, squeeze = False)
```

其中，by 用于指定分组的依据，其数据形式可以是函数、索引以及索引列表；axis=0 表示按行分组（默认值），axis=1 表示按列分组；as_index 表示对于聚合输出，返回带有组标签的对象作为索引；sort 表示排序，默认值为 True；squeeze 表示尽可能减少返回类型的维度，否则返回一致的类型。

【例 6-25】通过 groupby()函数，找出两个班级中评价为"优秀"的同学。

```
1    import pandas as pd                                    #导入 pandas
2    df=pd.DataFrame({'班级':['A','B','A','B'],               #创建 DataFrame
3                    '姓名':['小红','小明','小李','小夏'],
4                    '语文':[90,80,64,71],
5                    '数学':[94,81,62,51],
6                    '英语':[98,82,64,61],
7                    '评价':['优秀','优秀','合格','合格']}
```

8		`})`	
9		`grouped = df.groupby('评价')`	#df 按照 "评价" 进行排序
10		`print("输出df")`	#输出提示
11		`print(df)`	#输出 df
12		`print("以下为分组后的输出")`	#输出提示
13		`print(grouped.get_group('优秀'))`	#输出评价为 "优秀" 的同学

```
>>>                                             #程序运行结果
输出 df
   班级  姓名  语文  数学  英语  评价
0  A   小红   90   94   98   优秀
1  B   小明   80   81   82   优秀
2  A   小李   64   62   64   合格
3  B   小夏   71   51   61   合格
以下为分组后的输出
   班级  姓名  语文  数学  英语  评价
0  A   小红   90   94   98   优秀
1  B   小明   80   81   82   优秀
```

　　groupby()函数除了分组功能，还包含求均值 mean()、最大值 max()、最小值 min()、中位数 median()等常见的统计函数。

　　【例 6-26】使用 groupby()函数，求两个班级中语文的最高分、英语的最低分以及各科成绩的平均数和中位数。

1	`import pandas as pd`	#导入 pandas
2	`df=pd.DataFrame({'班级':['A','B','A','B'],`	#创建 DataFrame
3	`                  '姓名':['小红','小明','小李','小夏'],`	
4	`                  '语文':[90,80,64,71],`	
5	`                  '数学':[94,81,62,51],`	
6	`                  '英语':[98,82,64,61],`	
7	`                  '评价':['优秀','优秀','合格','合格']`	
8	`                  })`	
9	`print('求A、B两个班级的三门课的平均成绩')`	#输出提示
10	`print(df.groupby(['班级']).mean())`	#求两个班级的平均成绩
11	`print("---------------------------")`	#输出分隔线
12	`print('求A、B两个班级中语文的最高分')`	#输出提示
13	`print(df.groupby(['班级'])['姓名','语文'].max())`	#求两个班级中语文的最高分
14	`print("---------------------------")`	#输出分隔线
15	`print('求A、B两个班级中英语的最低分')`	#输出提示
16	`print(df.groupby(['班级'])['姓名','英语'].min())`	#求两个班级中英语的最低分
17	`print("---------------------------")`	#输出分隔线
18	`print('求A、B两个班级中各科成绩的中位数')`	#输出提示
19	`print(df.groupby(['班级']).median())`	#求两个班级中各科成绩的中位数

```
>>>                                             #程序运行结果
求 A、B 两个班级的三门课的平均成绩
```

```
        语文      数学      英语
班级
A     77.0     78.0     81.0
B     75.5     66.0     71.5
------------------------------
求A、B两个班级中语文的最高分
      姓名   语文
班级
A     小红    90
B     小明    80
------------------------------
求A、B两个班级中英语的最低分
      姓名   英语
班级
A     小李    64
B     小夏    61
------------------------------
求A、B两个班级中各科成绩的中位数
        语文      数学      英语
班级
A     77.0     78.0     81.0
B     75.5     66.0     71.5
```

2．过滤和转换

（1）过滤操作

过滤操作可以按照分组的属性丢弃若干数据。pandas 库的 filter()函数通常用来过滤掉不符合条件的元素，返回由符合条件元素组成的新列表。其语法格式如下：

```
filter(items=None,like=None, regex=None,axis=None)
```

其中，items 表示对列进行筛选，只保留 items 中的列；like 用来进行筛选，只保留与 like 参数相关的内容；regex 表示用正则表达式进行匹配；axis 用于限定对行或列的操作，axis=0 表示按行进行操作，axis=1 表示按列进行操作。

（2）转换操作

转换操作会返回一个新的全量数据，数据经过转换之后，其形状与原来的输入数据一致。在 pandas 库中，transform(func,axis=0)函数能够进行数据的转换操作，该函数包含两个参数：第 1 个参数 func 指定用于操作数据的函数，它可以是函数、字符串函数名、函数列表等；第 2 个参数指定函数应用于行或列，0 表示对列应用 func，1 表示对行应用 func。

【例 6-27】过滤和转换的应用。

```
1    import pandas as pd                                    #导入pandas
2    df=pd.DataFrame({'班级':['A','B','A','B'],              #创建DataFrame
3                    '姓名':['小红','小明','小李','小夏'],
4                    '语文':[90,80,64,71],
5                    '数学':[94,81,62,51],
6                    '英语':[98,82,64,61],
```

```
7                              '评价':['优秀','优秀','合格','合格']
8                              })
9    print("筛选两个班级中英语成绩高于 80 分的同学")           #输出提示
10   en=df.groupby('英语').filter(lambda x:(x['英语']>80))   #找出英语成绩高于 80 分的同学
11   print(en)                                         #输出 en
12   print('查看所有同学的英语成绩')                         #输出提示
13   print(df.groupby('英语')['姓名','英语'].head())        #查看所有同学的英语成绩
14   print("让所有同学的英语成绩-10 分")                     #输出提示
15   print(df.groupby('英语')['英语'].transform(lambda    #所有同学的英语成绩-10 分
16   x:x-10))
     >>>                                              #程序运行结果
找出两个班级中英语高于 80 分的同学
     班级  姓名  语文  数学  英语  评价
0    A   小红   90   94   98  优秀
1    B   小明   80   81   82  优秀
查看所有同学的英语成绩
     姓名  英语
0    小红   98
1    小明   82
2    小李   64
3    小夏   61
让所有同学的英语成绩-10 分
     英语
0    88
1    72
2    54
3    51
```

6.2.2 数据分割

数据分割是指把逻辑上统一的数据分割成较小的、可以独立管理的物理单元并进行存储，以便于重构、重组或恢复操作，以提高创建索引和顺序扫描的效率。

【例 6-28】数据分割的应用。

```
1    import pandas as pd                                #导入 pandas
2    import numpy as np                                 #导入 NumPy
3    df=pd.DataFrame([[1,2,3,4,5,6],[1,2,3,4,5,6],      #创建 DataFrame
4                    [7,8,9,10,11,12],[7,8,9,10,11,12]],
5                    columns=['a','b','c','d','e','f'])
6    print("查看 df")                                    #输出提示
7    print(df)                                          #输出 df
8    print("查看 df1")                                   #输出提示
9    df1=df[2:4][['d','f']]                             #取 df 第 2、3 行中第 d 和 f 列
10   print(df1)                                         #输出 df1
```

```
>>>                                                      #程序运行结果
查看 df
    a  b  c   d   e   f
0   1  2  3   4   5   6
1   1  2  3   4   5   6
2   7  8  9  10  11  12
3   7  8  9  10  11  12
查看 df1
     d   f
2   10  12
3   10  12
```

6.2.3 数据合并

在实际应用中，经常需要对不同的数据集进行合并。例如，某公司想了解上半年的销售业绩，这就需要将 1~6 月的销售报表进行合并。从数据合并形式上来看，其可以分为横向合并和纵向合并。横向合并是指将两个行数相等的数组在行方向上进行拼接，纵向合并是指将两个列相等的数组在列方向上进行拼接。在 Python 中，数据合并主要包括 NumPy 数组的合并和 pandas 数组的合并。pandas 数组的合并又分为 Series 的合并和 DataFrame 的合并。

1．NumPy 数组的合并

NumPy 数组的合并有多种函数，包括 concatenate()、hstack()、column_stack()、vstack()、row_stack()、append()等函数。其中，hstack()与 column_stack()函数的功能基本一致，实现两个待合并的数组的横向合并；vstack()与 row_stack()函数的功能基本一致，实现两个待合并的数组的纵向合并。

（1）append()函数

NumPy 中，append()函数的语法格式如下：

```
np.append(arr,values,axis=None)
```

其中，arr 表示需要被添加 values 的数组；values 表示添加到数组 arr 中的值；axis 表示合并的坐标轴方向，axis=0 表示按行合并，axis=1 表示按列合并。如果没有指定 axis，那么 arr、values 将展开成一维数组进行合并；如果指定了 axis，那么 arr 和 values 需要有相同的形状，否则程序会报错。

（2）concatenate()函数

concatenate()函数的语法格式如下：

```
concatenate((a1,a2,…), axis)
```

其中，(a1,a2,...)表示数组序列，是需要合并的数组；axis 表示待合并的坐标轴，默认值为 0，即按行合并。

【例 6-29】使用 np.append()和 np.concatenate()函数进行 NumPy 数组的合并。

```
1  import numpy as np                         #导入 NumPy
2  print("np.append()函数")                   #输出提示
3  print("不设置 axis 参数")                   #输出提示
4  a=np.append([[1,2]],[[4,5],[7,8]])         #合并数组
```

```
5     print(a)                                              #输出a
6     print("设置axis =0")                                  #沿着行方向添加values
7     b=np.append([[1,2]],[[4,5],[7,8]],axis=0)             #合并数组
8     print(b)                                              #输出b
9     print("设置axis =1")                                  #沿着列方向添加values
10    c=np.append([[1,2],[1,2]],[[4,5],[7,8]],axis=1)       #合并数组
11    print(c)                                              #输出c
12    print("np.concatenate()函数")                         #输出提示
13    c=np.array([1,2])                                     #创建数组c
14    d=np.array([5,6])                                     #创建数组d
15    e=np.concatenate((c,d),axis=0)                        #合并数组c和数组d
16    print(e)                                              #输出数组e
      >>>                                                   #程序运行结果
      np.append()函数
      不设置axis参数
      [1 2 4 5 7 8]
      设置axis =0
      [[1 2]
       [4 5]
       [7 8]]
      设置axis =1
      [[1 2 4 5]
       [1 2 7 8]]
      np.concatenate()函数
      [1 2 5 6]
```

2．pandas 数组的合并

pandas 中常用的数组合并函数包括 concat()、join()、merge()、append()以及 combine() 等，各函数的主要功能如表 6-3 所示。表中的 pd 表示 pandas 对象，df 表示 DataFrame 对象。

表6-3　pandas 数组合并的常用函数

函数	参数功能描述
pd.concat(objs,axis=0, join='outer'/'inner', join_axes=None)	objs：需要合并的对象，可以是 Series 或者 DataFrame。join：连接的方式。join_axes：根据指定的索引对齐数据
pd.merge(left,right,how='inner',on=None, left_on =None,right_on=None, left_index=False, right_index=False, sort=True)	基于指定列的横向合并。left：参与合并的左侧 DataFrame 对象。right：参与合并的右侧 DataFrame 对象。how：inner、outer、left、right 其中之一，默认为 inner。on：按指定的列或索引合并。left_on：左侧 DataFrame 中指定的列或索引。right_on：右侧 DataFrame 中指定的列或索引。left_index：使用左侧 DataFrame 中的索引进行合并。right_index：使用右侧 DataFrame 中的索引进行合并。sort：对合并后的数据进行排序，默认值为 True
pd.append(other,ignore_index=Fals)	纵向追加数据。other：DataFrame、Series、字典、列表等数据结构。ignore_index：默认值为 False，如果为 True，则不使用 index 标签
df0.join(df1,how='inner',on=None)	基于索引的横向合并。how：inner、outer、left、right 其中之一，默认为 inner。on：按指定的列合并
df0.combine(df1,fun)	通过使用函数 fun()，把两个 DataFrame 对象按列进行合并

【例 6-30】Pandas 数据的合并操作。

1	`import pandas as pd`	#导入 pandas
2	`a=pd.DataFrame([1,2,3])`	#创建 DataFrame 对象 a
3	`b=pd.DataFrame([6,6,6],index=['a','b','c'])`	#创建 DataFrame 对象 b
4	`print("append()函数的使用")`	#输出提示
5	`print(a.append(b,ignore_index=True))`	#合并 a 和 b
6	`print("merge()函数的使用")`	#输出提示
7	`df1=pd.DataFrame({'key':list('abc'),`	#创建 DataFrame 对象 df1
8	`'data1':range(3)})`	
9	`df2=pd.DataFrame({'key':list('abcd'),`	#创建 DataFrame 对象 df2
10	`'data2':range(4)})`	
11	`print("设置参数 how='inner'")`	#输出提示
12	`print(pd.merge(df1,df2,how='inner'))`	#按照相同的字段 key 进行合并
13	`print("设置参数 left_on 和 right_on")`	#输出提示
14	`print(pd.merge(df1,df2,how='inner',`	#这里合并字段都是 key
15	`left_on='key',right_on='key'))`	#所以 left_on 和 right_on 参数值 #都是 key
16	`print("设置参数 left_index 和 right_index")`	#输出提示
17	`print(pd.merge(df1,df2,how='inner',`	#这里 df1 使用 data1 当连接关键字
18	`left_index=True,right_index=True))`	#而 df2 使用索引当连接关键字
	`>>>`	#程序运行结果

```
append()函数的使用
      0
0     1
1     2
2     3
3     6
4     6
5     6

merge()函数的使用
设置参数 how='inner'
   key  data1  data2
0    a      0      0
1    b      1      1
2    c      2      2
设置参数 left_on 和 right_on
   key  data1  data2
0    a      0      0
1    b      1      1
2    c      2      2
设置参数 left_index 和 right_index
   key_x  data1  key_y  data2
0      a      0      a      0
1      b      1      b      1
2      c      2      c      2
```

【例 6-31】使用 combine() 进行数据合并操作。

```
1   import pandas as pd                              #导入 pandas
2   import numpy as np                               #导入 NumPy
3
4   x = pd.DataFrame({"A":[3,4],"B":[1,4]})          #创建 DataFrame 对象 x
5   y = pd.DataFrame({"A":[1,2],"B":[5,6]})          #创建 DataFrame 对象 y
    x.combine(y,lambda a,b:np.where(a>b,a,b))        #使用 combine()进行数据合并
    >>>                                              #程序运行结果
        A  B
    0   3  5
    1   4  6
```

6.2.4　数据变形

在 pandas 中，数据通常以 DataFrame 形式展现，这样便于获取每行或每列的数据，但是有时需要将 DataFrame 对象转换为 Series 对象。为此，pandas 提供了数据变形的一些功能，包括重塑层次化索引和轴向转换等。

1．重塑层次化索引

重塑层次化索引常用的函数是 stack()和 unstack()。其中，stack()函数的作用是将列旋转为行，返回的是 Series。unstack()函数为 stack()的反操作，即将行旋转为列，返回的是 DataFrame。stack()函数的语法格式如下：

```
df.stack(level=-1,dropna=True)
```

其中，level 表示操作内层索引，默认值为-1，若设为 0，表示操作外层索引；dropna 表示是否将旋转后的缺失值删除，为 True 时表示自动过滤缺失值。

unstack()函数的语法格式如下：

```
df.unstack(level=-1,fill_value=None)
```

其中，level 参数含义与 stack()函数中的相同。fill_value 表示若产生了缺失值，则可以设置这个参数用来替换 NaN。

【例 6-32】数据变形中的重塑层次化索引操作。

```
1    import pandas as pd                              #导入 pandas
2    df=pd.DataFrame({'姓名':['小红','小明','小米'],    #创建 DataFrame
3    '班级':['A','B','C'],'综合评价':['A+','A+','B+']})
4    print("输出 df")                                  #输出提示
5    print(df)                                         #输出 df
6    print("将列转为行")                                #输出提示
7    df1=df.stack()                                    #将列转为行
8    print(df1)                                        #输出 df1
9    print("将行转为列")                                #输出提示
10   df2=df1.unstack()                                 #将行转为列
11   print(df2)                                        #输出 df2
     >>>                                               #程序运行结果
```

```
输出 df
      姓名 班级 综合评价
0   小红  A   A+
1   小明  B   A+
2   小米  C   B+
将列转为行
0   姓名          小红
    班级           A
    综合评价        A+
1   姓名          小明
    班级           B
    综合评价        A+
2   姓名          小米
    班级           C
    综合评价        B+
dtype: object
将行转为列
      姓名 班级 综合评价
0   小红  A   A+
1   小明  B   A+
2   小米  C   B+
```

2．轴向转换

在 pandas 中，pivot()方法提供了轴向转换的功能，它会根据给定的行索引或列索引重新组织一个 DataFrame 对象，其语法格式如下：

```
df.pivot(index=None,columns=None,values=None)
```

其中，index 为可选参数，用于设置新 DataFrame 对象的行索引，如果未设置，则使用当前已存在的行索引；columns 为必选参数，用于设置新 DataFrame 对象的列索引，如果未设置，则使用当前已存在的列索引；values 为可选参数，在原 DataFrame 对象中选取某一列或几列的值，使其在新 DataFrame 对象的列中显示。如果不指定，则默认显示原 DataFrame 对象中所有的列。

商品名称 出售日期	手提电脑	手表	智能手机
2021年1月1日	5899元	2200元	3999元
2022年3月15日	6099元	2116元	4099元

图 6-1　轴向转换示例

【例 6-33】数据变形中的轴向转换操作。程序运行结果如图 6-1 所示。

1	import pandas as pd	#导入 pandas
2	df=pd.DataFrame({'商品名称':['智能手机','手表','手提电脑','智能手机','手表','手提电脑'],	#创建 DataFrame
	'出售日期':['2021年1月1日','2021年1月1日','2021年1月1日','2022年3月15日','2022年3月15日','2022年3月15日'],	
	'价格':['3999元','2200元','5899元','4099元','2116元','6099元']})	

3	print("行列数据的轴向转换")	#输出提示
4	df.pivot(index='出售日期',columns='商品名称', values='价格')	#轴向转换操作

6.3 缺失值、异常值和重复值处理

直接采集到的数据往往存在一些不足，比如存在缺失值、异常值和重复值等问题。因此，对数据进行分析之前需要进行丢弃、填充、替换、去重等操作，完成对数据的去除异常、纠正错误、补足缺失值等预处理工作。

6.3.1 缺失值处理

缺失值是指数据集中某个或某些属性的值是不完整的，可能是人为原因或机器故障等造成的。pandas 中的缺失值主要有 3 种形式：Python 内置的 None 值（空值），浮点型的 NaN 值和时间格式的空值 NaT。

1．None 型缺失值

pandas 用 None 表示空值。由于 None 是一个 Python 对象，因此它只能用于 Object 类型的数组（由 Python 对象构成的数组）。

【例 6-34】创建一个含有 None 型缺失值的数组。

1	import numpy as np	#导入 NumPy
2	import pandas as pd	#导入 pandas
3	df=np.array([None,2])	#创建含有 None 型缺失值的数组
4	print(df)	#输出 df
	>>>[None 2]	#程序运行结果

2．NaN 型缺失值

NaN 是在任何系统中都兼容的特殊浮点数，不是整数、字符串或其他数据类型。

【例 6-35】NaN 型缺失值实例。

1	import numpy as np	#导入 NumPy
2	import pandas as pd	#导入 pandas
3	df=np.array([np.nan,2,3])	#创建含有 NaN 型缺失值的数组
4	print("输出 df：")	#输出提示
5	print(df)	#输出 df
6	print("输出 df 的类型")	#输出提示
7	print(type(df))	#输出 df 的类型
8	print("输出 df 中数据以及其类型")	#输出提示
9	for i in df:	#循环输出 df 中数据及其类型
10	print("值是{}，其数据类型是{}"	
11	.format(i,type(i)))	

```
12    print("对 df 中每个元素都加 1.0，并输出 df 的数据")         #输出提示
13    for i in df:                                          #df 中每个元素都加 1.0
14        i=i+1.0
15    print("值是{}，其数据类型是{}"
16        .format(i,type(i)))
      >>>                                                  #程序运行结果
      输出 df
      [nan  2.  3.]
      输出 df 的类型
      <class 'numpy.ndarray'>
      输出 df 中数据以及其类型
      值是 NAN，其数据类型是<class 'numpy.float64'>
      值是 2.0，其数据类型是<class 'numpy.float64'>
      值是 3.0，其数据类型是<class 'numpy.float64'>
      对 df 中每个元素都加 1.0，并输出 df 的数据
      值是 NAN，其数据类型是<class 'numpy.float64'>
      值是 3.0，其数据类型是<class 'numpy.float64'>
      值是 4.0，其数据类型是<class 'numpy.float64'>
```

从例 6-35 可以看出，NaN 型缺失值的数据类型是<class 'numpy.float64'>浮点型，但对 NaN 型缺失值进行运算后显示依然是 NaN。

3．NaT 型缺失值

NaT 型缺失值是针对时间序列的缺失值，这一类型 Pandas 的内置类型，其可被看作时序版本的 np.nan。

4．缺失值的处理方法

pandas 提供了一些用于检查或处理缺失值的函数。其中，通过 isnull()和 notnull()函数可以判断数据集中是否存在缺失值。对于缺失值，可以使用 dropna()和 fillna()方法分别进行删除和填充。

【例 6-36】使用 isnull()函数判断各个属性列是不是空值。

```
1    import pandas as pd                                           #导入 pandas
2    df = pd.read_csv('E:\\test\\06\\data\\data_processing.csv')   #导入数据
3    print("输出 df: ")                                            #输出提示
4    print(df)                                                     #输出 df
5    print('查看 df 中"FREQUENCY"列的空值')                          #输出提示
6    print (df['FREQUENCY'].isnull())                              #判断属性列是不是空值
     >>>输出 df:                                                   #程序运行结果
                ID  ACCOUNT  NAME  FREQUENCY
     0  100001000.0    104.0    小红      3.0
     1  100002000.0    197.0    小兰      3.0
     2  100003000.0      NaN    小兰      NaN
     3  100004000.0    201.0    小明      1.0
```

```
4             NaN    203.0    小明      3.0
5   100006000.0    207.0    小明      NaN
6   100007000.0      NaN    小李      2.0
7   100008000.0    213.0    小鹏      1.0
8   100009000.0    215.0    小鹏      NaN
查看 df 中"FREQUENCY"列的空值
0    False
1    False
2     True
3    False
4    False
5     True
6    False
7    False
8     True
Name: FREQUENCY, dtype: bool
```

使用 dropna()方法可以删除包含缺失值的行或列，其语法格式如下：

```
df.dropna(axis=0, how='any', thresh= None, subset=None, inplace=False)
```

其中，axis 默认为 0，表示删除包含缺失值的行，如果设置参数 axis=1，则表示删除包含缺失值的列；how 默认为 any，如果存在 NaN 值，则删除该行或该列，如果设置为 all，则所有值都是 NaN 时，才删除该行或该列；thresh 表示设置需要多少非空值的数据才可以保留下来；subset 表示在特定的子集中寻找 NaN 值；inplace 如果设置为 True，则表示直接修改源数据，如果设置为 False，则表示修改原数据的副本，返回新的数据。

【例 6-37】使用 dropna()方法删除包含空字段的行。

```
1   import pandas as pd                                        #导入 pandas
2   df = pd.read_csv('E:\\test\\06\\data\\data_processing.csv')   #导入数据
3   df1 = df.dropna()                                          #删除包含空字段的行
4   print(df1)                                                 #输出 df1
    >>>                                                        #程序运行结果
              ID   ACCOUNT   NAME   FREQUENCY
    0  100001000.0    104.0    小红      3.0
    1  100002000.0    197.0    小兰      3.0
    3  100004000.0    201.0    小明      1.0
    7  100008000.0    213.0    小鹏      1.0
```

【例 6-38】使用 dropna()方法删除源数据中 ID 这一列中字段值为空的行。

```
1   import pandas as pd                                        #导入 pandas
2   df = pd.read_csv('E:\\test\\06\\data\\data_processing.csv')   #导入数据
3   df.dropna(subset=['ID'], inplace =True)                   #删除列中的空行
4   print(df)                                                  #输出 df
    >>>          ID   ACCOUNT   NAME   FREQUENCY              #程序运行结果
    0  100001000.0    104.0    小红      3.0
    1  100002000.0    197.0    小兰      3.0
    2  100003000.0      NaN    小兰      NaN
```

3	100004000.0	201.0	小明	1.0
5	100006000.0	207.0	小明	NaN
6	100007000.0	NaN	小李	2.0
7	100008000.0	213.0	小鹏	1.0
8	100009000.0	215.0	小鹏	NaN

使用 fillna()方法填充缺失值，其语法格式如下：

```
df.fillna(value=None,method=None,axis=None,inplace=False,limit=None)
```

其中，value 表示用于填充的数值；method 表示填充方式，默认值为 None，如果是 ffill 或 pad，表示用缺失值前面的一个值代替缺失值，如果是 bfill 或 backfill，表示用缺失值后面的一个值代替缺失值；limit 表示可以连续填充的最大数量，默认为 None，表示按列操作。

【例 6-39】使用 fillna()方法，用 666 来替换 df 中的缺失值。

```
1   import pandas as pd                                          #导入 pandas
2   df = pd.read_csv('E:\\test\\06\\data\\data_processing.csv')  #导入数据
3   df.fillna(666, inplace = True)                               #替换 df 中的缺失值
4   print(df)                                                    #输出 df
    >>>          ID    ACCOUNT    NAME    FREQUENCY              #程序运行结果
    0   100001000.0    104.0      小红    3.0
    1   100002000.0    197.0      小兰    3.0
    2   100003000.0    666.0      小兰    666.0
    3   100004000.0    201.0      小明    1.0
    4         666.0    203.0      小明    3.0
    5   100006000.0    207.0      小明    666.0
    6   100007000.0    666.0      小李    2.0
    7   100008000.0    213.0      小鹏    1.0
    8   100009000.0    215.0      小鹏    666.0
```

在数据预处理中，替换空白单元格的常用方法是用列的均值、中位数或众数进行替换。pandas 使用 mean()、median()和 mode()方法计算列的均值、中位数（排序后排在中间的数）和众数（出现频率最高的数）。

【例 6-40】用均值填充"ACCOUNT"列中的缺失值。

```
1   import pandas as pd                                          #导入 pandas
2   df = pd.read_csv('E:\\test\\06\\data\\data_processing.csv')  #导入数据
3   x = df["ACCOUNT"].mean()                                     #计算"ACCOUNT"列的均值
4   df["ACCOUNT"].fillna(x, inplace = True)                      #填充缺失值
5   print(df)                                                    #输出 df
    >>>                                                          #程序运行结果
             ID      ACCOUNT    NAME    FREQUENCY
    0   100001000.0  104.000000   小红    3.0
    1   100002000.0  197.000000   小兰    3.0
    2   100003000.0  191.428571   小兰    NaN
    3   100004000.0  201.000000   小明    1.0
    4         NaN    203.000000   小明    3.0
```

5	100006000.0	207.000000	小明	NaN
6	100007000.0	191.428571	小李	2.0
7	100008000.0	213.000000	小鹏	1.0
8	100009000.0	215.000000	小鹏	NaN

【例6-41】 用中位数填充"ACCOUNT"列中的缺失值。

```
import pandas as pd                                         #导入pandas
df = pd.read_csv('E:\\test\\06\\data\\data_processing.csv')   #导入数据
x = df["ACCOUNT"].median()                                  #计算中位数
df["ACCOUNT"].fillna(x, inplace = True)                     #用中位数填充缺失值
print(df)                                                   #输出df
>>>                                                         #程序运行结果
            ID  ACCOUNT  NAME  FREQUENCY
0  100001000.0    104.0   小红        3.0
1  100002000.0    197.0   小兰        3.0
2  100003000.0    203.0   小兰        NaN
3  100004000.0    201.0   小明        1.0
4          NaN    203.0   小明        3.0
5  100006000.0    207.0   小明        NaN
6  100007000.0    203.0   小李        2.0
7  100008000.0    213.0   小鹏        1.0
8  100009000.0    215.0   小鹏        NaN
```

【例6-42】 用众数填充"ACCOUNT"列中的缺失值。

```
import pandas as pd                                         #导入pandas
df = pd.read_csv('E:\\test\\06\\data\\data_processing.csv')   #导入数据
x = df["ACCOUNT"].mode()                                    #计算众数
df["ACCOUNT"].fillna(x, inplace = True)                     #用众数填充缺失值
print(df)                                                   #输出df
>>>                                                         #程序运行结果
            ID  ACCOUNT  NAME  FREQUENCY
0  100001000.0    104.0   小红        3.0
1  100002000.0    197.0   小兰        3.0
2  100003000.0    201.0   小兰        NaN
3  100004000.0    201.0   小明        1.0
4          NaN    203.0   小明        3.0
5  100006000.0    207.0   小明        NaN
6  100007000.0    215.0   小李        2.0
7  100008000.0    213.0   小鹏        1.0
8  100009000.0    215.0   小鹏        NaN
```

6.3.2 异常值处理

异常值是指样本中明显偏离观测值的个别值，如果异常值不加处理地包括进数据分析过程中，会对分析结果产生不良影响。因此，在数据预处理中，除了对数据进行缺失值处理，还需要对数据进行异常值处理。

1．基于箱形图分析、检测异常值

【例 6-43】使用箱形图中的上四分位数和下四分位数进行异常值判断。

```
1    import pandas as pd                                           #导入 pandas
2    import numpy as np                                            #导入 NumPy
3    df = pd.read_csv('E:\\test\\06\\data\\data_outliers.csv')     #导入数据
4    mean1 = df['tip'].quantile(q=0.25)                            #下四分位差
5    mean2 = df['tip'].quantile(q=0.75)                            #上四分位差
6    mean3 = mean2-mean1                                           #中位差
7    topnum2 = mean2+1.5*mean3                                     #正常值的最大值
8    bottomnum2 = mean2-1.5*mean3                                  #正常值的最小值
9    print("输出 df 前 5 行：")                                     #输出提示
10   print(df.head())                                             #输出 df 前 5 行
11   print("正常值的范围：",topnum2,bottomnum2)                     #正常值的范围
12   print("是否存在超出正常范围：",any(df['tip']>topnum2))          #大于正常范围的值
13   print("是否存在小于正常范围：",any(df['tip']<bottomnum2))       #小于正常范围的值
     >>>输出 df 前 5 行：                                           #程序运行结果
        total_bill   tip    sex  smoker  day   time  size
     0       16.99   1.01  Female    No   Sun  Dinner    2
     1       10.34   1.66    Male    No   Sun  Dinner    3
     2       21.01   3.50    Male    No   Sun  Dinner    3
     3       23.68   3.31    Male    No   Sun  Dinner    2
     4       24.59   3.61  Female    No   Sun  Dinner    4
     正常值的范围： 5.90625 1.21875
     是否存在超出正常范围： True
     是否存在小于正常范围： True
```

mean1 为上四分位数（将数据从小到大排列，取上 1/4 位置的数），mean2 为下四分位数（将数据从小到大排列，取下 1/4 位置的数），mean3 为中位差，即 mean3=mean1−mean2。正常值范围为[mean2−1.5×mean3,mean1+ 1.5×mean2]。

2．使用均值和标准差进行异常值判断

【例 6-44】使用均值和标准差进行异常值判断。

```
1    import pandas as pd                                           #导入 pandas
2    import numpy as np                                            #导入 NumPy
3    df = pd.read_csv('E:\\test\\06\\data\\data_outliers.csv')     #导入数据
4    tipmean=df['tip'].mean()                                      #计算均值
5    tipstd = df['tip'].std()                                      #计算标准差
6    topnum1 =tipmean+2*tipstd                                     #正常值的上界
7    bottomnum1 = tipmean-2*tipstd                                 #正常值的下界
8    print("正常值的范围：",topnum1,bottomnum1)                      #正常值的范围
9    print("是否超出正常范围：",any(tips['tip']>topnum1))            #是否大于正常范围
```

```
10    print("是否小于正常范围: ",any(tips['tip']<bottomnum1))      #是否小于正常范围
      >>>正常值的范围: 5.765555066526954 0.23100231052222542      #程序运行结果
      是否超出正常范围: True
      是否小于正常范围: False
```

其中，tipmean 为数据的均值，tipstd 为数据的标准差，数据的正常范围为[tipmean −
2 × tipstd, tipmean + 2 × tipstd]。

3．异常值的处理方法

对于数据中的异常值，通常有 3 种处理方法：删除异常值、用正常值中的最小值替换
小于正常范围的值、用正常值中的最大值替换大于正常范围的值。

【例 6-45】删除异常值实例。

```
1     import pandas as pd                                        #导入 pandas
2     import numpy as np                                         #导入 NumPy
3     df = pd.read_csv('E:\\test\\06\\data\\data_outliers.csv')  #导入数据
4     print("原始的 df 形状")                                     #输出提示
5     print(df.shape)                                            #原始的 df 形状
6     tipmean=df['tip'].mean()                                   #求均值
7     tipstd = df['tip'].std()                                   #求标准差
8     topnum1 =tipmean+2*tipstd                                  #计算正常值的上界
9     bottomnum1 = tipmean-2*tipstd                              #计算正常值的下界
10    for index,row in df.iterrows():                            #迭代输出 df 中的值
11        if row['tip']<bottomnum1:                              #如果值小于下界
12            df.drop(index,inplace=True)                        #删除异常值
13        if row['tip']>topnum1:                                 #如果值大于上界
14            df.drop(index,inplace=True)                        #删除异常值
15    print("删除异常值后的 df 形状")                             #输出提示
16    print(df.shape)                                            #删除异常值后的 df 形状
      >>>原始的 df 形状                                           #程序运行结果
      (244, 7)
      删除异常值后的 df 形状
      (234, 7)
```

【例 6-46】用正常值中最小（大）值替换小（大）于正常范围的值。

```
1     import pandas as pd                                        #导入 pandas
2     import numpy as np                                         #导入 NumPy
3     df = pd.read_csv('E:\\test\\06\\data\\data_outliers.csv')  #导入数据
4     print("原始的 df 形状:")                                    #输出提示
5     print(df.shape)                                            #原始的 df 形状
6     tipmean=df['tip'].mean()                                   #求均值
7     tipstd = df['tip'].std()                                   #求标准差
```

8	`topnum1 =tipmean+2*tipstd`	#计算正常值的上界
9	`bottomnum1 = tipmean-2*tipstd`	#计算正常值的下界
10	`print("正常值范围的下界：{}".format(bottomnum1))`	#正常值范围的下界
11	`print("正常值范围的上界：{}".format(topnum1))`	#正常值范围的上界
12	`min1=df['tip'][df['tip']>bottomnum1].min()`	#df['tip']中正常值的最小值
13	`max1=df['tip'][df['tip']<topnum1].max()`	#df['tip']中正常值的最大值
14	`print("查看异常值的index：")`	#输出提示
15	`for index,row in df.iterrows():`	#迭代输出 df 中的值
16	`    if row['tip']<bottomnum1:`	#如果值小于下界
17	`        print("low")`	#查看异常值的 index
18	`    if row['tip']>topnum1:`	#如果值大于上界
19	`        print(index)`	#查看异常值的 index
20	`print("查看索引23和47中，"tip"属性的异常值")`	#输出提示
21	`print("index=23，"tip"属性的异常值：{}"`	#输出异常值
22	`    .format(df.iloc[23].tip))`	
23	`print("index=47，"tip"属性的异常值：{}"`	#输出异常值
24	`    .format(df.iloc[47].tip))`	
25	`df.loc[df['tip']>topnum1,'tip']=max1`	#最大值替换大于正常的值
26	`df.loc[df['tip']<bottomnum1,'tip']=min1`	#最小值替换小于正常的值
27	`print("异常值替换后的 df 形状")`	#输出提示
28	`print(df.shape)`	#原始的 df 形状
29	`print("异常值替换后，index=23和index=47"tip"属性的值")`	#输出提示
30	`print("index=23，"tip"属性的值：{}"`	#替换后的值
31	`    .format(df.iloc[23].tip))`	
32	`print("index=47，"tip"属性的值：{}"`	#替换后的值
33	`    .format(df.iloc[47].tip))`	

```
>>>原始的 df 形状：                               #程序运行结果
(244, 7)
正常值范围的下界：0.23100231052222542
正常值范围的上界：5.765555066526954
查看异常值的index：
23
47
59
88
141
170
183
212
214
239
查看索引23和47中，"tip"属性的异常值
index=23，"tip"属性的异常值：7.58
index=47，"tip"属性的异常值：6.0
```

```
异常值替换后的 df 形状
(244, 7)
异常值替换后，index=23 和 index=47"tip"属性的值
index=23，"tip"属性的值: 5.65
index=47，"tip"属性的值: 5.65
```

6.3.3　重复值处理

重复值处理

当数据中出现了重复值，通常情况下需要对其进行删除。pandas 中提供了专门用来处理重复值的方法，分别为 duplicated()和 drop_duplicates()方法。duplicated()方法用于判断是否为重复值，drop_duplicates()方法用于删除重复值。它们的判断标准相同，即只要两条数据中所有条目的值完全相等，就判断为重复值。

【例 6-47】使用 duplicated()和 drop_duplicates()方法对重复值进行判断及删除。

```
1   import pandas as pd                            #导入 pandas
2   p1 = {                                         #创建数据
3     "name": ['小明', '小红', '小红', '小鹏'],
4     "age": [17, 18, 18, 20]
5   }
6   df = pd.DataFrame(p1)                           #创建 DataFrame
7   print("查看 df 中是否存在重复值")                  #输出提示
8   print(df.duplicated())                         #查看 df 中是否存在重复值
9   print("删除 df 中的重复值")                        #输出提示
10  df.drop_duplicates(inplace = True)             #删除 df 中的重复值
11  print(df)                                      #输出 df
    >>>                                            #程序运行结果
    查看 df 中是否存在重复值
    0    False
    1    False
    2     True
    3    False
    dtype: bool
    删除 df 中的重复值
       name  age
    0   小明   17
    1   小红   18
    3   小鹏   20
```

6.4　时间序列数据处理

时间序列数据是在不同时间段内收集到的数据，用于描述对象随时间变化的情况。这类数据反映了某一事物、现象等随时间的变化状态或程度，被广泛应用于金融学、经济学、生态学、神经科学、物理学等多个领域。

时间序列是多个时间点上形成的数值序列，它可以是固定频率的，即数据点是根据某种规律定期出现的（比如每 15 s、每 5 min、每月出现 1 次等），也可以是不定期的，即没

有固定的时间单位的偏移量。pandas 中提供的时间序列数据类型主要有以下 3 种。

（1）时间点（也称时间戳，Timestamp）：表示某个具体的时刻。对应的索引数据结构是 DatetimeIndex。

（2）时间段与周期（Period）：时间段表示开始时间点与结束时间点之间的时间长度；周期通常是指一种特殊形式的时间间隔，每个时间间隔的长度相同，彼此之间不会重叠。对应的索引数据结构是 PeriodIndex。

（3）时间增量（TimeDelta）或持续时间（Duration）：表示精确的时间长度。例如，程序运行持续时间为 14.75 s。对应的索引数据结构是 TimedeltaIndex。

6.4.1 时间序列的基本操作

pandas 提供了功能强大的日期、时间和带时间索引数据的处理工具，可以高效且轻松地操作时间序列数据。

【例 6-48】使用 datetime()函数创建一个时间对象。

```
1    from datetime import datetime              #导入 datetime 包
2    t1=datetime(2022,10,20)                    #创建 datetime 对象
3    print(t1)                                  #输出 t1
     >>>2022-10-20 00:00:00                     #程序运行结果
```

【例 6-49】通过时间索引数据创建一个 Series 对象。

```
1     import numpy as np                              #导入 NumPy
2     from datetime import datetime                   #导入 datetime 包
3     from pandas import Series,DataFrame             #导入 Series、DataFrame
4     date_list=[                                     #创建列表
5         datetime(2021,11,1),
6         datetime(2021,11,10),
7         datetime(2021,11,12),
8         datetime(2021,11,15),
9         datetime(2021,12,21)
10    ]
11    s1=Series(np.random.rand(5),index=date_list)    #创建 Series 对象
12    print(s1)                                       #输出 s1
      >>>                                             #程序运行结果
      2021-11-01    0.247211
      2021-11-10    0.837908
      2021-11-12    0.221722
      2021-11-15    0.624606
      2021-12-21    0.841500
      dtype: float64
```

【例 6-50】查看 datetime 对象中的元素。

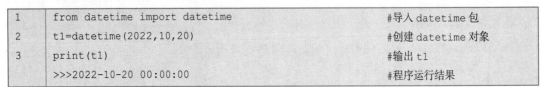

```
1     import numpy as np                                      #导入 NumPy
2     from datetime import datetime                           #导入 datetime 包
3     from pandas import Series,DataFrame                     #导入 Series、DataFrame
4     date_list=[datetime(2021,12,1),datetime(2021,12,1)      #创建列表
5     ,datetime(2021,11,12)]
```

6	`s1=Series(np.random.rand(3),index=date_list)`	#创建 Series 对象
7	`print("查看 s1 中第 0 个元素")`	#输出提示
8	`print("s1 中第 0 个元素为: {}".format(s1[0]))`	#s1 中第 0 个元素
9	`print("s1 中日期为 2021-12-1 的值为: \n{}"`	#输出 s1['2021-12-1']的值
10	`.format(s1['2021-12-1']))`	
11	`print(s1['20211201'])`	#注意不能写成 s1['2021121']
12	`print("返回 2021 年 11 月的所有值")`	#输出提示
13	`print(s1['2021-11'])`	#输出 s1['2021-11']的值
14	`print("返回 2021 年的所有值")`	#输出提示
15	`print(s1['2021'])`	#输出 s1['2021']的值

```
>>>                                                #程序运行结果
查看 s1 中第 0 个元素
s1 中第 0 个元素为: 0.07289238972672285
s1 中日期为 2021.12.1 的值为:
2021-12-01    0.072892
2021-12-01    0.436728
dtype: float64
2021-12-01    0.072892
2021-12-01    0.436728
dtype: float64
返回 2021 年 11 月的所有值
2021-11-12    0.595734
dtype: float64
返回 2021 年的所有值
2021-12-01    0.072892
2021-12-01    0.436728
2021-11-12    0.595734
dtype: float64
```

6.4.2 固定频率的时间序列

实际应用中，有些场合（如每周三下午开例会）可能会要求数据具有固定的频率。pandas 中提供的 date_range()函数，主要用于生成具有固定频率的 DatetimeIndex 对象。该函数的语法格式如下:

```
pandas.date_range(start=None, end=None, periods=None, freq=None)
```

其中，start 表示起始日期，默认为 None；end 表示终止日期，默认为 None；periods 表示产生多少个时间戳索引值，若设置为 None，则 start 与 end 不能为 None，默认生成的时间序列数据是按天计算的，即频率为"D"；freq 表示以自然日为单位，用来指定计时单位，比如"6H"表示每隔 6 h 计算一次。

注意，start、end、periods、freq 这 4 个参数至少要指定 3 个，否则会报错。

【例 6-51】输出起始日期为 2021-11-01 后的 5 天。

1	`import pandas`	#导入 pandas
2	`d1=pd.date_range('2021-11-01', periods=5)`	#输出起始日期为 2021-11-01 后的 5 天
3	`print(d1)`	#输出 d1

```
>>>                                    #程序运行结果
DatetimeIndex(['2021-11-01', '2021-11-02', '2021-11-03',
              '2021-11-04', '2021-11-05'],
             dtype='datetime64[ns]', freq='D')
```

【例 6-52】输出起始日期为 2021-11-01，终止日期为 2021-11-05 之间的时间。

```
1    import pandas                      #导入 pandas
2    d1=pd.date_range(start='2021-11-01',   #输出从 2021-11-01 到 2021-11-05 之间的
3                     end='2021-11-05')     #时间
4    print(d1)                          #输出 d1
     >>>                                #程序运行结果
DatetimeIndex(['2021-11-01', '2021-11-02', '2021-11-03',
              '2021-11-04', '2021-11-05'],
             dtype='datetime64[ns]', freq='D')
```

【例 6-53】输出起始日期为 2021-11-01，以 6 h 为间隔时间的时间点。

```
1    import pandas as pd                #导入 pandas
2    d1=pd.date_range(start='2021-11-01',   #创建起始日期为 2021-11-01，
3                     periods=4,freq='6H')  #以 6h 为间隔时间的时间点
4    print(d1)                          #输出 d1
     >>>                                #程序运行结果
DatetimeIndex(['2021-11-01 00:00:00', '2021-11-01 06:00:00',
              '2021-11-01 12:00:00', '2021-11-01 18:00:00'],
             dtype='datetime64[ns]', freq='6H')
```

6.4.3 时间周期及其计算

pandas 中，Period 类表示一个标准的时间段，比如某天、某月、某季度、某年等。创建 Period 对象时，只需要在 Period 类的构造方法中以字符串或整数的形式传入一个日期即可。

【例 6-54】创建一个 Period 对象。

```
1    import pandas as pd                #导入 pandas
2    p = pd.Period(2021, freq='D')      #创建 Period 对象
3    print("输出 p")                    #输出提示
4    print(p)                           #输出 p
5    print("输出 p+2")                  #对 p 进行加 2 操作
6    print(p+2)                         #输出 p+2
7    print("输出 p-2")                  #对 p 进行减 2 操作
8    print(p-2)                         #输出 p-2
     >>>输出 p                          #程序运行结果
2021-01-01
输出 p+2
2021-01-03
输出 p-2
2020-12-30
```

【例 6-55】两个 Period 对象相减。

```
1    import pandas as pd                              #导入 pandas
2    p = pd.Period(2010, freq='Y')                    #创建 Period 对象
3    print(pd.Period('2021',freq='Y') - p)            #两个 Period 对象相减
     >>>                                              #程序运行结果
     <11 * YearEnds: month=12>
```

当两个 Period 对象拥有相同频率时，它们的差就是它们之间的单位数量。如例 6-55 中，两个 Period 对象的频率都是 Y（年），它们之间的差就是两者相差的年数，为 11 年。

如果希望创建多个固定频率的 Period 对象，则可以通过 period_range()函数实现。

【例 6-56】以 2021 年 1 月作为起始日期，分别以季度、年、月为频率生成 5 个时间。

```
1    import pandas as pd                                            #导入 pandas
2    q = pd.period_range("2021-01", periods=5, freq="Q")           #以季度 Q 为频率，生成 5 个时间
3    print("以季度为频率: ")                                        #输出提示
4    print(q)                                                      #输出 q
5    y = pd.period_range("2021-01", periods=5, freq="Y")           #以年 Y 为频率，生成 5 个时间
6    print("以年为频率: ")                                          #输出提示
7    print(y)                                                      #输出 y
8    m = pd.period_range("2021-01", periods=5, freq="M")           #以月 M 为频率，生成 5 个时间
9    print("以月为频率: ")                                          #输出提示
10   print(m)                                                      #输出 m
     >>>以季度为频率:                                              #程序运行结果
     PeriodIndex(['2021Q1', '2021Q2', '2021Q3',
     '2021Q4', '2022Q1'], dtype='period[Q-DEC]')
     以年为频率:
     PeriodIndex(['2021', '2022', '2023', '2024',
     '2025'], dtype='period[A-DEC]')
     以月为频率:
     PeriodIndex(['2021-01', '2021-02', '2021-03',
     '2021-04', '2021-05'], dtype='period[M]')
```

6.5 文本数据分析

在自然语言处理领域，文本类型的数据占据着很大的比例，文本数据分析是数据挖掘与分析的重要任务之一。文本数据分析是从大量文本数据中抽取出有价值的知识，并且利用这些知识重新组织信息的过程。Python 对文本数据处理比较容易，pandas 同样提供了一系列向量化字符串操作的工具，它们在文本数据分析中使用起来十分便利。

6.5.1 字符串处理方法

Python 内置的几乎所有字符串方法都可以被应用到 pandas 的向量化字符串方法中。表 6-4 列举了常见的 pandas 字符串处理方法及其功能。

表 6-4　pandas 的字符串处理方法及其功能

方法	功能描述	方法	功能描述	方法	功能描述
cat()	拼接字符串	count()	计算给定单词出现的次数	rfind()	从右边开始，查找给定字符串的所在位置
split()	切分字符串	startswith()	判断是否以给定的字符串开头	index()	查找给定字符串的位置
get()	获取指定位置的字符串	endswith()	判断是否以给定的字符串结束	rindex()	从右边开始，查找给定字符串的位置
join()	对每个字符都用给定的字符串拼接起来	findall()	查找所有符合正则表达式的字符，以数组形式返回	capitalize()	首字符大写
contains()	是否包含表达式	match()	检测是否全部匹配给定的字符串或表达式	swapcase()	大小写互换
replace()	替换	extract()	抽取匹配的字符串	normalize()	序列化数据
repeat()	复制字符串	len()	计算字符串的长度	isalnum()	是否全部由数字和字母组成
pad()	左右补齐	strip()	去除字符串前、后的空白字符	isalpha()	是否全部是字母
center()	中间补齐	rstrip()	去除字符串后面的空白字符	isdigit()	是否全部是数字
ljust()	右边补齐	lstrip()	去除字符串前面的空白字符	isspace()	是否空格
rjust()	左边补齐	partition()	把字符串数组切分为 DataFrame	islower()	是否全部小写
zfill()	左边补 0	rpartition()	从右边分割数组	isupper()	是否全部大写
wrap()	在指定的位置加回车符	lower()	全部小写	istitle()	是否只有首字母为大写
slice()	按给定的开始、结束位置切割字符串	upper()	全部大写	isnumeric()	字符串是否只由数字组成
slice_replace()	使用给定的字符串，替换指定位置的字符	find()	从左边开始，查找给定字符串的所在位置	isdecimal()	字符串是否只由十进制的数字组成

【例 6-57】输出 df 中包含字符 "d" 的行。

```
1    import pandas as pd                                          #导入 pandas
2    df=pd.DataFrame(['1d','dce','abd','1'],columns=['val'])      #创建 DataFrame
3    print(df[df['val'].str.contains('d')])                       #包含字符 "d" 的行
     >>>                                                          #程序运行结果
        val
     0  1d
     1  dce
     2  abd
```

【例 6-58】判断 df 的字符串元素中是否全部是数字。

```
1    import pandas as pd                                          #导入 pandas
2    df=pd.DataFrame(['1','123','abd','123'] ,                    #创建 DataFrame
3                    columns=['v1'])                              #必须是由数字组成的字符串
```

4	`print(df['v1'].str.isdecimal())`	#判断df的字符串元素中是否全部是数字
	`>>>`	#程序运行结果
	`0    True`	
	`1    True`	
	`2    False`	
	`3    True`	
	`Name: v1, dtype: bool`	

【例6-59】复制 str1 中的数值，每个值重复复制 2 次。

1	`import pandas as pd`	#导入pandas
2	`str1 = pd.Series([96, 98, 94])`	#创建Series
3	`index_ = ['语文', '数学', '英文']`	#创建index
4	`str1.index = index_`	#设置index
5	`print(str1)`	#输出str1
6	`result = str1.repeat(repeats = 2)`	#复制字符串，给定对象的每个值重复2次
7	`print(result)`	#输出result
	`>>>`	#程序运行结果
	`语文    96`	
	`数学    98`	
	`英文    94`	
	`dtype: int64`	
	`语文    96`	
	`语文    96`	
	`数学    98`	
	`数学    98`	
	`英文    94`	
	`英文    94`	
	`dtype: int64`	

6.5.2 文本数据分析工具

在人工智能技术高速发展的背景下，在自然语言处理领域出现了许多能便捷进行文本数据分析的工具，极大地简化了文本数据分析的流程。

文本数据分析工具

1. 自然语言处理工具包 NLTK

NLTK（Natural Language Toolkit，自然语言处理工具包）是一套基于 Python 的自然语言处理工具包，可以方便地完成自然语言处理的多种任务，包括分词、词性标注、命名实体识别及句法分析等。

【例6-60】使用 NLTK 进行英文分词。

1	`import nltk`	#导入nltk包
2	`text = nltk.word_tokenize( "I love you 3000 times" )`	#分词
3	`print (text)`	#输出分词后的句子
	`>>>['I', 'love', 'you', '3000', 'times']`	#程序运行结果

【例 6-61】 使用 NLTK 进行词频提取。

```
1    import nltk                                        #导入nltk包
2    all_words = nltk.FreqDist(w.lower() for w in       #词频提取
3                nltk.word_tokenize( "I'm Iron Man man" ))
4    for key in all_words:                              #输出词频
5        print(key, all_words[key])
     >>>                                                #程序运行结果
     man 2
     i 2
     'm 1
     iron 1
```

2. 中文分词组件 jieba

jieba 是一款非常好用的中文分词组件，它利用中文词库，确定汉字之间的关联概率，让汉字间关联概率大的字组成词，完成对中文句子的分词。除了分词，用户还可以添加自定义的词组，以增强分词的效果。

jieba 分词有 3 种模式，其对应的含义及功能描述如下。

（1）精确模式：把文本精确地切分开，不存在冗余词语。

（2）全模式：把文本中所有可能的词语都扫描出来，速度非常快，但不能解决歧义。

（3）搜索引擎模式：在精确模式的基础上，对长词再次切分，适用于搜索引擎分词。

jieba 常用函数及其功能如表 6-5 所示。

表 6-5　jieba 常用函数及其功能

函数	功能描述
jieba.cut(s)	精确模式，返回一个可迭代的数据类型
jieba.cut(s,cut_all=True)	全模式，输出文本 s 中所有可能的词语
jieba.cut_for_search(s)	搜索引擎模式，适合搜索引擎建立索引的分词结果
jieba.lcut(s)	精确模式，返回一个列表类型
jieba.lcut(s,cut_all=True)	全模式，返回一个列表类型
jieba.lcut_for_search(s)	搜索引擎模式，返回一个列表类型
jieba.add_word(W)	向分词词典中增加新词 W
jieba.del_word(W)	从分词词典中删除词 W

【例 6-62】 使用 jieba 进行中文分词。

```
1    import jieba                                       #导入jieba
2    str="虽没见过极光出现的村落"                          #实验句子
3    print(jieba.lcut(str))                            #分词
     >>>['虽', '没见', '过', '极光', '出现', '的', '村落']    #程序运行结果
```

【例 6-63】 使用 jieba 进行中文分词并去除停用词。

```
1    import jieba                                       #导入jieba
2    def stopwordslist():                              #创建停用词列表
```

```
3       stopwords =[line.strip() for line
4              in open('E:\\test\\06\\data\\cn_stopwords.txt ',
5                     encoding='UTF-8').readlines()]
6       return stopwords
7  def seg_depart(sentence):                          #对句子进行中文分词
8       sentence_depart = jieba.cut(sentence.strip())  #每一行进行中文分词
9       stopwords = stopwordslist()                    #创建停用词列表对象
10      outstr = ''                                    #输出结果为 outstr
11      for word in sentence_depart:                   #去除停用词
12          if word not in stopwords:
13              if word != '\t':
14                  outstr += word
15                  outstr += " "
16      return outstr
17 str="今天真是一个好好的天气啊！！！"                 #实验句子
18 str1=seg_depart(str)                               #分词
19 print(str1)                                        #输出 str1
   >>>今天 真是 一个 好好 天气                          #程序运行结果
```

【例 6-64】使用 jieba 进行词性标注。

```
1    import jieba.posseg as psg                       #导入 jieba.posseg
2    str="电影《长津湖》成为中国影史票房冠军"           #实验句子
3    psg.lcut(str)                                    #输出词性标注结果
     >>>[pair('电影', 'n'), pair('《', 'x'), pair('长津湖',   #程序运行结果
     'ns'), pair('》', 'x'), pair('成为', 'v'), pair('中国',
     'ns'), pair('影史', 'n'), pair('票房', 'n'), pair('冠军',
     'n')]
```

jieba 常用的词性标注如表 6-6 所示。

表 6-6 jieba 常用的词性标注

标注	种类
a	形容词
c	连词
n	名词
x	非语素字（通常用于代表未知数、符号）
ns	地名
v	动词

3．机器学习模型库 sklearn

sklearn 是基于 Python 的机器学习库，并且广泛使用 NumPy 进行高性能的线性代数和

数组运算。它具有各种分类、回归和聚类算法，包括支持向量机、随机森林、梯度提升、k均值和 DBSCAN（Density-Based Spatial Clustering of Applications with Noise，基于密度的聚类算法）等，旨在更便捷地进行文本数据分析。

【例 6-65】使用 sklearn 预测波士顿房价。

```
1    from sklearn import datasets                              #导入数据集
2    from sklearn.linear_model import LinearRegression         #导入线性回归模型
3    loaded_data=datasets.load_boston()                        #使用波士顿房价数据
4    data_X=loaded_data.data                                   #加载训练数据
5    data_y=loaded_data.target                                 #加载训练数据的标签
6    model=LinearRegression()                                  #加载线性回归模型
7    model.fit(data_X,data_y)                                  #训练模型
8    print("模型预测的 4 个房价: ")                             #输出提示
9    print(model.predict(data_X[:4,:]))                        #预测的 4 个房价
10   print("真实数据的 4 个房价: ")                             #输出提示
11   print(data_y[:4])                                         #真实的 4 个房价
     >>>模型预测的 4 个房价:                                    #程序运行结果
     [30.00384338 25.02556238 30.56759672 28.60703649]
     真实数据的 4 个房价:
     [24.  21.6 34.7 33.4]
```

4．自然语言处理工具库 gensim

gensim 是进行自然语言处理时经常用到的一个工具库，用于主题建模、文档索引和大型语料库的相似性检索等，主要包括 TF-IDF（Term Frequency-Inverse Document Frequency，词频-逆文档频率）、LSA（Latent Semantic Analysis，潜在语义分析）、LDA（Latent Dirichlet Allocation，隐含狄利克雷分布）、word2vec、doc2vec 等多种模型。

【例 6-66】使用 gensim 建立语料特征的索引字典，并将文本特征的原始表达转化成词袋模型对应的稀疏向量的表达。

```
1    from gensim import corpora                                          #导入 gensim
2    texts = [['human', 'computer','human','computer','nice']]           #语料构建
3    dictionary = corpora.Dictionary(texts)                              #构建词袋模型
4    corpus = [dictionary.doc2bow(text) for text in texts]               #稀疏向量的表达
5    print(corpus)                                                       #输出结果
     >>>[[(0, 2), (1, 2), (2, 1)]]                                       #程序运行结果
```

6.5.3　正则表达式

正则表达式是使用特定规则来描述、匹配一系列符合某个语法规则的字符串。它告诉程序从字符串中搜索特定的文本，然后返回相应的结果。表 6-7 列出了 Python 中常见的正则表达式的匹配规则。

正则表达式

表 6-7 Python 中常见的正则表达式的匹配规则

匹配规则	功能描述	匹配规则	功能描述
.	匹配任意一个字符（除\n 之外）	{m}	匹配前一个字符出现 m 次
[]	匹配[ ]中列举的字符	{m,}	匹配前一个字符至少出现 m 次
\d	匹配数字	{m,n}	匹配前一个字符出现 m~n 次
\D	匹配非数字，即不是数字	^	匹配字符串开头
\s	匹配空白，即空格、Tab 键	$	匹配字符串结尾
\S	匹配非空白	\b	匹配一个单词的边界
\w	匹配单词字符	\B	匹配非单词边界
\W	匹配非单词字符	|	匹配左、右任意一个表达式
*	匹配前一个字符出现 0 次或者无限次	(ab)	将括号中的字符作为一个分组
+	匹配前一个字符出现 1 次或者无限次，即至少出现 1 次	\num	引用分组 num 匹配到的字符串
?	匹配前一个字符出现 1 次或者 0 次	(?P<name>)	分组起别名

Python 中的 re 模块提供了正则表达式的功能，常用的 4 个方法 match()、search()、findall()、compile()都可以用于匹配字符串。

【例 6-67】匹配字符串中的任意 3 个字符。

```
1   import re                          #导入 re 模块
2   a = re.match('…','Test Test')      #匹配字符串任意 3 个字符
3   print(a.group())                    #输出结果
    >>>Tes                              #程序运行结果
```

其中，re.match()方法返回一个匹配的对象，而不是匹配的内容。如果需要返回内容，则需要调用 group()方法。通过调用 span()方法可以获得匹配结果的位置。如果从起始位置开始没有匹配成功，即便其他部分包含需要匹配的内容，re.match()方法也会返回 None。

【例 6-68】匹配字符串中的前两个数字。

```
1   import re                          #导入 re 模块
2   a = re.match('\d\d','666qq')       #匹配字符串中的前两个数字
3   print(a.group())                    #输出结果
    >>>66                               #程序运行结果
```

【例 6-69】匹配字符串中列举的字符。

```
1   import re                          #导入 re 模块
2   a = re.match('12[234]','124qqqqq') #匹配 122 或 123 或 124
3   print(a.group())                    #输出结果
    >>>124                              #程序运行结果
```

【例 6-70】匹配字符串中字符"a"至少出现一次。

```
1   import re                          #导入 re 模块
2   print(re.match('a+','aaaqwqewq').group())   #匹配含字母 a 的字符，a 至少有 1 个
```

3	print(re.match('a+','aabbads').group())	#匹配含字母 a 的字符，a 至少有 1 个
	>>>aaa	#程序运行结果
	aa	

【例 6-71】匹配字符串中字符"qa{n}"，n 为出现次数。

1	import re	#导入 re 模块
2	print(re.match('qa{4}','qaaaaazz').group())	#匹配 qaaaa，后面多出的 a 被截断
3	print(re.match('qa{3}','qaabbb'))	#只能匹配到 qaa，不满足匹配条件
	>>>qaaaa	#程序运行结果
	None	

【例 6-72】匹配字符串，要求以字符"d"结尾。

1	import re	#导入 re 模块
2	print(re.match('.*d$','4sdafqd'))	#字符串必须以 d 结尾
3	print(re.match('.*d$','4saaaadc'))	#字符串不是以 d 结尾，返回 None
	>>>4sdafqd	#程序运行结果
	None	

【例 6-73】匹配手机号，要求手机号为 11 位，且以 1 开头，第 2 位为 3、5、6、7、8、9，剩下的 9 位数为任意数字。

1	import re	#导入 re 模块
2	pattern = re.compile(r"1[356789]\d{9}")	#匹配手机号
3	strs = '小强的手机号是15467692841'	#实验句子 1
4	result = pattern.findall(strs)	#结果 1
5	strs1 = '小李的手机号是12467692841'	#实验句子 2
6	result1 = pattern.findall(strs1)	#结果 2
7	print("小强的手机号{}".format(result))	#输出结果
8	print("小李的手机号{}".format(result1))	#小李的手机号第 2 位是 2，不符合要求
	>>>小强的手机号['15467692841']	#程序运行结果
	小李的手机号[]	

【例 6-74】匹配电子邮箱，要求邮箱必须包含字符@。

1	import re	#导入 re 模块
2	sre="[a-zA-Z0-9_-]+@[a-zA-Z0-9_-]+(?:\.[a-zA-Z0-9_-]+)"	#邮箱匹配正则表达式
3	pattern = re.compile(sre)	#应用 sre 正则表达式
4	strs = '小明的邮箱是xiaojinqw@163.com'	#实验句子
5	result = pattern.findall(strs)	#匹配结果
6	print(result)	#输出结果
	>>>['xiaojinqw@163.com']	#程序运行结果

6.5.4 文本预处理

导入文本数据后，需要进行一系列的预处理操作，主要包括分词、去除停用词等。文本预处理的主要步骤包括以下 5 个方面。

（1）去除无用的特殊符号。
（2）使文本只保留汉字（英文）。
（3）对文本进行分词。
（4）去除文本中的停用词。
（5）将文本转换为向量表示。

【例 6-75】文本预处理实例。

```
1    import re                                              #导入 re 模块
2    import jieba                                           #导入 jieba
3    from gensim import corpora,models                      #导入 gensim
4    from sklearn.feature_extraction.text import TfidfVectorizer   #导入 sklearn
5    str=' %$$如果@对#的大数     据采集采集的预处理预处理与    #实验数据
     可视化可视化啊()+++*dfsafdsaww'
6    print("清理特殊符号前的 str: ")                          #输出提示
7    print(str)                                             #输出原始 str
8    def process_te(data):                                  #清理特殊符号
9        str1=re.sub('\W', '', data)
10       return str1
11   print("清理特殊符号后的 str: ")                          #输出提示
12   str_q=process_te(str)                                  #清理特殊符号
13   print(str_q)                                           #输出结果
14   print("让文本只保留汉字: ")                              #输出提示
15   def is_chinese(char1):                                 #判断是不是中文
16       if char1>=u'\u4e00' and char1<= u'\u9fa5':
17           return True
18       else:
19           return False
20   def format_s(content):                                 #保留中文
21       str1=''
22       for i in content:
23           if is_chinese(i):
24               str1=str1+i
25       return str1
26   str_c=format_s(str_q)                                  #对实验数据保留中文
27   print(str_c)                                           #输出结果
28   print("对文本进行分词: ")                                #输出提示
29   def fenc(data):                                        #分词
30       word1=jieba.cut(data)
31       return list(word1)
32   fen_word=fenc(str_c)                                   #对实验数据进行分词
33   print(fen_word)       # "大数据"被分割成了"大""数据"，而"大数据"是一个固定词语，不能分开
34   print("使用自定义词典后进行分词: ")                       #输出提示
35   file_userdict = ' E:\\test\\06\\data\\userdict.txt '   #此处文件名为用户自定义的文件名，
                                                            #内容为不想被分开的词
```

```
36   jieba.load_userdict(file_userdict)                                    #加载自定义词典
37   fen_word1=fenc(str_c)                                                 #对实验数据进行分词
38   print(fen_word1)                                                      #输出分词结果
39   fen_word1_str = ''.join(fen_word1)                                    #将分词结果转为字符串
40   print("去停用词: ")                                                    #输出提示
41   def stopwordslist():                                                  #创建停用词列表
42       stopwords = [line.strip() for line in open('E:\\test\\
     06\\data\\cn_stopwords.txt',encoding='UTF-8').readlines()]
43       return stopwords
44   def seg_depart(sentence):                                             #对句子进行中文分词
45       sentence_depart = jieba.cut(sentence.strip())        #对文档中的每一行进行中文分词
46       stopwords = stopwordslist()                                       #创建一个停用词列表
47       outstr = []                                                       #输出结果为 outstr
48       for word in sentence_depart:                                      #去除停用词
49           if word not in stopwords:
50               if word != '\t':
51                   outstr .append(word)
52       return outstr
53   fen_word2=seg_depart(fen_word1_str)                                   #去除停用词后的分词
54   print(fen_word2)                                                      #输出结果
55   print("文本向量化表示: ")                                               #输出提示
56   tfidf_vec = TfidfVectorizer()                                         #创建 TfidfVectorizer 对象
57   tfidf_matrix = tfidf_vec.fit_transform(fen_word2)                     #对实验数据进行向量化
58   print("语料库所有不重复的词: ")                                         #输出提示
59   print(tfidf_vec.get_feature_names())                                  #得到语料库所有不重复的词
60   print("每个单词对应的 ID 值: ")                                        #输出提示
61   print(tfidf_vec.vocabulary_)                                          #得到每个单词对应的 ID 值
62   print("句子所对应的向量: ")                                            #输出提示
63   print(tfidf_matrix.toarray())        #得到句子所对应的向量，向量中数字的顺序是按照词语的 ID
                                           顺序来的
```

```
>>>清理特殊符号前的 str:                                                    #程序运行结果
 %$$如果@对#的大数     据采集采集的预处理预处理与可视化可视化啊()+++*dfsafdsaww
清理特殊符号后的 str:
如果对的大数据采集采集的预处理预处理与可视化可视化啊 dfsafdsaww
让文本只保留汉字:
如果对的大数据采集采集的预处理预处理与可视化可视化啊
对文本进行分词:
['如果', '对', '的', '大数据', '采集', '采集', '的',
 '预处理', '预处理', '与', '可视化', '可视化', '啊']
使用自定义词典后进行分词:
['如果', '对', '的', '大数据', '采集', '采集', '的',
 '预处理', '预处理', '与', '可视化', '可视化', '啊']
去停用词:
['大数据', '采集', '采集', '预处理', '预处理', '可视化', '可视化']
```

```
文本向量化表示:
语料库所有不重复的词:
['可视化', '大数据', '采集', '预处理']
每个单词对应的 ID 值:
{'大数据': 1, '采集': 2, '预处理': 3, '可视化': 0}
句子所对应的向量:
[[0. 1. 0. 0.]
 [0. 0. 1. 0.]
 [0. 0. 1. 0.]
 [0. 0. 0. 1.]
 [0. 0. 0. 1.]
 [1. 0. 0. 0.]
 [1. 0. 0. 0.]]
```

6.6 案例: IMDb5000 电影数据预处理

本节以"IMDb5000 电影数据"作为案例数据集,运用前面介绍的数据预处理方法,对其进行预处理。

6.6.1 数据分析及代码实现

通过递进式的分析方式,逐步对数据集"IMDb5000 电影数据"进行预处理,并完成程序代码的实现。完整的代码详见 6.6.2 小节。

数据集"IMDb5000 电影数据"共包含 5 000 条电影的相关特征数据,有 9 个特征属性,分别为 imdb_title_id(电影编号)、original_title(电影名称)、date_published(电影发布日期)、genre(电影风格)、country(发布国家)、language(发行语言)、director(导演)、actors(主演)、description(剧情简介)。

1. 读取 IMDb5000 电影数据

将电影数据读入系统,为后续操作提供数据准备。

```
1    import pandas as pd                          #导入 pandas
2    df=pd.read_csv('imdb5000.csv')               #读取数据集
3    print(df.shape)                              #输出数据形状
     >>>(5000, 9)                                 #程序运行结果
```

2. 查看数据中是否存在缺失值

"IMDb5000 电影数据"数据集是来自 IDMb(Internet Movie Database,互联网电影数据库)的真实数据,数据集不会存在异常值。因此,对该数据集的数据预处理,只需要考虑数据集中的缺失值以及重复值的问题。查看数据中是否存在缺失值的程序代码如下。

```
1    print(df.isnull().sum())                     #查看哪些数据存在缺失值
     >>>imdb_title_id      0
     original_title        0
     date_published        0
```

```
genre                 0                              #程序运行结果
country               0
language            196
director              1
actors                0
description          38
dtype: int64
```

3．删除数据中的缺失值

通过观察发现，数据中"language""director""description"3 个属性值存在缺失值。但是，这 3 个属性值难以设置合理的数值进行填充，因为这些值属于电影的固有属性，随意地填充这些属性值会导致数据与真实情况不符，影响后续数据分析结果的准确性。因此，将存在缺失值的数据删除，以消除数据中的缺失值。

```
1    df=df.dropna()                                  #删除存在缺失值的数据
2    print(df.shape)                                 #删除后的数据情况
     >>>(4767, 9)                                    #程序运行结果
```

4．查看数据中是否存在重复值

清理完缺失值后，共计剩余 4 767 条数据。接下来，继续查看数据中是否存在重复值。

```
1    print(df.duplicated().sum())                    #查看重复值的数量
     >>>0                                            #程序运行结果
```

程序运行结果显示，不存在重复值。因此，该数据不需要进行去重处理。

5．查看数据的时间格式是否统一

观察数据集发现，在数据中存在时间序列数据类型的属性"date_published"，针对时间序列类型的数据，需要查看数据的时间格式是否统一。

```
1    print(df['date_published'])                     #输出 date_published 列的值
     >>>0        2020/5/4                            #程序运行结果
     1           2019/3/8
     3          1912/11/13
     4           1911/3/6
     5              1913
                    ...
     4995        1945/3/2
     4996        1945/9/5
     4997       1945/5/28
     4998       1945/2/15
     4999       1945/9/29
     Name: date_published, Length: 4767, dtype: object
```

程序运行结果显示，"date_published"列中存在时间格式不统一的问题，例如"2020/5/4"和"1913"。因此，针对该列数据，选择只保留时间数据的年份，从而统一该列数据的时间格式。统一时间序列属性"date_published"的格式的程序代码如下。

```
1   df_t=df['date_published'].tolist()                          #将该列数据转换为列表
2   df_Time=pd.to_datetime(df_t)                                 #将该列数据类型转换为 datetime 类型
3   df_T=df_Time.strftime('%Y').tolist()                         #只提取数据中的年份并保存成列表
4   df['date_published']=df_T                                    #只提取数据中的年份并保存成列表
5   print(df['date_published'])                                  #输出现在的时间数据
    >>>0        2020                                             #程序运行结果
    1           2019
    3           1912
    4           1911
    5           1913
                ...
    4995        1945
    4996        1945
    4997        1945
    4998        1945
    4999        1945
    Name: date_published, Length: 4767, dtype: object
```

6.文本数据分词处理

此外，在数据集中，属性列"description"是文本数据。为了后续数据分析阶段能够更加便捷地提取数据的特征，需要将属性列"description"的文本数据进行分词。

```
1   import nltk                                                  #导入 nltk
2   import pandas as pd                                          #导入 pandas
3   def cut_words(text):                                         #构建 nltk 分词函数
        return nltk.word_tokenize(text)
4   df['description'] = df['description'].apply(cut_words)       #将 df['description']中
                                                                 #的每一个值都应用 nltk 分词
                                                                 #函数进行分词
5   print(df['description'].head(3))                             #输出分词结果
    >>>0    [In, the, frozen, ,, war, torn, landscape, of,...    #程序运行结果
    1    [Set, in, Trivandrum, ,, the, story, of, Ottam...
    2    [The, fabled, queen, of, Egypt, 's, affair, wi...
    Name: description, dtype: object
```

通过上述过程，完成了对案例数据集"IMDb5000 电影数据"的预处理。

6.6.2　完整代码

"IMDb5000 电影数据"预处理的完整程序代码如下。

```
1   import nltk                                                  #导入 nltk
2   import pandas as pd                                          #导入 pandas
3   df=pd.read_csv('imdb5000.csv')                               #读取数据集
4   print(df.shape)                                              #输出数据形状
5   print("---")                                                 #输出分隔符
6   print(df.isnull().sum())                                     #查看哪些列存在空值
```

7	`print("---")`	#输出分隔符
8	`df=df.dropna()`	#删除存在缺失值的数据
9	`print(df.shape)`	#删除后的数据情况
10	`print("---")`	#输出分隔符
11	`print(df.duplicated().sum())`	#查看重复值的数量
12	`print("---")`	#输出分隔符
13	`print(df['date_published'])`	#输出该列的值
14	`print("---")`	#输出分隔符
15	`df_t=df['date_published'].tolist()`	#将该列数据转换为列表
16	`df_Time=pd.to_datetime(df_t)`	#将该列数据类型转换为 #datetime 类型
17	`df_T=df_Time.strftime('%Y').tolist()`	#只提取数据中的年份并保存成列表
18	`df['date_published']=df_T`	#将只含有年份的时间数据与原数据进行替换
19	`print(df['date_published'])`	#输出现在的时间数据
20	`print("---")`	#输出分隔符
21	`def cut_words(text):` `return nltk.word_tokenize(text)`	#构建 nltk 分词函数
22	`df['description'] = df['description'].apply(cut_words)`	#将 df ['description'] #中的每一个值都应用 nltk #分词函数进行分词
23	`print(df['description'].head(3))`	#输出分词结果

```
>>> (5000, 9)
---
imdb_title_id      0
original_title     0
date_published     0
genre              0
country            0
language         196
director           1
actors             0
description       38
dtype: int64
---
(4767, 9)
---
0
---
0
---
0            2020/5/4
1            2019/3/8
3          1912/11/13
4           1911/3/6
5                1913
             ...
4995         1945/3/2
4996         1945/9/5
4997        1945/5/28
4998        1945/2/15
```
                                                                                                 #程序运行结果

```
4999      1945/9/29
Name: date_published, Length: 4767, dtype: object
---
0        2020
1        2019
3        1912
4        1911
5        1913
         ...
4995     1945
4996     1945
4997     1945
4998     1945
4999     1945
Name: date_published, Length: 4767, dtype: object
---
0    [In, the, frozen, ,, war, torn, landscape, of,...
1    [Set, in, Trivandrum, ,, the, story, of, Ottam...
3    [The, fabled, queen, of, Egypt, 's, affair, wi...
Name: description, dtype: object
```

6.7 本章小结

数据质量将直接影响数据分析的结果，而数据分析的结果又是进行组织决策的重要参考依据。因此，为确保数据分析结果的准确性和有效性，从而更有效地辅助人们进行决策，在数据分析之前，需要对数据进行预处理，清洗无效数据，提高数据质量。

本章从科学计算库 NumPy 和数据分析库 pandas 的介绍入手，通过理论与实践相结合的方式，论述了数据分组、数据分割、数据合并、数据变形、缺失值处理、异常值处理、重复值处理、时间序列数据处理以及文本数据分析等数据预处理技术，为提高数据质量提供了理论知识和实践技能。

6.8 习题

1. 在数据预处理过程中，主要是从哪 3 个方面完成对数据的预处理？
2. 简述 pandas 中 duplicated()和 drop_duplicates()方法的作用。
3. 时间序列数据主要包括哪 3 种数据类型？
4. 利用 Python 编程，创建一个 2 行 2 列的全 1 矩阵。
5. 根据下面表格中的数据，编写 Python 程序，完成以下要求。

班级	姓名	语文	数学
A	胡一	95	85
B	王二	87	77
B	张三	71	92
A	李四	81	71

（1）根据表格中的数据创建相应的 DataFrame 对象，并命名为 df1。

（2）按照班级对所有数据进行分组，并分割成 2 个 DataFrame 对象，分别命名为 df2 和 df3。

（3）提取 2 个 DataFrame 对象中的"班级"和"姓名"列，合并成新的 DataFrame 对象，并命名为 df4。

（4）将 df4 中的行和列进行旋转。

6. 根据下面表格中的数据，编写 Python 程序，完成以下要求。

用户昵称	发布内容	发布时间
小叶乐呵呵	等了足足一个小时！！！下次不来了！！！	2022-05-20
上善若水	味道好极了，有小时候的感觉	2022-05-28
上善若水	味道好极了，有小时候的感觉	2022-05-28
平心静气		2022-06-17

（1）根据表格中的数据创建相应的 DataFrame 对象，并命名为 data1。

（2）对数据中存在缺失值的数据记录进行删除。

（3）对数据中的重复值进行去重。

（4）计算"小叶乐呵呵"和"上善若水"两个用户发布内容的时间相差的天数。

（5）对用户"小叶乐呵呵"的发布内容进行分词。

第7章 数据可视化技术

强调实时性、变化、运算能力的数据可视化是为了观测、跟踪数据；强调呈现度、关联度、用户理解的数据可视化是为了分析数据，进而发现和理解数据中潜在的问题；强调绚烂颜色、生动动画、视觉冲击的数据可视化是为了呈现具有吸引力的图表，增加教育、宣传或演讲的说服力。科技是第一生产力、人才是第一资源、创新是第一动力。在数据驱动的可视化应用愈加广泛的背景下，数据可视化技术正在成为数据分析人才的一项关键技能。本章从介绍数据可视化的定义、发展历程及作用开始，简要介绍数据可视化的流程、设计要素、基础图表及常见工具，以及 Python 数据可视化和 pyecharts 数据可视化的相关方法及案例，希望能够为读者提供理论与实践相结合的数据可视化知识和技能。

人才是第一资源

7.1 数据可视化概述

可视化包括科学可视化和信息可视化两个方面，科学可视化是对科学技术数据和模型的解释、操作与处理；信息可视化包含数据可视化、知识可视化、视觉设计等。在学习数据可视化之前，厘清数据可视化的定义、了解数据可视化的发展历程、明确数据可视化的作用是非常必要的。

7.1.1 数据可视化的定义

数据可视化是当今数据分析领域发展极快、非常引人注目的领域之一。不同的专家学者对数据可视化给出了不同的定义。

科林·威尔所著的《信息可视化》一书中，提出了这样一个问题：可视化是一门科学还是一种语言？可视化应该是一门科学，它可以精准地、系统性地展示数据，没有花枝招展、画蛇添足般的呈现，能够让我们直观领略到数据艺术的本质所在。因此，想要展示什么样的内容就决定了如何选取正确的可视化方法。同时，可视化也是一种语言，它可以用图画来传递意义。如同象形文字，我们可以创造性地用符号来编制数据。编制数据的方法和规则也是后天习得的而非与生俱来的，这跟语言本质的定义是相通的。

浙江大学陈为教授在其所著的《可视化导论》一书中提到：数据可视化是创建并研究数据的视觉表达的一门交叉学科，输入是数据，输出是视觉形式（如图像、视频、网页等），其目的不是得到酷炫的图表，而是深入理解数据及其内涵。

百度百科对数据可视化的定义是：数据可视化，是关于数据视觉表现形式的科学技术研究。其中，数据的视觉表现形式被定义为一种以某种概要形式抽提出来的信息，包括相应信息单位的各种属性和变量。

在大数据分析工具和软件中提到的数据可视化，就是运用计算机图形学、图像、人机交互等技术，将采集或模拟的数据映射为可识别的图形、图像。

从上述数据可视化的定义来看，数据可视化并没有一个明确的概念或说明。数据可视化本身处于不断变化的过程中，在可视化技术发展之初，人们只是以点、线或简单图形的方式表现数据，这样可以减少人类大脑对数据的直接阅读，间接提升人们对数据内涵的掌控能力。随着数据应用领域的拓宽和表现强度需求的增加，人们开始以视觉表现对人类自身的影响为对象进行成体系的研究，可视化开始以更为抽象或更为直观的形式表示数据内在的信息，可视化的概念也得以不断地演变。可见，数据可视化的外延在不断扩大，因此，对其定义可以加以宽泛理解。

综上所述，本书认为，数据可视化是指利用图形图像处理、计算机视觉等技术，通过用户界面等视角，将数据转换成图形或图像在屏幕上显示出来，并进行交互处理的一种理论、方法和技术。数据可视化可以将数据中主要的或者用户关心的部分信息通过图形、图像进行具体化，直接投射到人眼中，用于发现数据中的模式、异常、故事等信息以辅助用户理解数据。

7.1.2 数据可视化的发展历程

数据可视化一般被认为缘起于统计学诞生的时代，并伴随着技术手段和科学发展的进步而发扬光大。事实上，使用图形绘制信息的可视化思想早已根植于人类文明的启蒙和科技发展中。从最早的地图制作，到后来的工程制图和统计图，可视化的理念和技术已经应用和发展了数千年。在我国，现存史籍中真正可以看作具备地图要素的，是《世本·作篇》中记载的史皇所作之图。史皇是黄帝之臣，"史皇作图"从侧面反映出几千年前，古代中国已经有了描绘"地形物象"、具有地图性质的地理信息载体。

早期，人类对海洋、星空的探索为可视化埋下了种子，由于占星术等因素的影响，人类对天文学的研究起步较早。一位不知名的天文学家于10世纪创作了描绘主要天体时空变化的多重时间序列图（全年中太阳、月亮和行星的位置），纵轴表示行星轨道的倾角，横轴表示时间。该图中已经存在很多现代统计图的元素，如坐标轴、网格图系统、平行坐标和时间序列等，如图7-1所示。

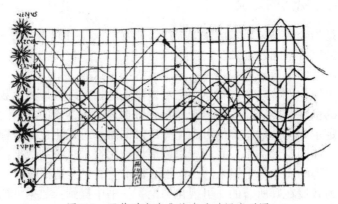

图 7-1　天体时空变化的多重时间序列图

在17世纪之前，数据可视化作品的数量较少，整体还处于萌芽阶段。根本原因在于当时数据总量较少，各科学领域也处于初级阶段，可视化手段也多以手工制作方式为主，所以可视化的运用还较为单一，系统化程度也比较低。数据可视化的整体发展大概经历了如下几个阶段。

1. 1600—1699年：物理测量与早期探索

17世纪的欧洲正处于从封建社会转型为资本主义社会的过渡期，物理基本量的测量设备和理论得到了进一步完善，被广泛应用于航海、测绘、制图、领土扩张等方面。欧洲的船队出现在世界各处的海洋上，这对于地图制作的物理测量以及时间、距离和空间的测量都产生了极大的促进作用。1626年，克里斯托弗·施纳画出了表现太阳黑子随时间变化的图形，在一个视图上同时展示多个小图序列，如图7-2所示，图中描绘了1611年10月23日到当年12月19日太阳黑子的变化情况。左上角用大写字母标识了7组太阳黑子，下方采用37个较小的图形从左到右、自上而下呈现时序变化。

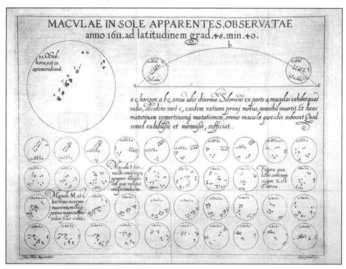

图7-2　太阳黑子的时间变化图

此外，笛卡儿发明了用解析几何和坐标系在2个或者3个维度上进行数据分析，成为数据可视化历史中重要的一步。费马和帕斯卡发展了概率论。这些早期的探索，开启了数据可视化的大门。数据可视化的理论和应用得到了新一轮的创新，数据的收集、整理和绘制开始了系统性的发展。在此时期，由于科学研究领域的增多，数据总量也随之增加，出现了很多新的可视化形式。

2. 1700—1799年：图形符号与可视化萌芽期

18世纪可以说是科学史上承上启下的年代，英国工业革命以及牛顿对天体的研究，再加上后来微积分方程等数学理论的建立，都推动着数据向精准化以及量化的阶段发展，对统计学研究的需求也愈发显著，用抽象图形的方式来表示数据的想法也不断成熟。制图表述不再满足于集合信息，相关研究者发明了新的图形化方法（等高线、轮廓线）和其他物理信息的概念图。经济学中出现了类似当今柱状图的线图表述方式，英国神学家约瑟夫·普利斯特利尝试在历史教育中使用图的形式介绍不同国家在各个历史时期的关系。法国人马塞林·杜卡拉绘制了等高线图，用一条曲线表示相同的高程，这对于测绘和军事有着重大的意义。

数据可视化发展中的重要人物威廉·普莱费尔被认为是当今使用的大多数图形的发明者。首先是条形图，他在1765年创造了第一个时间线图，其中单条线表示人的生命周期，整体可以用于比较多人的生命跨度，如图7-3所示。受这幅时间线图的启发，他还发明了折线图、饼图、柱状图。他的制图思想是数据可视化发展史上一次新的尝试，他用新的形式表达了尽可能多且直观的数据。

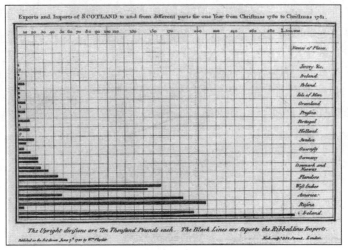

图 7-3　威廉·普莱费尔所做的时间线图

随着对数据进行系统性的收集和科学的分析处理，18 世纪数据可视化的形式已经接近当代科学使用的形式，条形图和时序图等可视化形式的出现体现了人类数据运用能力的进步。随着数据在经济、地理、数学等领域的不同场景的应用，数据可视化的形式变得更加丰富，也预示着现代化的信息图形时代的到来。

3. 1800—1899 年：数据图形黄金发展期

19 世纪上半叶，受到 18 世纪的视觉表达方法创新的影响，统计图和专题绘图领域出现爆炸式的发展，目前已知的几乎所有形式的统计图都是在这个时期被发明的。在此期间，数据的收集整理范围明显扩大，由于政府加强对人口、教育、犯罪、疾病等领域的关注，因此大量社会管理方面的数据被收集并用于分析。1801 年，英国地质学家威廉·史密斯绘制了第一幅地图，引领了一场在地图上表现量化信息的潮流，这幅图也被称为"改变世界的地图"。这一时期，数据的收集整理从科学技术和经济领域扩展到社会管理领域，对社会公共领域数据的收集标志着人们开始以科学手段进行社会研究。与此同时，科学研究对数据的需求也变得更加精确，研究数据的范围也有明显扩大，人们开始有意识地使用可视化的方式尝试研究、解决更广泛领域的问题。

随着数字信息对社会、工业、商业和交通规划的影响不断增大，欧洲开始着力发展数据分析技术。高斯和拉普拉斯的统计理论给出了更多种数据的意义，数据可视化迎来历史上第一个黄金时代。随着社会统计学的影响力越来越大，1857 年，在维也纳的统计学国际会议上，学者们开始对可视化图形的分类和标准化进行讨论。不同数据图形开始出现在书籍、报刊、研究报告和政府报告等正式场合之中。这一时期法国工程师查尔斯·约瑟夫·米纳德绘制了多幅有意义的可视化作品，其最著名的作品是用二维的表达方式描述拿破仑战争时期军队损失的统计图，该图形呈现了军队的位置和行军方向，军队集结/分散/重聚的时间地点以及减员等信息，如图 7-4 所示。

19 世纪下半叶，路易吉·佩罗佐绘制了一张 1750—1875 年瑞典人口普查的数据图，这是以金字塔形式表现人口变化的三维立体图，如图 7-5 所示，此图与之前的可视化图有一个明显的区别：开始使用三维的形式，并使用彩色表示数据值之间的区别，增强了视觉感知效果。

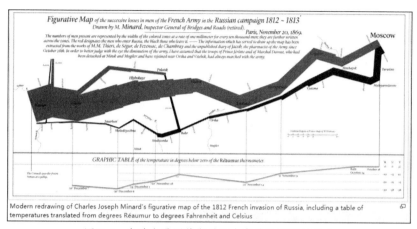

图 7-4　拿破仑进军莫斯科历史事件的流图可视化

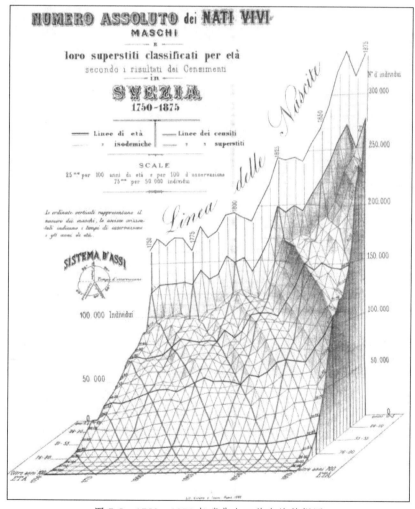

图 7-5　1750—1875 年瑞典人口普查的数据图

在对这一时期可视化发展历程的探究中发现，数据来源的官方化以及对数据价值的认同，成为数据可视化快速发展的决定性因素，几乎所有的常见可视化元素都已经出现。这一时期还出现了三维的数据表达方式，这种创造性的成果对后来的可视化研究起到十分突出的作用。

4．1900—1949 年：成熟休眠期

20 世纪上半叶，随着数理统计这一新的数学分支的诞生，数据可视化成果在这一时期得到了推广和普及，并开始被用于尝试解决天文学、物理学、生物学方面的问题。亨利·贝克设计的伦敦地铁线路图成为地铁线路的标准可视化方法并沿用至今，如图 7-6 所示。爱德华·蒙德关于太阳黑子随时间扰动的蝴蝶图验证了太阳黑子的周期性。在这一时期，数据可视化没有太大的发展，所以整个 20 世纪上半叶是成熟休眠期。但这一时期的蛰伏与统计学者潜心的研究让数据可视化在 20 世纪后期迎来了复苏与更快速的发展。

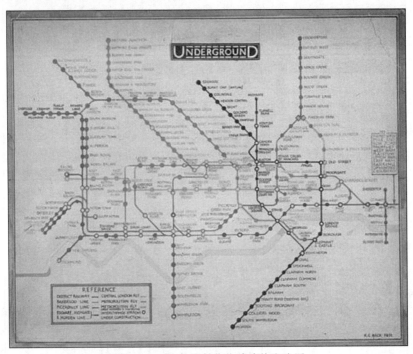

图 7-6　1933 年绘制的伦敦地铁线路图

5．1950—1974 年：现代复苏期

计算机的出现让人类处理数据的能力有了跨越式的提升，计算机的发明是这一时期引起可视化变革的最重要的因素。在现代统计学发展与计算机计算能力提高的共同推动下，数据可视化开始复苏，统计学家约翰·图基在二战期间对火力控制进行的长期研究中意识到了统计学在实际研究中的价值，发表了具有划时代意义的论文《数据可视化的未来》，成功地让科学界将探索性数据分析（Exploratory Data Analysis，EDA）视为不同于数学统计的另一个独立学科。约翰·图基在 20 世纪后期首次采用了茎叶图、盒形图等新的可视化图形形式，成为可视化新时代的开启性人物。法国制图师雅克·贝尔廷提出了完备的图形符号和表示理论，为信息的可视化提供了坚实的理论基础。

由于计算机在数据处理精度和速度上具有强大的优势，再加上高精度分析图形很难用

手工绘制，20 世纪 60 年代末，各研究机构逐渐开始使用计算机程序绘图取代手工绘图。在这一时期，数据缩减图、多维标度法、聚类图、树形图等新颖复杂的数据可视化形式开始出现。人们开始尝试着在一张图上表达多种类型的数据，或者用新的形式表现数据之间的复杂关联，这成为现今数据处理应用的主流方向。

6. 1975—2011 年：交互式数据可视化

在这一时期，计算机成为数据处理必要的工具，数据可视化进入新的黄金时代。随着应用领域的增加和数据规模的扩大，更多新的数据可视化需求逐渐出现。20 世纪 70 年代到 80 年代，人们主要尝试使用多维定量数据的静态图来表现静态数据，80 年代中期，动态统计图开始出现，最终在 20 世纪末两种方式开始合并，试图实现多维、动态、可交互的数据可视化，因此动态交互式的数据可视化方式成为新的发展主题。

1987 年，美国国家科学基金会首次召开有关科学可视化的会议，会议报告正式命名并定义了科学可视化，认为科学可视化有助于解决计算机图形学、图像处理、计算机视觉、计算机辅助设计、信息处理和人机界面的相关问题。

数据可视化在这一时期的最大潜力来自动态图形方法的发展，其允许对图形对象和相关统计特性进行即时且直接的操纵。交互式数据可视化必须具有与人类交互的方式，如单击按钮、移动滑块，以及足够快的响应时间以显示输入和输出之间的真实关系。

7. 2012 年至今：大数据可视化时代

随着大数据时代的开启，数据迎来了爆炸式增长，人们进入数据驱动的时代。掌握数据就能掌握未来的发展方向，因此人们对数据可视化技术的依赖程度也不断加深。传统的可视化方法已难以应对海量、高维、多源的动态数据的分析挑战，需要综合应用可视化、图形学、数据挖掘理论与方法，研究新的理论模型，辅助用户从大尺度、复杂、实时的数据中快速挖掘出有用的数据，做出有效决策。因此，大数据可视化的研究成为新的时代主题。

7.1.3 数据可视化的作用

在表达简洁信息上素来有"文不如表，表不如图"或"一图胜千言"的说法，数据可视化改变了传统的文字描述信息的模式，转而使用视觉语言更高效地传送重要信息和描述重要细节。数据可视化主要有以下几方面的作用。

（1）数据可视化可以辅助大脑快速处理信息

随着移动互联网和物联网技术的发展，数据量将持续呈指数级增长。IDC 预测，到 2025 年将有 163 万亿千兆字节的数据。对于人类大脑来说，实在难以理解现有的海量数据，如果无法以有价值的方式理解和消费大数据，那么它将毫无用处。人类大脑处理图像的速度比处理文本信息快 60 000 倍，因此数据可视化不仅是一种技术，它还提供了一个更高效的学习环境。这就是数据可视化在经济学、科学技术、医疗保健和人类服务等各个方面都发挥着重要作用的原因。数据可视化设计人员通过将复杂数字和其他信息转换为图形，使得内容变得更易于理解和使用。

（2）数据可视化提供对信息的推理和分析

数据可视化不仅涉及创建图表，还涉及如何利用图表有效地传递数据信息。数据可视化极大地降低了数据理解的复杂度，有效地提升了信息认知的效率，从而帮助人们更快地分析和推理出有价值的信息。

（3）数据可视化有助于信息传播和群体协作

一张好的可视化图片如同给人留下深刻印象的好故事一样，能更好地帮助人们理解数据中的信息，进而带来更多的传播流量，这对互联网时代的媒体尤为重要。

图 7-7 展示了由河南共青团制作的河南省新型冠状病毒肺炎（简称新冠）疫情确诊病例零新增天数情况的南丁格尔玫瑰图，其中每一个扇形代表一个省辖市，按连续确诊病例零新增的天数由小到大排列起来，各地区的情况一目了然。

数据可视化信息图表可以像任何其他信息一样在社交网站、公众号等社交媒体上分享传播。在信息碎片化的时代，数据可视化可以带来更快的传播速度和更高的关注度，这有助于参与者相互了解，并可以进一步讨论，促进合作。

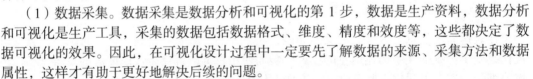

图 7-7　河南省新冠确诊病例
零新增天数情况

7.2　数据可视化的理论基础

在进行数据可视化的实践前，了解并掌握数据可视化的理论基础是非常有必要的。熟悉可视化流程，遵循可视化设计原则，选择合适的图表和可视化工具有助于后续可视化实践的进行。

7.2.1　数据可视化的流程

数据可视化的流程以数据为主线，主要包括如下步骤：数据采集、数据处理和变换、可视化映射以及用户感知。整个可视化流程就像一个数据工厂，将原始数据经过一系列处理后产生的可视化产品就是我们所看到的各种可视化图表。

（1）数据采集。数据采集是数据分析和可视化的第 1 步，数据是生产资料，数据分析和可视化是生产工具，采集的数据包括数据格式、维度、精度和效度等，这些都决定了数据可视化的效果。因此，在可视化设计过程中一定要先了解数据的来源、采集方法和数据属性，这样才有助于更好地解决后续的问题。

（2）数据处理和变换。数据处理和变换是进行数据可视化的前提条件，包括数据预处理和数据挖掘两个过程：①通过前期的数据采集得到的数据，不可避免地会含有噪声和误差，数据质量较低，所以需要做数据预处理；②数据的特征、模式往往隐藏在海量的数据中，需要进一步的数据挖掘才能提取出来。可视化之前需要将原始数据转换成用户可以理解的模式和特征并显示出来。所以，数据处理和变换是非常有必要的，常用的数据处理和变换方法包括去除噪声、数据清洗、降维处理和机器学习中的方法等。

（3）可视化映射。可视化映射是整个数据可视化流程的核心，是指将处理后的数据信息映射成可视化元素的过程。其主要目的是让用户通过可视化结果理解数据信息以及数据背后隐含的规律。

（4）用户感知。可视化结果不仅可以通过可视化图表让用户被动感知信息，也可以提供交互方式让用户主动获取信息，交互是通过可视化的手段辅助分析决策的直接推动力。只有当用户感知到数据传达出的信息时，才能说明数据可视化有一定的效果，但如何让用户更好地感知信息，是一个复杂的问题，需要不断总结。事实上，有关人机交互的探索已经持续很长时间，但智能的、适用于海量数据可视化的交互技术，如任务导向的、基于假设的方法还是一个未解难题，其核心挑战是新型的可支持用户分析决策的交互方法。这些交互方法涵盖底层的交互方式与硬件、复杂的交互理念与流程，还需要解决不同类型的显示环境和不同任务带来的可扩充性问题。

目前，数据可视化并没有一个既定的流程范式，许多可视化研究者仍然在优化可视化的工作流程。在不同的领域，可视化流程可能有所不同。

图 7-8 所示是由欧洲学者丹尼尔·基姆等提出的可视化分析学标准流程。起点是输入的数据，终点是提炼的知识。同样，可视化流程也是一个从数据到知识，知识再到数据，数据再到知识的循环过程。从数据到知识有两条途径：交互的可视化方法和自动的数据挖掘方法。这两条途径的中间结果分别是数据的交互可视化结果和从数据中提炼的数据模型。用户既可以对可视化结果进行交互的修正，也可以调节参数以修正模型。从数据中洞悉知识的过程主要依赖两条途径的互动与协作。

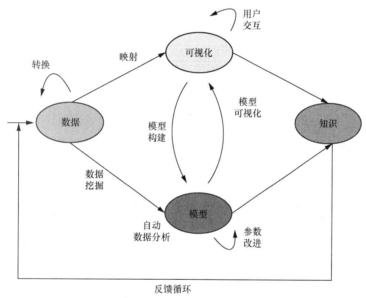

图 7-8　可视化分析学标准流程

7.2.2　数据可视化的设计要素

1．设计组件

基于数据的可视化组件可以分为 4 种：视觉隐喻、坐标系、标尺以及背景信息。不同组件组合在一起构成图表。有时它们直接显示在可视化视图中，有时它们形成背景图，这取决于数据本身。无论在图的什么位置，可视化都是基于数据和这 4 种组件创建的。有时它们是显式的，有时它们则会组成一个无形的框架。这些组件协同工作，对一个组件的选择会影响到其他组件。

（1）视觉隐喻。用形状、颜色和大小来编码数据。具体选择什么，取决于数据本身和目标。

（2）坐标系。不同的图表采用的坐标系有所不同。例如，散点图采用 x、y 轴二维平面坐标系，饼图则采用极坐标系。

数据可视化技术　第 7 章

（3）标尺。用来度量数据和相互比较。

（4）背景信息。如果可视化产品的读者对数据不熟悉，则应该阐明数据的含义以及读图方式。

2．设计原则

数据可视化的主要目的是准确地为用户展示和传达出数据所包含的隐藏信息。简洁、明了的可视化设计会让用户受益良多，而过于复杂的可视化设计会给用户带来理解上的偏差和对原始数据信息产生歧义。同时，缺少美感的可视化方法则会影响用户的感受，从而影响信息传播和表达的效果。因此，了解并掌握可视化的设计原则是十分重要的。数据可视化的主要设计原则如下。

（1）正确表达数据中的信息而不产生偏差和歧义

① 通过控制可视化图表中的谎言因子，有助于提升图表的可信度。谎言因子的概念是由德国慕尼黑工业大学的吕迪格尔·韦斯特曼提出的，是用来衡量可视化中所表达的数据量与数据之间夸张程度的度量方法，其计算公式如下：

$$LF = \frac{\text{数据所对应的图形元素的相对变化量}}{\text{数据的真实变化量}} \qquad (7\text{-}1)$$

其中，LF 即谎言因子（Lie Factor）。当 LF=1 时，认为图表没有对数据事实进行扭曲，是可信的可视化设计。实际绘图过程中，应确保各部分元素的 LF 值在[0.95, 1.05]，否则绘制的图表已经丧失了基本的可信度。

例如，在许多情况下，条形图的 y 轴起始坐标应该包含零点。使用相同数据绘制 y 轴上包含零点和不包含零点的两张图表，如图 7-9 所示。在图 7-9（a）中，两个条形之间的面积比例差与值之间的比例差（即 LF 系数为 1）完全相同，图表是可信的。而在图 7-9（b）（不包括零点）中，两个条形之间的面积比例差大约是 2.8 倍于值的比例差，因此它在视觉上夸大了两个条形的差异。

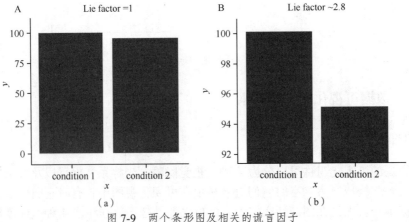

图 7-9　两个条形图及相关的谎言因子

② 数据的展示应该结合上下文，避免数据失真。造成数据失真的一个典型的错误方法是不合理地缩放坐标轴，造成上下文数据被隐藏，容易误导读者。

如图 7-10 所示，这是美国 1990 年至 2014 年犯罪率随时间变化的折线图，图 7-10（a）和图 7-10（b）有着相同的数据，但具有不同的坐标轴范围。直观来看，图 7-10（a）中犯罪率保持不变，图 7-10（b）中犯罪率极速下降。由此可见，相同的数据，采用不同的绘制方式可能呈现不同的视觉效果。

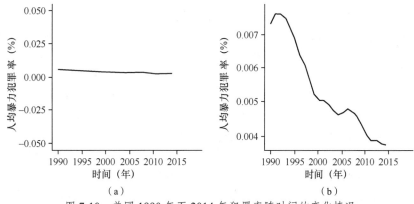

图 7-10　美国 1990 年至 2014 年犯罪率随时间的变化情况

（2）可视化设计能够清晰表达信息

① 最大化数据墨水占比。数据墨水的概念由爱德华·塔夫特在他 1983 年出版的《定量数据的视觉显示》一书中提出。数据墨水是指可视化图表中不可擦除的核心部分，数据墨水占比是指可视化图表中用于展示核心数据的数据墨水与整体绘制可视化图表所使用的全部墨水的比例。其计算公式如下：

$$数据墨水占比 = \frac{数据墨水}{绘制可视化图表使用的所有墨水} \qquad （7-2）$$

围绕数据墨水，解释两个概念：非数据墨水，是指可视化图表中的非核心部分，例如，图表刻度、单位、坐标轴的刻画等；冗余数据墨水，是指多出、重复的那部分墨水。例如，一个核心数据指标重复出现 2 次，但因为它是核心数据指标，所以并不是非数据墨水，而是冗余数据墨水。这两个概念有一个共同点：减少墨水的不必要占用，让图表精简地展示数据关系。以图 7-11 中的牙齿健康数据为例，两幅图使用相同的数据，但图 7-11（a）更容易理解，因为它的数据墨水占比相对较高。

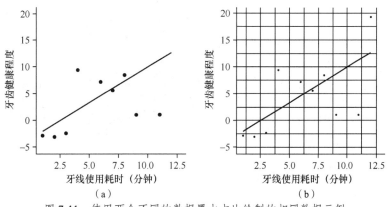

图 7-11　使用两个不同的数据墨水占比绘制的相同数据示例

② 遵循格式塔原则，减少感知、识别过程的时间损耗。格式塔原则，又称完形原则，认为人的神经系统天生倾向于对外界的刺激按照一定规则进行反应。它包括以下原则。

- 图形与背景的关系原则。当我们观察的时候，会认为有些物体或图形比背景更加突出。
- 接近或邻近原则。接近或邻近的物体会被认为是一个整体。
- 相似原则。刺激物的形状、大小、颜色、强度等物理属性方面比较相似时，这些刺激物就容易被组织起来而构成一个整体。
- 封闭原则，也称为闭合原则。有些图形是没有闭合的残缺的图形，但主体有一种使其闭合的倾向，即主体能自行填补缺口而把其感知为一个整体。
- 共方向原则，也称为共同命运原则。如果一个对象中的一部分都向共同的方向去运动，这些共同移动的部分就易被感知为一个整体。
- 熟悉性原则。人们对一个复杂对象进行感知时，只要没有特定的要求，就会常常倾向于把对象看作有组织的、简单的规则图形。
- 连续性原则。如果一个图形的某些部分可以被看作连接在一起，那么这些部分就相对容易被我们感知为一个整体。
- 感知恒常性原则。人们总是将世界感知为一个相对恒定以及不变的场所，即从不同的角度看同一个事物，落在视网膜上的映像是不一样的，但是我们不会认为这个东西变形了。

人对部分图形要素的肉眼识别最快可在 200 ms 内完成，这些要素包括色调、大小、形状、长短、方向、密度等。在可视化设计中，需要充分调动人眼对设计要素的洞察力。因此，可以参考格式塔原则来减少感知、识别过程的耗时。

（3）可视化设计遵循美学原则

① 合理配色。不同的色彩会给人带来不同的心理感受。打造高端质感图表可以选择黑色、灰色+渐变/光照等素色搭配，选择同色系搭配可以显得画面的层次更丰富，选择不同色系搭配则画面会更多彩。

② 友好交互。恰当的可视化交互形成的数字化叙事设计，就像是一个引人入胜的故事，可以增强可视化结果的丰富性和可理解性，增进与受众的交流，还可以增强重点信息和整体画面的表现力。

3. 图表排布

在可视化展示中，往往有多组数据需要同步展示。通过图表排布来突出信息的重点，在重要信息和辅助信息之间的排布和大小比例上进行调整，明确信息层级及信息流向，能够使用户在获取重要信息的同时达到视觉平衡。常见的图表排布方式主要有 4 种，如图 7-12 所示。

图 7-12　常见的 4 种图表排布方式

7.2.3　数据可视化的基础图表

1. 折线图

折线图通常用于比较一段时间内的值，非常适合显示数据大小变化的情况，还可用于比较多个数据组的更改，如图 7-13 所示。

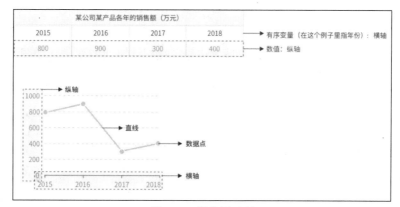

图 7-13　折线图示例

2．条形图

条形图通常用于比较几个类别的定量数据，也可用于跟踪数据随时间的变化情况，但建议仅在这些变化很重要时使用，如图 7-14 所示。

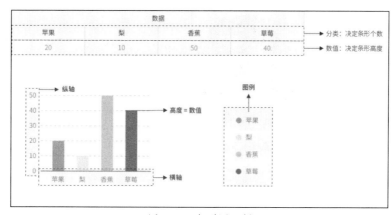

图 7-14　条形图示例

3．散点图

散点图通常用于显示一组数据的两个变量的值，非常适合探索两组数据之间的关系，如图 7-15 所示。

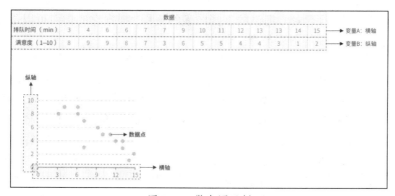

图 7-15　散点图示例

4. 饼图

饼图主要用于显示整体的部分，但是无法显示数据随时间的变化，如图 7-16 所示。

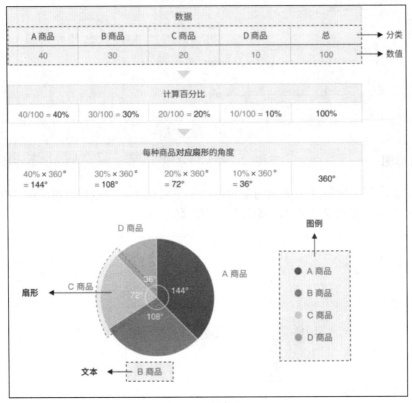

图 7-16　饼图示例

5. 图表类型的选择

数据可视化的本质在于通过数据分析和可视化呈现数据中存在的知识和变化，如何选择合适的图表类型来呈现数据，是数据可视化的重要环节。美国营销学家安德鲁·阿贝拉通过近 20 年的研究与设计，设计了一张名为"图表建议-思维指南"的指导图，在全球范围内广受欢迎。目前该图的中文版本被授权收录于刘万祥的《Excel 图表之道》一书中。"图表建议-思维指南"提供了清晰、简洁的选择图表的流程，根据它的指引可以逐步明确需求，厘清思路，最终找到需要的图表类型。

此外，本书面向读者推荐一个开源免费网站"图之典"，以辅助读者根据需求选择可视化的呈现方式。图之典是由一群对数据可视化充满热情的人员共同建立起来的，开发者希望在数据和人之间搭起一座桥梁——数据可视化，从而帮助人们更好地了解可视化、使用可视化工具。图之典的首页是图表的集中展示区，可以选择感兴趣的图表进行深入了解，也可通过页面上方的筛选器按需求进行搜索。筛选器支持 4 种筛选方式（支持多选）：常用、形状、图类以及功能。单击每个图表类型，可展开对应的详细描述。详情页面内容丰富，包含图表简介、图表属性、图标详解、相似图表、设计案例、使用场景、制作教程、专用工具和学习资源等，如图 7-17 所示。

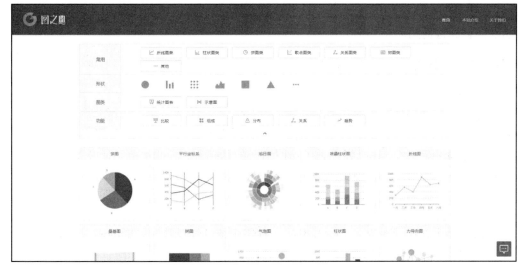

图 7-17　图之典首页

7.2.4　数据可视化的常见工具

数据可视化的工具种类繁多，能够处理不同类型的数据，能够应用不同种类的过滤器来调整结果，可以满足多种需求。目前，业界存在着大量专门用于数据可视化的工具。根据这些工具的特征，将其分为面向商业智能的可视化工具、基于编程语言的可视化工具、基于 Web 的可视化工具、其他类别的可视化工具。

1．面向商业智能的可视化工具

（1）Excel

对于数据可视化而言，Excel 是比较好的入门级别的工具。Excel 作为办公、统计、财务等人员常用的数据处理工具，是目前比较受欢迎的办公软件之一。在 Excel 2016 版本更新后，Excel 增加了大量的绘图新功能，包括箱形图、树状图、旭日图等实现方式，还可以通过 REPT 函数、迷你图、条件格式、动态透视图和 Power Map 三维地图这 5 种方式来实现可视化。

（2）Tableau

Tableau 是一款定位于数据可视化实现和敏捷开发的商务智能展现工具，可以实现交互的、可视化的分析和仪表板应用。Tableau 的特点是简单、易用。Tableau 能快速分析，在数分钟内完成数据连接和可视化，比现有的其他解决方案快 10～100 倍。相较于编程类的可视化工具，它不需要编写代码，大多数操作通过拖曳即可完成。相较于 Excel，Tableau 拥有丰富多样的图表类型、庞大的配色库以及较好的图形交互设计能力。此外，Tableau 还可以连接多种数据源，解决数据孤岛的问题。Tableau 可以将来自不同系统（MySQL、Oracle、ERP）的数据结合在一起使用。

（3）Power BI

Power BI 是一款商业分析工具，用于在组织中提供见解，可连接数百个数据源、简化数据准备并提供即时分析，生成报表并进行发布，供组织在 Web 和移动设备上使用。用户可以创建个性化仪表板，获取针对其业务的全方位独特见解，在企业内实现扩展、内置管理和安全性。Power BI 的核心理念是让用户不需要强大的技术背景，只需要掌握 Excel 这样简单的工具就能快速上手商业数据分析及可视化。在 2021 年 5 月举办的微软应用大会上，

Power BI 团队公布，在商业智能平台领域，Power BI 目前位居全球第一，已成为 97% 的世界 500 强企业首选的商业分析工具。

2．基于编程语言的可视化工具

（1）Python

Python 是一款通用的编程语言，有"胶水语言"的称号，它原本并不是针对图形设计的，但还是被广泛应用于数据处理和 Web 应用。随着开源社区的贡献积累，Python 在可视化方面的支持逐渐完善，在已经熟悉了这门语言的基础上，可视化初学者可以从 Matplotlib 和 seaborn 入手，然后可以使用 pyecharts 等功能更丰富、呈现效果更高级的可视化库。此外，针对不同的任务，如词云图绘制、社交网络绘制等，Python 也有相对应的可视化库。

（2）R 语言

R 语言是由新西兰奥克兰大学开发的一种用于统计学计算和绘图的语言，在生物信息和统计分析领域，其不仅是一门流行的编程语言，还成为统计计算和图表呈现的软件环境，并且还在不断迅猛发展中。R 语言通过短短几行代码即可生成美观简洁的图表，并且还支持丰富的图表类型。

3．基于 Web 的可视化工具

（1）D3

D3（Data-Driven Documents，数据驱动文档）是一个使用 Web 标准实现数据可视化的 JavaScript 库。D3 帮助人们使用 SVG（Scalable Vector Graphics，可缩放矢量图形）、Canvas 和 HTML 技术让数据更加生动有趣。D3 将强大的可视化、动态交互和数据驱动的 DOM 操作方法完美结合，让人们可以充分发挥现代浏览器的功能，并方便地为数据设计合适的可视化界面。

（2）ECharts

ECharts 是百度开发的一个使用 JavaScript 实现的开源可视化库，可以流畅地运行在 PC 和移动设备上，兼容当前绝大部分浏览器（IE、Chrome、Firefox、Safari 等），提供直观、交互丰富、可高度个性化定制的数据可视化图表。ECharts 提供了常规的折线图、柱状图、散点图、饼图、K 线图，用于统计的盒形图，用于地理数据可视化的地图、热力图、等高线图，用于关系数据可视化的关系图、旭日图，用于多维数据可视化的平行坐标，还有用于商业智能的漏斗图、仪表盘，并且支持图与图之间的混搭。

4．其他类别的可视化工具

（1）Gephi

Gephi 是一个应用于各种复杂网络、复杂系统的动态分层图的交互可视化与探索平台，支持 Windows、Linux、macOS 等多种操作系统。Gephi 可用于探索性数据分析、链接分析、社交网络分析、生物网络分析等，其设计初衷是采用简洁的点和线描绘与呈现丰富的世界。

（2）CiteSpace

CiteSpace（引文空间）是在科学计量学、数据可视化背景下逐渐发展起来的文献可视化分析软件。由于其通过可视化的手段来呈现科学知识的结构、规律和分布情况，因此也将通过此类方法分析得到的可视化图形称为"科学知识图谱"。目前该软件已广泛应用于分析、研究热点和趋势的变化。

7.3 Python 数据可视化方法

本节主要讲解用流行的 Python 第三方库实现数据可视化的过程。通过学习 Matplotlib、seaborn、wordcloud、NetworkX 等，了解这些工具的使用以及用不同的方法实现数据可视化。

7.3.1 Matplotlib 绘制基础图表

Matplotlib 绘制
基础图表

1．Matplotlib 概述

Matplotlib 作为 Python 及其科学计算库 NumPy 的第三方绘图软件包，具有设计与数字化品质高、适合科学出版等优点。开发者仅需简单的代码就可以生成折线图、直方图、散点图、条形图、饼图等。在使用 Matplotlib 绘制图形的过程中，一般还会用到 NumPy、pandas 等第三方工具包。

下面通过简单的示例展示 Matplotlib 强大的绘图功能。利用 Matplotlib 绘制一幅包含正弦曲线和余弦曲线的双重曲线图，程序运行结果如图 7-18 所示。

```
1   import numpy as np                                    #导入第三方库（科学计算）
2   import matplotlib.pyplot as plt                       #导入第三方库（绘图）
3   x = np.linspace(-3*np.pi,3*np.pi)                     #生成区间为[-3π，3π]的等距数据
4   plt.figure(figsize=(8,6))                             #创建图形窗口区域
5   plt.plot(x,np.cos(x),color="red",label="cos")         #绘制余弦曲线
6   plt.plot(x,np.sin(x),color="blue",label="sin")        #绘制正弦曲线
7   plt.legend()                                          #保存图片到指定路径
8   plt.savefig("E:\\test\\07\\img\\G08.png")             #添加图例
9   plt.show()                                            #显示绘制的图片
```

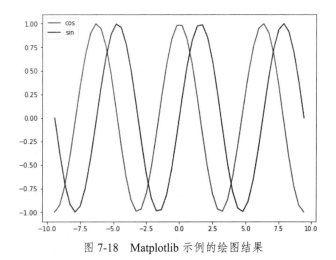

图 7-18　Matplotlib 示例的绘图结果

2．Matplotlib 绘制图形详解

下面通过具体实例来介绍 Matplotlib 的绘图功能。

（1）导入模块和绘制图形

利用 Matplotlib 绘制图形的程序代码如下所示，程序运行结果如图 7-19 所示。

```
1    import numpy as np                                          #导入第三方库（科学计算）
2    import matplotlib.pyplot as plt                             #导入第三方库（绘图）
3    plt.rcParams['font.sans-serif'] = ['SimHei']               #解决中文显示乱码的问题
4    plt.rcParams['axes.unicode_minus'] = False                 #解决负号显示的问题
5    x = np.linspace(-3*np.pi,3*np.pi,num=100)                   #生成数据列表
6    fig = plt.figure(figsize=(8,6))                             #创建图形窗口区域
7    plt.plot(x,np.cos(x),color="red",label="cos")              #绘制余弦曲线
8    plt.plot(x,np.sin(x) ,color="blue",label="sin")            #绘制正弦曲线
9    plt.xlabel('x轴',fontproperties='simhei',fontsize=14)       #x轴坐标，simhei 表示黑体
10   plt.ylabel('y轴',fontproperties='simhei',fontsize=14)       #y轴坐标，14 表示字号大小
11   plt.legend()                                               #添加图例
12   plt.show()                                                 #显示绘制的图片
```

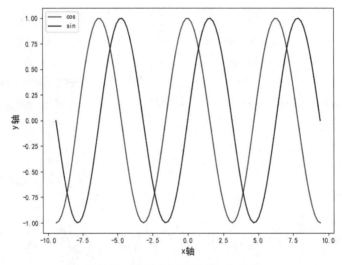

图 7-19　模块导入和绘制曲线示例

导入模块时，plt 是 Matplotlib 的别名，np 是 NumPy 的别名。Python 允许用户自定义其他的名称，但是沿用这些约定俗成的别名有助于代码的开源分享。

使用 Matplotlib 绘制图形时，需要注意如下问题。

① 中文显示乱码的问题。Matplotlib 对中文的兼容性较差，绘图时需要解决中文显示乱码的问题。常见的中文显示方法有两种：单项设置，在每个需要中文显示的字体函数中，添加参数"fontproperties=中文文字名称"（如程序第 9～10 行所示）；全局设置，使用参数 rcParams['font.sans-serif]添加全局字体（如程序第 3 行所示），"SimHei"表示中文黑体。在使用过程中，全局设置更为方便，在绘制中文图表时应优先采取全局设置方式。

② 负号显示的问题。Matplotlib 中，Unicode 编码和 ASCII 编码显示负号时有所不同，默认情况下使用 Unicode 编码，参数 rcParams['axes.unicode_minus']为控制全局字符显示（如程序第 4 行所示），False 表示关闭 Unicode 编码显示，此时采用 ASCⅡ编码。

程序第 5 行，主要功能是创建数据列表，使用 np.linspace()将生成一组在[-3π, 3π]内均

匀分布的 100 个数, 其中首个位置参数填入区间起始值, 第 2 个位置参数填入区间结束值, np.pi 表示π; 参数 num 表示要生成的样本数量, 默认是 50, 其值必须是非负数。

程序第 6～12 行, 这部分语句的主要功能是绘制图形并展示。

程序第 7～8 行, plt.plot()函数是 Matplotlib 中使用最频繁的图形函数, 用于绘制坐标图。其中, 参数 color 为曲线的颜色, 参数 label="xxx"为图例说明, 初始位置由软件自动给定, 可以通过 plt.legend()函数中的参数 loc 进行自定义调整。

程序第 9～10 行, xlabel()和 ylabel()函数用于绘制和控制 plt 的坐标轴名称, 第 1 个参数传入标签名称;参数 fontproperties 为中文字体设置,数据类型为字符串类型;参数 fontsize 为字号大小设置。

程序第 11 行, plt.legend()函数的作用是显示图例标签。

程序第 12 行, plt.show()函数的作用是显示所有绘图对象。

（2）定义刻度范围和调整坐标轴名称及位置

定义刻度范围和调整坐标轴名称及位置的程序代码如下所示, 程序运行结果如图 7-20 所示。

1	`import numpy as np`	#导入第三方库（科学计算）
2	`import matplotlib.pyplot as plt`	#导入第三方库（绘图）
3	`plt.rcParams['font.sans-serif'] = ['SimHei']`	#解决中文显示问题
4	`plt.rcParams['axes.unicode_minus'] = False`	#解决负号显示问题
5	`x = np.linspace(-3*np.pi,3*np.pi,num=100)`	#生成数据列表
6	`fig = plt.figure(figsize=(8,6))`	#创建图形窗口区域
7	`plt.plot(x,np.cos(x),color="red",label="cos")`	#绘制余弦曲线
8	`plt.plot(x,np.sin(x) ,color="blue",label="sin")`	#绘制正弦曲线
9	`plt.xlabel('x轴',fontsize=14,loc='right')`	#x 轴坐标
10	`plt.ylabel('y轴',fontsize=14,loc='top',rotation=0)`	#y 轴坐标, 14 表示字号大小
11	`plt.xlim(xmin=-5, xmax=5)`	#添加 x 轴刻度
12	`plt.ylim(ymin=-1.5, ymax=1.5)`	#添加 y 轴刻度
13	`plt.legend()`	#添加图例
14	`plt.show()`	#显示绘制的图片

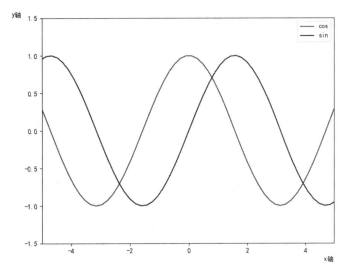

图 7-20　定义刻度范围和调整坐标轴名称及位置示例

程序第 9~10 行，将坐标轴名称"x 轴"居右表示、"y 轴"居上表示并旋转名称为水平显示；参数 loc 表示坐标轴名称的位置（对于 xlabel() 函数，参数为"left""center""right"，分别表示居左、居中、居右；对于 ylabel() 函数，可选参数为"top""center""bottom"，分别表示居上、居中、居下）；参数 rotation 用于控制坐标轴名称的旋转角度，y 轴名称默认为旋转 90°。

程序第 11~12 行，xlim() 和 ylim() 函数用于控制 plt 的坐标轴刻度范围，在 plt.xlim() 函数中，参数 xmin 表示 x 轴上的最小值，参数 xmax 表示 x 轴上的最大值；在 plt.ylim() 函数中，参数 ymin 表示 y 轴上的最小值，参数 ymax 表示 y 轴上的最大值。

（3）调整边框并保存图形

调整边框并保存图形的程序代码如下所示，程序运行结果如图 7-21 所示。

```
1   import numpy as np                                        #导入第三方库（科学计算）
2   import matplotlib.pyplot as plt                           #导入第三方库（绘图）
3   plt.rcParams['font.sans-serif'] = ['SimHei']             #解决中文显示问题
4   plt.rcParams['axes.unicode_minus'] = False               #解决负号显示问题
5   x = np.linspace(-3*np.pi,3*np.pi,num=100)                #生成数据列表
6   fig = plt.figure(figsize=(8,6))                          #创建图形窗口区域
7   plt.plot(x,np.cos(x),color="red",label="cos")           #绘制余弦曲线
8   plt.plot(x,np.sin(x) ,color="blue",label="sin")         #绘制正弦曲线
9   plt.xlabel('x 轴',fontsize=14,loc='right')              #x 轴坐标
10  plt.ylabel('y 轴',fontsize=14,loc='top',rotation=0)     #y 轴坐标，14 表示字号大小
11  plt.xlim(xmin=-5, xmax=5)                                #添加 x 轴刻度
12  plt.ylim(ymin=-1.5, ymax=1.5)                            #添加 y 轴刻度
13  ax = plt.gca()                                           #获取当前坐标轴信息
14  ax.spines['right'].set_color('none')                    #不设置右侧边框颜色
15  ax.spines['top'].set_color('none')                      #不设置上侧边框颜色
16  ax.xaxis.set_ticks_position('bottom')                   #设置 x 轴位置为下侧边
17  ax.spines['bottom'].set_position(('data',0))            #设置下侧边起始位置
18  ax.yaxis.set_ticks_position('left')                     #设置 y 轴位置为左侧边
19  ax.spines['left'].set_position(('data',0))              #设置左侧边起始位置
20  plt.legend()                                            #添加图例
21  plt.savefig("E:\\test\\07\\img\\G804.png")              #保存图形到指定路径
22  plt.show()                                              #显示绘制的图形
```

程序第 13~19 行，这部分语句用于边框调整，plt.gca() 函数用于获取当前图表的坐标轴信息；通过 spines() 方法可以对不同侧（"left""top""right""bottom"分别表示左侧、上侧、右侧、下侧）的边框进行设置；使用 set_color() 方法设置侧边的颜色，设置为"none"表示不显示侧边；使用 set_position() 方法设置侧边框的位置，('data',0) 表示设置底部轴移动到竖轴的 0 坐标的位置。通过 ax.xaxis.set_ticks_position() 和 ax.yaxis.set_ticks_position() 方法绑定坐标轴位置，x 轴的可选属性包括"left""right""both""default""none"；y 轴的可选属性包括"top""bottom""both""default""none"。

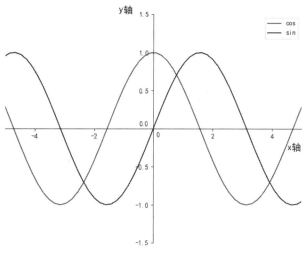

图 7-21　调整边框并保存图形的示例

程序第 21 行，plt.savefig("xxx")用于保存绘制的图形，"xxx"用于以字符串形式填写指定路径。

3. Matplotlib 多图绘制详解

Matplotlib 提供的 subplot()函数可以实现在一张画布中绘制多张子图，其语法格式为：

```
subplot(numRows,numCols,plotNum)
```

其中，numRows 参数和 numCols 参数分别表示对绘图区域进行划分的行和列，划分后会按照从左到右、从上到下的顺序对每个子区域进行编号，左上角的子区域编号为 1，以此类推。plotNum 参数指定当前子图对象所在的区域编号。

按照子图划分的方法分为规则划分和不规则划分。

（1）规则划分的 subplot()多图绘制方法

规则划分的多图绘制方法的程序代码如下所示，程序运行结果如图 7-22 所示。

```
1    import matplotlib.pyplot as plt          #导入第三方库（绘图）
2    plt.figure()                              #创建图形窗口区域
3    plt.subplot(2,2,1)                        #创建坐标为(1,1)的子图
4    plt.plot([0,1],[0,1])                     #绘图
5    plt.subplot(2,2,2)                        #创建坐标为(1,2)的子图
6    plt.plot([0,1],[0,2])                     #绘图
7    plt.subplot(223)                          #创建坐标为(2,1)的子图
8    plt.plot([0,1],[0,3])                     #绘图
9    plt.subplot(224)                          #创建坐标为(2,2)的子图
10   plt.plot([0,1],[0,4])                     #绘图
11   plt.show()                                #显示绘制的图形
```

程序第 3 行，函数 subplot( )中，参数 numRows 和参数 numCols 均为 2，表示将整个绘图区域分为 2×2 的区域，plotNum 参数为 1，表示选择区域编号为 1 的区域创建子图，即第 1 行第 1 列的子图。

　　　　　　　　　数据可视化技术　第7章

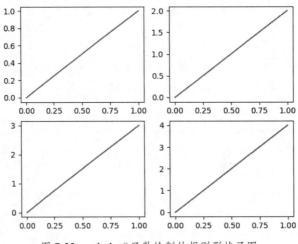

图 7-22　subplot()函数绘制的规则形状子图

　　程序第 5 行，函数 subplot( )中，参数 numRows、numCols 均为 2，表示将整个绘图区域分为 2×2 的区域，plotNum 参数为 2，表示选择区域编号为 2 的区域创建子图，即第 1 行第 2 列的子图。

　　程序第 7 行，函数 subplot( )中，采用新的参数表达方式，如果 numRows、numCols 和 plotNum 这 3 个数都小于 10，可以把它们缩写为一个整数。例如 subplot(223)和 subplot(2,2,3) 是相同的，numRows 参数和 numCols 参数均为 2，plotNum 参数为 3，表示选择区域编号为 3 的区域创建子图，即第 2 行第 1 列的子图。

　　程序第 9 行，函数 subplot( )中，参数 numRows 和 numCols 均为 2，表示将整个绘图区域分为 2×2 的区域，plotNum 参数为 4，表示选择区域编号为 4 的区域创建子图，即第 2 行第 2 列的子图。

　　（2）不规则划分的 subplot()多图绘制方法

　　有时候为了突出某些图表的重要性，对于子图的划分是不规则的。以上面的 4 个子图为例，若希望把第 1 个子图放到第 1 行，而剩下的 3 个子图都放到第 2 行，应该如何使用函数 subplot()进行创建呢？

　　不规划划分的多图绘制方法的关键在于划分的设计，将整个区域按照 2×3 划分，第 1 行的子图应该占用坐标(1,1)、(1,2)、(1,3)这 3 个位置，第 2 行的子图分别占用(2,1)、(2,2)、(2,3)这 3 个位置。具体操作方法的程序代码如下，程序运行结果如图 7-23 所示。

1	`import matplotlib.pyplot as plt`	#导入第三方库（绘图）
2	`plt.figure()`	#创建图形窗口区域
3	`plt.subplot(2,1,1)`	#创建坐标(1,1)至(1,3)的子图
4	`plt.plot([0,1],[0,1])`	#绘图
5	`plt.subplot(2,3,4)`	#创建坐标为(2,1)的子图
6	`plt.plot([0,1],[0,2])`	#绘图
7	`plt.subplot(2,3,5)`	#创建坐标为(2,2)的子图
8	`plt.plot([0,1],[0,3])`	#绘图
9	`plt.subplot(2,3,6)`	#创建坐标为(2,3)的子图
10	`plt.plot([0,1],[0,4])`	#绘图
11	`plt.show()`	#显示绘制的图形

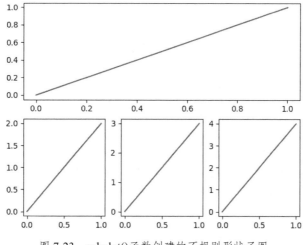

图 7-23 subplot()函数创建的不规则形状子图

程序第 3 行，函数 subplot( )中，参数 numRows 和参数 numCols 分别为 2 和 1，表示将整个绘图区域划分为 2×1 的区域，plotNum 参数为 1，表示选择区域编号为 1 的区域创建子图，即第 1 行第 1 列的子图，这种设计可以将原来的(1,1)、(1,2)、(1,3)这 3 个子图全部占用。

程序第 5 行，函数 subplot( )中，参数 numRows 和参数 numCols 分别为 2 和 3，表示将整个绘图区域划分为 2×3 的区域，plotNum 参数为 4，表示选择区域编号为 4 的区域创建子图，即第 2 行第 1 列的子图。

程序第 7 行，函数 subplot( )中，参数 numRows 和参数 numCols 分别为 2 和 3，表示将整个绘图区域划分为 2×3 的区域，plotNum 参数为 5，表示选择区域编号为 5 的区域创建子图，即第 2 行第 2 列的子图。

程序第 9 行，函数 subplot( )中，参数 numRows 和参数 numCols 分别为 2 和 3，表示将整个绘图区域划分为 2×3 的区域，plotNum 参数为 6，表示选择区域编号为 6 的区域创建子图，即第 2 行第 3 列的子图。

可以发现，subplot()函数的设置方式需要考虑复杂的区域编号，实际操作比较复杂。subplot2grid()和 gridspec()函数能够以更加简单、方便的方式达到 subplot()函数的效果，因此在实际应用中推荐使用这两个函数。

（3）其他多图绘制方法

① subplot2grid()函数。

subplot2grid()函数能够在画布的特定位置创建 axes 对象（即绘图区域），它还可以使用不同数量的行和列来创建跨度不同的绘图区域，并按照绘图区域的大小来展示最终绘图结果。该函数的语法格式如下：

```
plt.subplot2grid(shape,location,rowspan,colspan)
```

其中，shape 参数表示把该参数值规定的网格区域作为绘图区域：location 参数表示在给定的位置绘制图形，初始位置(0,0)表示第 1 行第 1 列；rowsapan/colspan 参数用来设置子图跨越的行数和列数。使用subplot2grid()函数绘图的示例如下，程序运行结果如图 7-24 所示。

1	`import matplotlib.pyplot as plt`	#导入第三方库（绘图）
2	`plt.figure(figsize=(8,6))`	#创建图形窗口区域
3	`ax1=plt.subplot2grid((3,3),(0,0),rowspan=1,colspan=3)`	#创建 ax1 子图

数据可视化技术 | 第 7 章

4	`ax1.plot([1,2,4,8],[1,4,16,64])`	#绘制 ax1 子图
5	`ax1.set_title('ax1_title')`	#绘制标题
6	`ax2=plt.subplot2grid((3,3),(1,0),rowspan=1,colspan=2)`	#创建 ax2 子图
7	`ax3=plt.subplot2grid((3,3),(1,2),rowspan=2,colspan=1)`	#创建 ax3 子图
8	`ax4=plt.subplot2grid((3,3),(2,0))`	#创建 ax4 子图
9	`ax5=plt.subplot2grid((3,3),(2,1))`	#创建 ax5 子图
10	`ax4.scatter([1,2,3,4],[1,1.8,1.2,1.6])`	#绘制 ax4 子图
11	`ax4.set_xlabel('ax4_x')`	#设置 ax4 子图的 x 轴坐标
12	`ax4.set_ylabel('ax4_y')`	#设置 ax4 子图的 y 轴坐标
13	`plt.show()`	#显示绘制的图形

程序第 3 行，使用 subplot2grid()函数创建第 1 个子图，(3,3)表示将整个图形窗口划分成 3 行 3 列，subplot2grid()函数的索引均从 0 开始，(0,0)表示从第 0 行第 0 列开始作图，rowspan=1 表示行的跨度为 1，colspan=3 表示列的跨度为 3。rowspan 和 colspan 参数的默认值均为 1。

程序第 4～5 行，绘制子图 ax1，并设置子图的标题。但是在对子图坐标及标题内容等的设置方法上，与之前的 pyplot()方法有所不同，在设置前均要加上"set_"。

程序第 6～9 行，使用 subplot2grid()函数创建多个子图，所有的子图均将整个图形窗口划分成 3 行 3 列，子图 ax2 的(1,0)表示从第 1 行第 0 列开始作图，colspan=2 表示列的跨度为 2；子图 ax3 的(1,2)表示从第 1 行第 2 列开始作图，rowspan=2 表示行的跨度为 2；子图 ax4 的(2,0)表示从第 2 行第 0 列开始作图，使用默认的 rowspan 和 colspan 参数值；子图 ax5 的(2,1)表示从第 2 行第 1 列开始作图，使用默认的 rowspan 和 colspan 参数值。

程序第 10～12 行，使用 ax4.scatter()方法创建一个散点图，使用 ax4.set_xlabel()和 ax4.set_ylabel()对 x 轴和 y 轴命名。

本实例通过 subplot2grid()函数实现了一张不规则划分的图表，程序运行结果如图 7-24 所示。

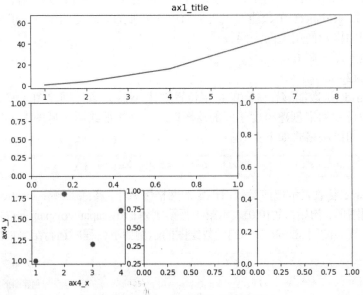

图 7-24 subplot2grid()函数创建的子图

② gridspec()函数。

gridspec()函数同样可以绘制不规则的子图，并且允许使用索引的方式指定子图的大小和位置。使用 gridspec()函数绘图的示例如下，程序运行结果如图 7-25 所示。

```
1    import matplotlib.pyplot as plt          #导入第三方库（绘图）
2    from matplotlib import gridspec          #导入 gridspe()方法
3    plt.figure(figsize=(8,8))                #创建图形窗口
4    gs=gridspec.GridSpec(3,3)                #划分3行3列的窗口
5    ax1=plt.subplot(gs[0,:])                 #创建 ax1 子图
6    ax2=plt.subplot(gs[1,:2])                #创建 ax2 子图
7    ax3=plt.subplot(gs[1:,2])                #创建 ax3 子图
8    ax4=plt.subplot(gs[-1,0])                #创建 ax4 子图
9    ax5=plt.subplot(gs[-1,-2])               #创建 ax5 子图
10   plt.show()                               #显示绘制图形
```

程序第 3～4 行，使用 plt.figure()创建一个图形窗口，使用 gridspec.GridSpec()函数将整个图形窗口划分为 3 行 3 列。

程序第 5～9 行，使用 plt.subplot()函数作图，gs[0,:]表示该子图跨越第 0 行和所有列，gs[1,:2]表示该子图跨越第 1 行和第 2 列前的所有列，gs[1:,2]表示该子图跨越第 1 行后的所有行和第 2 列，gs[-1,0]表示该子图跨越倒数第 1 行和第 0 列，gs[-1,-2]表示该子图跨越倒数第 1 行和倒数第 2 列。程序运行结果如图 7-25 所示。

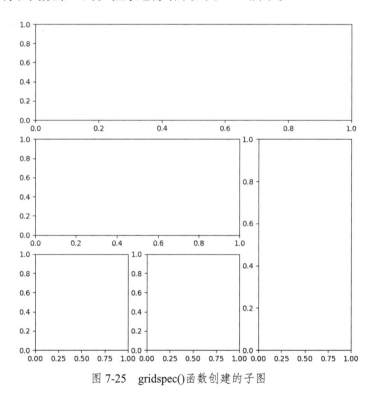

图 7-25　gridspec()函数创建的子图

7.3.2　seaborn 绘制统计图

seaborn 是基于 Matplotlib 进行更高级封装的第三方可视化库，seaborn

seaborn 绘制
统计图

的图表接口和参数设置与 Matplotlib 十分接近。相较于 Matplotlib，seaborn 提供了更高层次的 API，可以让用户在不需要了解太多底层参数的情况下绘制出更精致的图表。seaborn 特色鲜明，多数图表具有统计学含义，例如分布、关系、统计、回归等，加之支持 pandas 和 NumPy 的数据类型，能够非常友好、高效地对数据进行可视化分析。

需要说明的是，seaborn 与 Matplotlib 的关系是互补而非替代，多数场合中 seaborn 是绘图首选，而在某些特定场合下则仍需用 Matplotlib 进行更为细致的个性化定制绘图。

1．seaborn 绘图风格和颜色的设置

seaborn 绘图风格的设置主要分为两类：一是风格（Style）设置，二是环境（Context）设置。seaborn 当前支持的风格主要有 6 种：darkgrid（默认风格）、matplotlib、whitegrid、dark、white、ticks。

风格设置的方法主要有如下 3 种。

（1）set()：通用设置接口。

（2）set_style()：风格专用设置接口，设置后全局风格随之改变。

（3）axes_style()：设置当前图（axes 级）的风格，同时返回设置后的风格参数。不同主题风格的示例如图 7-26 所示。

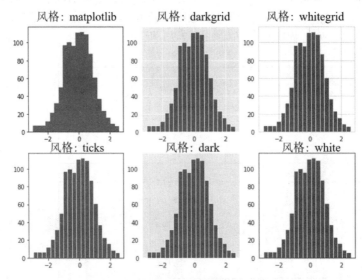

图 7-26　seaborn 绘图风格的示例

相比 Matplotlib 的绘图风格，seaborn 绘制的直方图会自动增加空白间隔，图像分布更为合理。不同 seaborn 风格之间的差异在于图片的背景颜色有所不同。

环境设置的方法分为 3 种。

（1）set()：通用设置接口。

（2）set_context()：环境设置专用接口，设置后全局绘图环境随之改变。

（3）plotting_context()：设置当前图（axes 级）的绘图环境，同时返回设置后的环境参数，支持 with 关键字用法。当前支持的绘图环境主要有 4 种：notebook（默认环境）、paper、talk、poster。不同环境风格的示例如图 7-27 所示。

可以看出，4 种默认绘图环境最直观的区别在于字号大小的不同，而其他方面也略有差异。

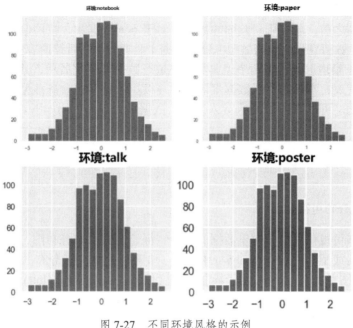

图 7-27　不同环境风格的示例

　　seaborn 风格多变的另一大特色就是支持个性化的颜色设置。颜色设置的常用方法包括以下两种。

　　（1）color_palette()：基于 RGB（Red Green Blue，三原色）原理设置颜色，提供了均匀过渡的 8 种颜色样例，可以接收一个调色板对象作为参数，通过 n_color 参数设置颜色数量。

　　（2）hls_palette()：基于色相（Hue）、亮度（Luminance）、饱和度（Saturation）原理设置颜色，提供了 8 种不同的颜色，可以通过 n_color 参数设置颜色的数量。

　　为了便于查看调色板样式，seaborn 提供了一个用于查看绘制颜色结果的方法 palplot()，通过 palplot() 方法可以查看颜色设置结果，如图 7-28 所示。

图 7-28　在 Notebook 中查看 seaborn 提供的颜色设置结果

2．seaborn 常见的图形类型

　　seaborn 内置了大量集成的绘图函数，仅需一行代码即可实现美观的图表绘制。按统计图对 seaborn 可视化进行划分，可以分为单变量分布可视化、多变量分布可视化、双变量关系可视化、回归分析可视化、矩阵图可视化以及分类数据可视化等类型。每种类型中又包含常见的图形类型，如单变量分布可视化中的直方图、双变量关系可视化中的对图（用于呈现数据集中不同特征数据的两两成对比较）、矩阵图可视化中的热力图等，接下来将详

细介绍各种图形类型。

　　在进行绘图之前，要有用于绘图的数据。对于不同数据集，按照数据类型划分，大体可分为连续型（数值变量）和离散型（分类数据）两类。本书后续内容主要基于 Iris（鸢尾花）和 Titanic（泰坦尼克号）两个经典数据集进行数据可视化展示，其中鸢尾花数据集是连续型数据的代表，泰坦尼克号数据集既包含连续型数据又包含离散型数据，可用于离散型数据的可视化。可以通过 pandas 导入这两个数据集，程序代码如下。

```
1   import pandas as pd
2   iris=pd.read_csv("E:\\test\\07\\data\\iris.csv")
3   titanic=pd.read_csv("E:\\test\\07\\data\\titanic.csv")
```

3. 单变量分布可视化

　　单变量分布可视化通过单变量数据的统计特征绘制其概率分布图，概率分布图有直方图与概率分布曲线图两种形式。seaborn 中提供了 3 种表达单变量分布的绘图函数：distplot()（用于绘制直方图）、kdeplot()（用于绘制核密度估计图）以及 rugplot()（用于绘制地毯图，rug 直译为地毯，绘图方式是将数值出现的位置以较细的柱状线方式添加在图表底部）。

　　（1）distplot()函数

　　distplot()函数是一个功能强大且实用的直方图绘制函数，内置集成了 kdeplot()和 rugplot()函数，它默认绘制的是一个带有核密度估计曲线的直方图。其语法格式如下：

```
seaborn.distplot(a,bins=None,hist=True,kde=True,rug=False,fit=None,
hist_kws= None,kde_kws=None,rug_kws=None,fit_kws=None,color=None,
vertical=False, norm_hist=False,axlabel=None,label=None,ax=None)
```

　　上述函数中常用参数的含义如下。

　　① a：表示要观察的数据，可以是一维数组、列表或 Series。

　　② bins：整型，用于确定直方图中显示条形的数量，默认为 None。

　　③ hist：布尔型，表示是否绘制直方图，默认为 True。

　　④ kde：布尔型，表示是否绘制核密度估计图，默认为 True。

　　⑤ rug：布尔型，表示是否绘制地毯图，默认为 False。

　　⑥ color：字符串类型，用于设置绘制直方图对象的颜色，如"r"代表红色。

　　⑦ vertical：布尔型，用于控制是否颠倒坐标轴，默认为 False，即不颠倒。

　　⑧ norm_hist：布尔型，用于控制直方图高度代表的意义，为 True 时直方图高度表示对应的密度，为 False 时表示对应的直方图区间内记录值的个数，默认为 False。

　　以鸢尾花数据集为例，使用默认参数下的distplot()函数绘制鸢尾花花萼长度的直方图，程序代码如下，程序运行结果如图 7-29 所示。

```
1   import pandas as pd                                        #导入第三方库（统计分析）
2   import seaborn as sns                                      #导入第三方库（统计绘图）
3   import matplotlib.pyplot as plt                            #导入第三方库（基础绘图）
4   sns.set_style('darkgrid')                                  #设置 seaborn 风格
5   sns.set(font='SimHei')                                     #设置中文字体
6   iris=pd.read_csv("E:\\test\\07\\data\\iris.csv")           #读取鸢尾花数据集
7   sns.distplot(iris["sepal_length"],axlabel="花萼长度（厘米）")   #单变量分布绘制
8   plt.show()                                                 #显示绘制的图形
```

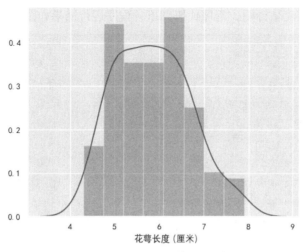

图 7-29   distplot()函数绘图示例

程序第 6 行，使用 pandas 读取鸢尾花数据集。

程序第 7 行，使用 sns.distplot()函数绘制直方图，iris["sepal_length"]表示数据集中列名为 "sepal_length"（花萼长度）的列数据。

观察图 7-29 可知，鸢尾花的花萼长度分布在 4 到 8 之间，其概率分布曲线大致遵循正态分布，花萼长度在 6 至 7 之间的数据最多。

（2）kdeplot()函数

kdeplot()函数是一个专门绘制核密度估计图的函数，虽然 distplot()函数中内置了核密度估计图的图表类型，并且可通过 kde 参数的布尔值实现 kdeplot()函数的功能，但 kdeplot()函数实际上能够支持更为丰富的功能，比如当传入两个变量时，kdeplot()函数绘制的核密度估计图会呈现出热力图的效果。其语法格式如下：

```
seaborn.kdeplot(data,data2=None,shade=False,vertical=False,kernel='gau',
bw='scott',gridsize=100,cut=3,clip=None,legend=True,cumulative=False,
color=None, shade_lowest=True,cbar=False, cbar_ax=None, cbar_kws=None, ax=None)
```

上述函数中常用参数的含义如下。

① data：一维数组，单变量时作为唯一的变量。

② data2：格式同 data，单变量时不输入，双变量时作为第 2 个输入变量，默认为 None。

③ shade：布尔型，用于控制是否对核密度估计曲线下的面积进行色彩填充，True 代表填充，默认为 False。

④ vertical：布尔型，单变量输入时有效，用于控制是否颠倒坐标轴位置。

⑤ kernel：字符型变量，用于控制核密度估计的方法，默认为 "gau"，即高斯核，且在二维变量的情况下仅支持高斯核方法。

⑥ legend：布尔型，用于控制是否在图像上添加图例。

⑦ cumulative：布尔型，用于控制是否绘制核密度估计的累计分布，默认为 False。

⑧ color：字符型变量，用于控制核密度曲线的色彩，如 "r" 代表红色。

⑨ shade_lowest：布尔型，是否为核密度估计中最低的范围着色，主要用于在同一个坐标轴中比较多个不同分布总体，默认为 True。

⑩ cbar：布尔型，是否在绘制二维核密度估计图时在图像右侧添加比色卡。

数据可视化技术 第7章

以鸢尾花数据集为例，传入鸢尾花的花萼长度和花萼宽度特征，通过 kdeplot()函数绘制两个单变量的核密度估计图，程序代码如下，程序运行结果如图 7-30 所示。

```
1   import pandas as pd                              #导入第三方库（统计分析）
2   import seaborn as sns                            #导入第三方库（统计绘图）
3   import matplotlib.pyplot as plt                  #导入第三方库（基础绘图）
4   sns.set_style('darkgrid')                        #设置 seaborn 风格
5   sns.set(font='SimHei')                           #设置中文字体
6   iris=pd.read_csv("E:\\test\\07\\data\\iris.csv")  #读取鸢尾花数据集
7   length=iris["sepal_length"]                      #获取鸢尾花的花萼长度数据
8   width=iris["sepal_width"]                        #获取鸢尾花的花萼宽度数据
9   sns.kdeplot(length,width,shade=True)             #kdeplot()分布绘制，并添加阴影
10  plt.xlabel("花萼长度（厘米）")                      #设置 x 轴坐标名称
11  plt.ylabel("花萼宽度（厘米）")                      #设置 y 轴坐标名称
12  plt.show()                                       #显示绘制的图形
```

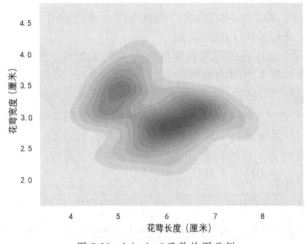

图 7-30 kdeplot()函数绘图示例

程序第 7～8 行，iris["sepal_length"]表示数据集中列名为"sepal_length"（花萼长度）的列数据，iris["sepal_ width "]表示数据集中列名为"sepal_ width"（花萼宽度）的列数据。

程序第 9 行，使用 sns.kdeplot()函数绘制核密度估计图，并将 shade 参数设置为 True，可以得到颜色更分明的图形。

观察图 7-30 可知，鸢尾花的花萼宽度大致分布在 2.0 至 4.0 之间，图片颜色较深的区域代表概率密度集中程度更深，说明数据大部分集中在这些深度区域中。

（3）rugplot()函数

rugplot()函数可用于绘制一维数组中数据点实际的分布位置情况，不添加任何数学意义上的拟合，只是将记录值在坐标轴上表现出来，相对于 kdeplot()函数，其可以展示原始的数据离散分布情况。其语法格式如下：

```
seaborn.rugplot(a,height=0.05,axis='x',ax=None)
```

上述函数中常用参数的含义如下。

① a：一维数组，传入观测值向量。

② height：设置每个观测点对应的小短条的高度，默认值为 0.05。

③ axis：字符型变量，观测值对应小短条所在的轴，默认值为"x"，即 x 轴。

以鸢尾花数据集为例，传入鸢尾花的花萼长度特征，通过 rugplot()函数绘制地毯图，程序代码如下，程序运行结果如图 7-31 所示。

```
1    import pandas as pd                        #导入第三方库（统计分析）
2    import seaborn as sns                       #导入第三方库（统计绘图）
3    import matplotlib.pyplot as plt             #导入第三方库（基础绘图）
4    sns.set_style('darkgrid')                   #设置 seaborn 风格
5    iris=pd.read_csv("E:\\test\\07\\data\\iris.csv")  #读取鸢尾花数据集
6    length=iris["sepal_length"]                 #获取鸢尾花的花萼长度数据
7    sns.rugplot(length,height=0.3)              #rugplot()分布绘制
8    plt.show()                                  #显示绘制的图形
```

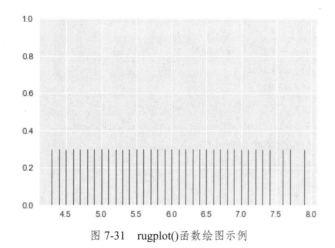

图 7-31　rugplot()函数绘图示例

观察图 7-31 中线条的离散情况可知，鸢尾花的花萼长度在 7.5 到 8.0 之间呈现出稀疏区域，可以推测出花萼长度大于 7.5 以上的鸢尾花较为稀少。

4．多变量分布可视化

单变量分布仅可用于观察单一维度的变化关系，不适合讨论多变量分布的情况，多变量分布可视化函数可用于分析多个变量之间的相对关系。

（1）jointplot()函数

jointplot()函数（用于绘制成对变量联合图）可以创建一个多面板图形，如散点图、二维直方图、核密度估计图等，以显示两个变量之间的双变量关系及每个变量在单独坐标轴上的单变量分布。绘图结果主要有 3 部分：绘图主体用于表达两个变量对应的散点图分布，在其上侧和右侧分别体现两个变量的直方图分布情况。其语法格式如下：

```
seaborn.jointplot(x,y,data=None,kind='scatter',stat_func=,color=None,
size=6, ratio=5,space=0.2,dropna=True,xlim=None,ylim=None,joint_kws=None,
marginal_kws =None,annot_kws=None)
```

上述函数中常用参数的含义如下。

① x、y：代表待分析的成对变量，有两种模式。第 1 种模式：在参数 data 传入 DataFrame 时，x、y 均传入字符串，指代 DataFrame 中的变量名。第 2 种模式：在参数 data 为 None 时，x、y 直接传入两个一维数组，不依赖 DataFrame。

② data：代表传入的 DataFrame，默认为 None。

③ kind：字符型变量，用于控制展示成对变量相关情况的主图中的样式，包括 scatter（散点图）、reg（回归图）、kde（核密度估计图）等。

④ color：字符型变量，用于控制绘图曲线的色彩。

⑤ ratio：整型变量，调节联合图与边缘图的相对比例，越大则边缘图越矮，默认为 5。

⑥ space：浮点型变量，用于控制联合图与边缘图的空白大小。

⑦ xlim、ylim：设置 x 轴与 y 轴的显示范围。

⑧ joint_kws、marginal_kws、annot_kws：传入参数字典，分别精细化控制每个组件。

以鸢尾花数据集为例，传入鸢尾花的花萼长度和花萼宽度特征，在默认参数设置下通过 jointplot()函数绘制成对变量联合图，程序代码如下，程序运行结果如图 7-32 所示。

```
1   import pandas as pd                                      #导入第三方库（统计分析）
2   import seaborn as sns                                    #导入第三方库（统计绘图）
3   import matplotlib.pyplot as plt                          #导入第三方库（基础绘图）
4   sns.set_style('darkgrid')                                #设置 seaborn 风格
5   sns.set(font='SimHei')                                   #设置中文字体
6   iris=pd.read_csv("E:\\test\\07\\data\\iris.csv")        #读取鸢尾花数据集
7   iris = iris.rename(columns={"sepal_length":"花萼长度（厘米）",  #对数据集列名重新命名
8   "sepal_width":"花萼宽度（厘米）"})
9   sns.jointplot(x="花萼长度（厘米）",                        #传入 x 轴数据
10  y="花萼宽度（厘米）",                                      #传入 y 轴数据
11  data=iris)                                               #传入数据
12  plt.show()                                               #显示绘制的图形
```

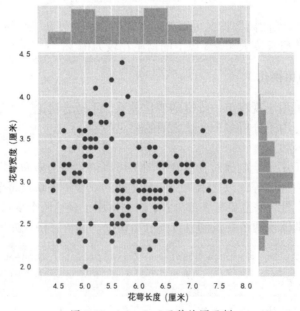

图 7-32　jointplot()函数绘图示例

观察图 7-32 可以发现，整个图形由 3 部分组成，中间的矩形图展示了以花萼长度为 x 轴、花萼宽度为 y 轴的散点图，矩形图上侧和右侧分别展示了花萼长度的直方图和花萼宽度的直方图。通过散点图和直方图的组合形式，可以直观地看到鸢尾花的花萼分布特点，花萼宽度在 3.0、花萼长度在 6.5 左右的鸢尾花数量最多。

（2）pairplot()函数

当变量数不止两个时，使用 pairplot()函数（用于绘制对图）可以方便地查看各变量间的分布关系。它将变量的任意两两组合分布绘制成一个子图，对角线用直方图，其余子图用相应变量分别作为 x、y 轴绘制散点图。其语法格式如下：

```
seaborn.pairplot(data,hue=None,hue_order=None,palette=None,vars=None,
x_vars=None,y_vars=None,kind='scatter',diag_kind='auto',markers=None,
height=2.5,aspect=1,corner=False,dropna=False,plot_kws=None,diag_kws=None,
grid_kws= None,size=None)
```

上述函数中常用参数的含义如下。

① data：用来比较的数据，传入 DataFrame。

② hue：字符串变量，传入 DataFrame 中的列名，一般该列下的数据按类别划分，将生成具有不同颜色的元素的分组变量。

③ hue_order：列表形式的字符串数据，代表 hue 的顺序，默认为 None。

④ palette：字符串变量，设置不同标签对象的颜色。通常，选择预设好的调色板就能满足一般的需求，预设好的调色板包括 husl、pastel、muted、bright、deep、colorblind、dark、hls、Paired、Set1、Set2、Blues、Greens、Reds、Purples、BuGn_r、GnBu_d、cubehelix 等。除了使用预设好的调色板，也可以自己制作调色板，详细的制作方法可以查阅 seaborn 的官方文档。

⑤ height：浮点型变量，每个图的高度，单位为英寸，默认为 2.5。

⑥ aspect：浮点型变量，每个图的相对宽度（通过计算得来，当 aspect 为 0.5 时，图片宽度为 0.5×高度），单位为英寸，默认为 1。

⑦ kind：字符串变量，设置作图方式，默认为 scatter，还有 kde、hist、reg 等形式。

⑧ corner：布尔型变量，控制是否只显示左下三角的图形，默认为 False，设置为 True 时，只显示下三角矩阵。

⑨ dropna：布尔型变量，是否在绘图前从数据中删除缺失值，默认为 False。

以鸢尾花数据集为例子，传入整个数据集，在默认参数设置下绘制对图，程序代码如下，程序运行结果如图 7-33 所示。

```
1   import pandas as pd                                    #导入第三方库（统计分析）
2   import seaborn as sns                                  #导入第三方库（统计绘图）
3   import matplotlib.pyplot as plt                        #导入第三方库（基础绘图）
4   sns.set_style('darkgrid')                              #设置 seaborn 风格
5   sns.set(font='SimHei')                                 #设置中文字体
6   iris=pd.read_csv("E:\\test\\07\\data\\iris.csv")       #读取鸢尾花数据集
7   iris = iris.rename(columns={"sepal_length":"花萼长度（厘米）",  #对数据集列名重新命名
8   "sepal_width":"花萼宽度（厘米）",
9   "petal_length":"花瓣长度（厘米）",
10  "petal_width":"花瓣宽度（厘米）"})
11  sns.pairplot(data=iris)                                #pairplot()分布绘制
12  plt.show()                                             #显示绘制的图形
```

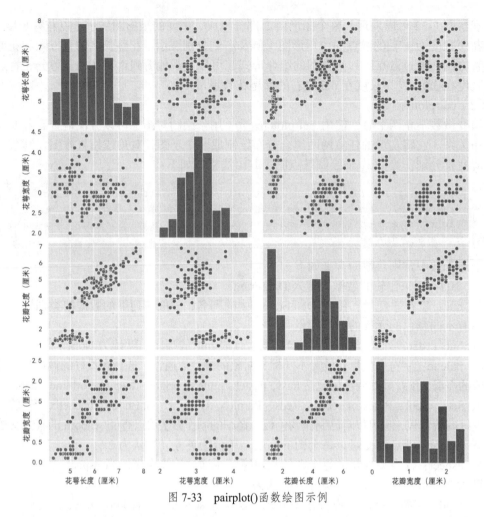

图 7-33　pairplot()函数绘图示例

观察图 7-33 可知，pairplot()函数通过将数据集中的列名变为一个矩形索引的方式，绘制由多个子图组成的矩阵，绘制结果中的上三角和下三角部分的子图是镜像的，展示了两两变量之间的散点分布，对角线则展示了各单变量数据的直方图。对图是数据分析中的常用工具，可用于呈现所有可能的数值变量对之间的关系。

5．双变量关系可视化

seaborn 还提供了用于表达双变量关系的图表，包括点图和线图两类。常用的绘图函数有 relplot()、scatterplot()和 lineplot()。其中，relplot()函数为 figure-level（可简单理解为操作对象是 Matplotlib 中的 figure），而后两者是 axes-level（对应的操作对象是 Matplotlib 中的 axes），虽然这 3 个绘图函数的名称不同，但它们的调用方式和核心参数是一致的。

（1）relplot()函数

relplot()函数用于寻找两个（或者多个）变量之间的关系，可以绘制曲线图和散点图，其语法格式如下：

```
seaborn.relplot(x=None,y=None, hue=None, size=None, style=None, data=None, row=None,
col=None, palette=None, hue_order=None, hue_norm=None, sizes=None, dashes= None,
style_order=None, legend='auto', kind='scatter', height=5, aspect=1)
```

上述函数中常用参数的含义如下。

① x、y：指定 x 轴和 y 轴上位置的变量。

② hue：生成具有不同颜色的元素的分组变量。可以是按类别的（Categorical），也可以是数字的。

③ data：待分析的数据，通常是 DataFrame，默认为 None。

④ row、col：用于定义行或列上的子图。

⑤ sizes：控制数据点的大小或线条的粗细。

⑥ kind：通过 kind 参数可以选择绘制的图形是 scatter 类型还是 line 类型，默认值为 scatter。当 kind 设置为 scatter 时，该函数等同于 scatterplot()函数；当 kind 设置为 line 时，该函数等同于 lineplot()函数。

以鸢尾花数据集为例，传入花萼长度和花萼宽度的数据，并将鸢尾花品种传入 hue 参数中，hue 参数可以对不同品种的鸢尾花赋予不同的颜色。程序代码如下，程序运行结果如图 7-34 所示。

```
1    import pandas as pd                                    #导入第三方库(统计分析)
2    import seaborn as sns                                  #导入第三方库(统计绘图)
3    import matplotlib.pyplot as plt                        #导入第三方库(基础绘图)
4    sns.set_style('darkgrid')                              #设置 seaborn 风格
5    sns.set(font='SimHei')                                 #设置中文字体
6    iris=pd.read_csv("E:\\test\\07\\data\\iris.csv")       #读取鸢尾花数据集
7    iris = iris.rename(columns={"sepal_length":"花萼长度（厘米）",    #对数据集列名重新命名
8    "sepal_width":"花萼宽度（厘米）",
9    "species":"品种"})
10   sns.relplot(x="花萼长度（厘米）",                        #传入 x 轴数据
11   y="花萼宽度（厘米）",                                    #传入 y 轴数据
12   hue="品种",                                            #传入 hue 数据
13   data=iris)                                             #传入数据集
14   plt.show()                                             #显示绘制的图形
```

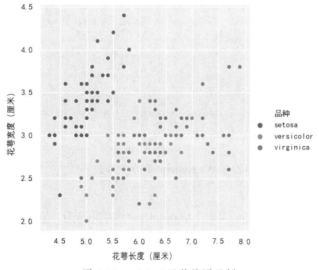

图 7-34　relplot()函数绘图示例

观察图 7-34 可知，右侧图例给出了鸢尾花的 3 种类型：setosa、versicolor、virginica，以蓝色散点为代表的 setosa 鸢尾花与另外两类鸢尾花有明显的区别，setosa 鸢尾花呈现出明显的花萼长度偏短、花萼宽度较宽（多数大于 3.0）的特点，versicolor 鸢尾花和 virginica 鸢尾花大多花萼宽度中等偏窄（多数集中在 3.0 左右）。

（2）scatterplot()函数

使用 scatterplot()函数也可实现 relplot()函数同样的散点图效果。以鸢尾花数据集为例，在默认参数设置下，使用 scatterplot()函数绘图的程序代码如下，程序运行结果如图 7-35 所示。

```
1   import pandas as pd                              #导入第三方库（统计分析）
2   import seaborn as sns                            #导入第三方库（统计绘图）
3   import matplotlib.pyplot as plt                  #导入第三方库（基础绘图）
4   sns.set_style('darkgrid')                        #设置 seaborn 风格
5   sns.set(font='SimHei')                           #设置中文字体
6   iris=pd.read_csv("E:\\test\\07\\data\\iris.csv") #读取鸢尾花数据集
7   iris = iris.rename(columns={"sepal_length":"花萼长度（厘米）",  #对数据集列名重新命名
8   "sepal_width":"花萼宽度（厘米）",
9   "species":"品种"})
10  sns.scatterplot(x="花萼长度（厘米）",              #传入 x 轴数据
11  y="花萼宽度（厘米）",                              #传入 y 轴数据
12  hue="品种",                                       #传入 hue 数据
13  data=iris)                                        #传入数据集
14  plt.show()                                        #显示绘制的图形
```

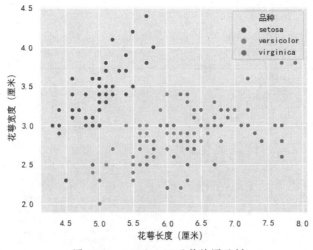

图 7-35　scatterplot()函数绘图示例

（3）lineplot()函数

lineplot()函数所绘制的图形不同于 Matplotlib 中的折线图，它会将同一 x 轴下的多个 y 轴的统计量（默认为均值）作为折线图中的点的位置，并辅以阴影表达其置信区间，可用于快速观察数据点的分布趋势。以鸢尾花数据集为例，在默认参数设置下，使用 lineplot()函数绘图的程序代码如下，程序运行结果如图 7-36 所示。

```
1   import pandas as pd                                      #导入第三方库（统计分析）
2   import seaborn as sns                                    #导入第三方库（统计绘图）
3   import matplotlib.pyplot as plt                          #导入第三方库（基础绘图）
4   sns.set_style('darkgrid')                                #设置 seaborn 风格
5   sns.set(font='SimHei')                                   #设置中文字体
6   iris=pd.read_csv("E:\\test\\07\\data\\iris.csv")         #读取鸢尾花数据集
7   iris = iris.rename(columns={"sepal_length":"花萼长度（厘米）",   #对数据集列名重新命名
8   "sepal_width":"花萼宽度（厘米）",
9   "species":"品种"})
10  sns.lineplot(x="花萼长度（厘米）",                          #传入 x 轴数据
11  y="花萼宽度（厘米）",                                        #传入 y 轴数据
12  hue="品种",                                               #传入 hue 参数
13  data=iris)                                                #传入数据集
14  plt.show()                                                #显示绘制的图形
```

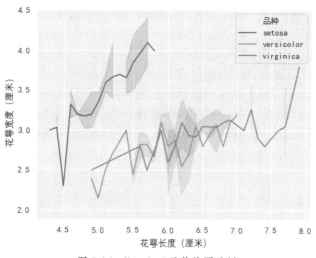

图 7-36　lineplot()函数绘图示例

观察图 7-36 可知，相对于散点图，折线图的优势在于能够直观反映数据变化的趋势和差异。蓝色线表示 setosa 鸢尾花，橘色线表示 versicolor 鸢尾花，绿色线表示 virginica 鸢尾花。蓝色线是孤立的，橘色线和绿色线则相互重叠，说明仅通过花萼长度和花萼宽度较难区分 versicolor 鸢尾花和 virginica 鸢尾花，而 setosa 鸢尾花很容易被识别。

6．回归分析可视化

在查看双变量分布关系的基础上，seaborn 还提供了简单的回归接口，通过设置回归模型的阶数可以拟合出抛物线型的回归线。下面简单介绍 3 个用于回归分析可视化的绘图函数：regplot()、lmplot()和 residplot()。

（1）regplot()函数

regplot()函数用于绘制数据和线性回归模型拟合，绘图的直观结果为散点图+回归线形式。其语法格式如下：

　　　　数据可视化技术　第 7 章

```
seaborn.regplot(x=None,y=None,data=None, x_estimator=None, x_bins=None, x_ci='ci',
scatter=True,fit_reg=True,ci=95,n_boot=1000,units=None,order=1,logistic=False,
lowess=False,robust=False,logx=False,x_partial=None,y_partial=None,truncate=False,
dropna=True,x_jitter=None,y_jitter=None,label=None,color=None,marker='o',
scatter_kws=None, line_kws=None, ax=None)
```

上述函数中常用参数的含义如下。

① x、y：指定 x 轴和 y 轴上位置的变量。

② data：待分析的 DataFrame，默认为 None。

③ x_estimator：应用于每一个唯一值 x 并绘制结果的估计值，当 x 为离散变量时，x_estimator 是有效的。若给定 x_ci，则此估计值将被引导并绘制置信区间。默认为 None。

④ x_bins：整型变量，将 x 分成多少段，默认为 x_estimator 的均值。

⑤ x_ci：字符串类型（仅有 "ci" 和 "sd" 或 None）。用于确定离散变量集中趋势的置信区间大小。若 x_ci 为 "ci"，则通过参数 ci 的值确定大小，若 x_ci 为 "sd"，则计算每个 x_bins 中的标准差得到大小，默认为 "ci"。

⑥ ci：在[0,100]的整型变量，表示回归估计的置信区间的大小，默认为 95。

⑦ scatter：布尔型变量，表示是否绘制带有估计值的散点图，默认为 True。

⑧ logistic：布尔型变量，表示是否使用逻辑回归模型拟合回归线，请注意使用 logistic 的计算量比线性回归的更大，默认为 False。

⑨ color：应用于所有绘图元素的颜色。

⑩ marker：应用于散点图形状的标记。

⑪ x_jitter：浮点型变量，给 x 轴随机增加噪声点，默认为 None。

⑫ y_jitter：浮点型变量，给 y 轴随机增加噪声点，默认为 None。

以鸢尾花数据集为例，在默认参数设置下，使用 regplot()函数绘图的程序代码如下，程序运行结果如图 7-37 所示。

1	`import pandas as pd`	#导入第三方库（统计分析）
2	`import seaborn as sns`	#导入第三方库（统计绘图）
3	`import matplotlib.pyplot as plt`	#导入第三方库（基础绘图）
4	`sns.set_style('darkgrid')`	#设置 seaborn 风格
5	`sns.set(font='SimHei')`	#设置中文字体
6	`iris=pd.read_csv("E:\\test\\08\\data\\iris.csv")`	#读取鸢尾花数据集
7	`sns.regplot(x="sepal_length",`	#regplot()分布绘制，x 轴标签
8	`y="sepal_width",`	#y 轴标签
9	`data=iris)`	#传入数据集
10	`plt.xlabel("花萼长度（厘米）")`	#设置 x 轴坐标名称
11	`plt.ylabel("花萼宽度（厘米）")`	#设置 y 轴坐标名称
12	`plt.show()`	#显示绘制的图形

观察图 7-37 可知，以花萼长度和花萼宽度为变量，regplot()函数在原有散点图的基础上添加了回归拟合后的回归辅助线，浅蓝色的部分表示置信区间。

（2）lmplot()函数

lmplot()函数也用于绘制回归图表，但功能相比 regplot()函数更为强大，除了增加 hue

参数支持分类回归外，还可添加 row 和 col 参数，从而实现更多的分类回归关系。lmplot()
函数的参数和 regplot()函数的参数高度重复，这里仅介绍 lmplot()函数独有的参数。

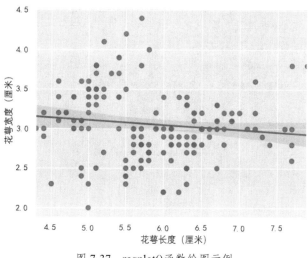

图 7-37　regplot()函数绘图示例

① hue：字符串变量，传入 DataFrame 中的列名，一般该列名下的数据按类别划分，
将生成具有不同颜色的元素的分组变量。

② row：字符串类型，根据指定属性在行上分类。

③ col：字符串类型，根据指定属性在列上分类。

④ col_wrap：整型变量，指定每行的列数，最多等于 col 参数所对应的不同类别的数量。

以鸢尾花数据集为例，在默认参数设置下，使用 lmplot()函数绘图的程序代码如下，程
序运行结果如图 7-38 所示。

```
1    import pandas as pd                                          #导入第三方库（统计分析）
2    import seaborn as sns                                        #导入第三方库（统计绘图）
3    import matplotlib.pyplot as plt                              #导入第三方库（基础绘图）
4    sns.set_style('darkgrid')                                    #设置 seaborn 风格
5    sns.set(font='SimHei')                                       #设置中文字体
6    iris=pd.read_csv("E:\\test\\08\\data\\iris.csv")             #读取鸢尾花数据集
7    iris = iris.rename(columns={"sepal_length":"花萼长度（厘米）",   #对数据集列名重新命名
8    "sepal_width":"花萼宽度（厘米）",
9    "species":"品种"})
10   sns.lmplot(x="花萼长度（厘米）",                                 #传入 x 轴数据
11   y="花萼宽度（厘米）",                                            #传入 y 轴数据
12   hue="品种",                                                   #传入 hue 参数
13   data=iris)                                                   #传入数据集
14   plt.show()                                                   #显示绘制的图形
```

观察图 7-38 可知，lmplot()函数通过 hue 参数对不同品种的鸢尾花数据进行分组并赋予
不同颜色，以显示不同品种鸢尾花数据的回归拟合的结果。

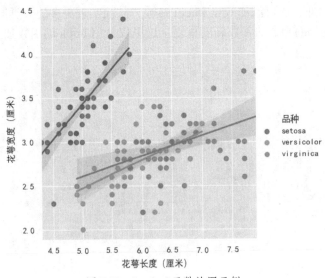

图 7-38 lmplot() 函数绘图示例

（3）residplot() 函数

residplot() 函数用于绘制线性回归的残差，相当于先执行 lmplot() 函数中的回归拟合，然后将回归值与真实值相减的结果作为绘图数据。直观来看，当残差结果随机分布在 $y=0$ 上下较小的区间时，说明具有较好的回归效果。其语法格式如下：

```
seaborn.residplot(x=None, y=None, data=None, lowess=False, x_partial=None,
y_partial=None,order=1,robust=False,dropna=True,label=None,color=None,
scatter_kws=None, line_kws=None, ax=None)
```

上述函数中常用参数的含义如下。

① x、y：指定 x 轴和 y 轴上位置的变量。

② data：待分析的 DataFrame，默认为 None。

③ lowess：布尔型，是否采用残差散点图拟合 lowess 平滑器，默认为 False。

④ dropna：布尔型，是否在拟合和绘图时忽略具有缺失数据的观测值，默认为 True。

⑤ ax：确定哪个子图。

以鸢尾花数据集为例，在默认参数设置下，使用 residplot() 绘图的程序代码如下，程序运行结果如图 7-39 所示。

1	`import pandas as pd`	#导入第三方库（统计分析）
2	`import seaborn as sns`	#导入第三方库（统计绘图）
3	`import matplotlib.pyplot as plt`	#导入第三方库（基础绘图）
4	`plt.rcParams['axes.unicode_minus'] = False`	#设置负号显示
5	`sns.set_style('darkgrid')`	#设置 seaborn 风格
6	`sns.set(font='SimHei')`	#设置中文字体
7	`iris=pd.read_csv("E:\\test\\08\\data\\iris.csv")`	#读取鸢尾花数据集
8	`sns.residplot(x="sepal_length",`	#residplot() 分布绘制，x 轴标签
9	`y="sepal_width",`	#y 轴标签
10	`data=iris)`	#传入数据集

11	`plt.xlabel("花萼长度（厘米）")`	#设置 x 轴坐标名称
12	`plt.ylabel("花萼宽度（厘米）")`	#设置 y 轴坐标名称
13	`plt.show()`	#显示绘制的图形

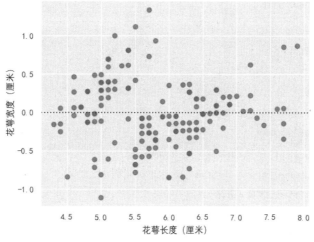

图 7-39　residplot()函数绘图示例

7．矩阵图可视化

矩阵图主要用于表达一组数值型数据的大小关系，在探索数据相关性时较为实用。最常见的矩阵图是热图（Heatmap），以及在此基础上的聚类热图（Clustermap）。

（1）heatmap()函数

热图（也称为热度图或热力图）是指将矩阵单个的值表示为颜色的图，在实际中常用于展示一组变量的相关性矩阵，在展示列联表的数据分布上也有较大的用途。通过热图可以非常直观地感受到数值大小的差异状况，用暖色表示大数值，用冷色表示小数值。heatmap()函数的语法格式如下：

```
seaborn.heatmap(data, vmin=None, vmax=None, cmap=None, center=None,
robust=False,annot=None,fmt='.2g',annot_kws=None, linewidths=0,
linecolor='white', cbar=True,cbar_kws=None,cbar_ax=None,
square=False,xticklabels='auto',yticklabels= 'auto', mask=None, ax=None)
```

上述函数中常用参数的含义如下。

① data：二维数组，数据会被强制转换为一个二维 numpy.array 结构，若传入数据为 DataFrame 格式，则会将 index 和 columns 作为行和列标签。

② vmin：浮点型，设置颜色带的最小值。

③ vmax：浮点型，设置颜色带的最大值。

④ cmap：设置颜色带的色系。

⑤ center：浮点型，设置颜色带的分界，修改此参数会影响 cmap 的默认颜色，默认为 None。

⑥ annot：布尔型，是否显示数值注释，默认为 False。

⑦ fmt：format 的缩写，设置数值的格式化形式。

⑧ linewidths：控制每个小方格之间的间距。

⑨ linecolor：控制分隔线的颜色。

⑩ mask：传入布尔型矩阵，若矩阵内为 True，则热图相应位置的数据将会被屏蔽掉（常用在绘制相关性矩阵图中，显示上三角矩阵关系图）。

以鸢尾花数据集为例，在默认参数设置下，使用 heatmap()函数绘图的程序代码如下，程序运行结果如图 7-40 所示。

```
1   import pandas as pd                                #导入第三方库（统计分析）
2   import seaborn as sns                              #导入第三方库（统计绘图）
3   import matplotlib.pyplot as plt                    #导入第三方库（基础绘图）
4   plt.rcParams['axes.unicode_minus'] = False         #设置负号显示
5   sns.set_style('darkgrid')                          #设置 seaborn 风格
6   sns.set(font='SimHei')                             #设置中文字体
7   iris=pd.read_csv("E:\\test\\07\\data\\iris.csv")   #读取鸢尾花数据集
8   iris = iris.rename(columns={"sepal_length":"花萼长度（厘米）",   #对数据集列名重新命名
9       "sepal_width":"花萼宽度（厘米）",
10      "petal_length":"花瓣长度（厘米）",
11      "petal_width":"花瓣宽度（厘米）"})
12  sns.heatmap(iris.corr())                           #传入数据集的相关性矩阵
13  plt.show()                                         #显示绘制的图形
```

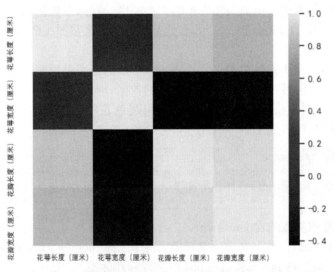

图 7-40　heatmap()函数绘图示例

程序第 12 行，使用 sns.heatmap()函数绘制热图，其中 iris.corr()函数是 pandas 中用于查找 DataFrame 中所有列的成对相关性的函数。在计算时任何 NaN 值会自动排除。DataFrame 中任何非数字数据类型的列将被忽略，默认采用皮尔逊相关系数计算矩阵结果，并会输出一个[列名数量, 列名数量]二维矩阵。

图 7-40 展示了由鸢尾花数据集各变量间的相关系数绘制的热图，颜色越偏黑色表示两变量间的负相关度越高，颜色越偏白色表示两变量间的正相关度越高，颜色越偏紫色表示两变量间不相关。从图 7-40 中可以看出：花萼长度和花萼宽度没有明显的相关性，花萼长

度与花瓣长度、花瓣宽度呈现出较强的正相关性，而花萼宽度与花瓣长度、花瓣宽度则呈现出较强的负相关性。

（2）clustermap()函数

在热图的基础上，聚类热图进一步挖掘各行数据间的相关性，并逐一按最小合并的原则进行聚类，通过聚类功能和热图联动，从而发现热图数据的结构。clustermap()函数广泛应用于生物信息的可视化分析中，其语法格式如下。

```
seaborn.clustermap(data,pivot_kws=None, method='average', metric='euclidean',
z_score=None,standard_scale=None,figsize=(10,10),cbar_kws=None,row_cluster=
True,col_cluster=True,row_linkage=None,col_linkage=None,row_colors=None,
col_colors=None,mask=None,dendrogram_ratio=0.2,colors_ratio=0.03,cbar_pos=
(0.02, 0.8, 0.05, 0.18), tree_kws=None)
```

上述函数中常用参数的含义如下。

① data：用于聚类的二维数组，数据会被强制转换为一个二维 numpy.array 结构，若传入数据为 DataFrame 格式，则会将 index 和 columns 作为行和列标签。

② method：字符串类型，调用 scipy.cluster.hierarchy_linkage()函数进行聚类计算，默认计算方法为 "average"，还可选择 "single" "weighted" "complete" "median" "centroid" 等参数。

③ metric：字符串类型，选择簇间距离计算方式，默认为 "euclidean"，其他可选项还有 "braycurtis" "dice" "jaccard" 等。

④ z_score：是否计算行或列的 z 分数。值为 0 时按行计算，值为 1 时按列计算。确保每一行（列）的均值为 0，方差为 1。

⑤ cbar_pos：传入浮点型的元组(左,下,宽,高)，用于设置图例的出现位置，设置为 None 时将禁止使用颜色带。

⑥ mask：传入布尔型矩阵，若矩阵内为 True，则聚类热图相应位置的数据将会被屏蔽掉。mask 仅用于可视化，不会影响聚类结果，默认为 None。

以鸢尾花数据集为例，在默认参数设置下，使用 clustermap()函数绘图的程序代码如下，程序运行结果如图 7-41 所示。

```
1   import pandas as pd                                      #导入第三方库（统计分析）
2   import seaborn as sns                                    #导入第三方库（统计绘图）
3   import matplotlib.pyplot as plt                          #导入第三方库（基础绘图）
4   plt.rcParams['axes.unicode_minus'] = False              #设置负号显示
5   sns.set_style('darkgrid')                                #设置 seaborn 风格
6   sns.set(font='SimHei')                                   #设置中文字体
7   iris=pd.read_csv("E:\\test\\08\\data\\iris.csv")        #读取鸢尾花数据集
8   iris = iris.rename(columns={"sepal_length":"花萼长度（厘米）",  #对数据集列名重新命名
9   "sepal_width":"花萼宽度（厘米）",
10  sns.clustermap(iris.corr())                              #传入数据集的相关性矩阵
11  plt.show()                                               #显示绘制的图形
```

图 7-41 展示了鸢尾花数据集各变量间的聚类热图。在原有热图的基础上，在左侧（纵向）和上方（横向）绘制层次聚类的簇状结构树，通过自下而上合并或自上而下拆分来构建嵌套聚类，树的根汇聚所有特征，树的叶子是各个特征。

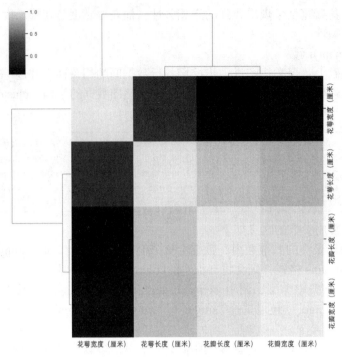

图 7-41   clustermap()函数绘图示例

8. 分类数据可视化

分类数据可视化主要用于对离散的分类变量的可视化。常见的用于分类数据可视化的图形有散点图、箱形图等。

（1）散点图

seaborn 中提供了两个专门用于绘制散点图的函数 stripplot()和 swarmplot()。

stripplot()函数的语法格式如下。

```
seaborn.stripplot(x=None,y=None,hue=None,data=None,order=None,
hue_order=None, jitter=True, dodge=False, orient=None, color=None,
palette=None, size=5, edgecolor='gray', linewidth=0, ax=None)
```

上述函数中常用参数的含义如下。

① x、y：代表待分析的成对变量，有两种模式，一是在参数 data 传入 DataFrame 时，x、y 均传入字符串，指代 DataFrame 的变量名；二是在参数 data 为 None 时，x、y 直接传入两个一维数组，不依赖 DataFrame。

② data：待分析的 DataFrame，默认为 None。

③ jitter：当数据点重合较多时，可以用该参数做一些调整。默认 jitter=True；当设置 jitter 为 False 时，散点均严格位于一条直线上。

④ dodge：控制组内分类是否彻底拆分。

⑤ order：对 x 参数所选字段内的类别进行排序以及筛选。

以泰坦尼克号数据集为例，将"舱位等级"作为 x 轴数据，"乘客年龄"作为 y 轴数据，"乘客性别"作为 hue 参数，使用 stripplot()函数绘图的程序代码如下，程序运行结果如图 7-42 所示。

1	`import pandas as pd`	#导入第三方库（统计分析）
2	`import seaborn as sns`	#导入第三方库（统计绘图）
3	`import matplotlib.pyplot as plt`	#导入第三方库（基础绘图）
4	`sns.set_style('darkgrid')`	#设置 seaborn 风格
5	`sns.set(font='SimHei')`	#设置中文字体
6	`titanic =pd.read_csv("E:\\test\\07\\data\\ titanic.csv")`	#读取泰坦尼克号数据集
7	`titanic['sex'] = ["男" if i=="male"` `else "女" for i in titanic['sex']]`	#重命名性别
8	`titanic['class'] = ['1' if i=="First"` `else "2" if i=="Second" else "3"`	#重命名舱位等级
9	`for i in titanic['class']]`	
10	`titanic = titanic.rename(columns={"class":"舱位等级",`	#对数据集列名重新命名
11	`"age":"乘客年龄",`	
12	`"sex":"乘客性别"})`	
13	`sns.stripplot(x="舱位等级",`	#传入 x 轴数据，舱位等级
14	`y="乘客年龄",`	#传入 y 轴数据，乘客年龄
15	`hue="乘客性别",`	#传入 hue 参数，乘客性别
16	`data=titanic)`	#传入数据集
17	`plt.show()`	#显示绘制的图形

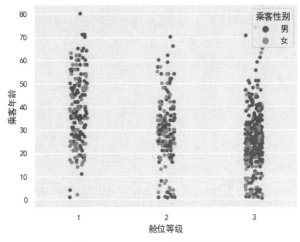

图 7-42　stripplot()函数绘图示例

图 7-42 中，蓝色点为男性乘客，橘色点为女性乘客。通过可视化分析可知，舱位等级越高（1 最高，3 最低），该舱位下的乘客人数越少，三等舱中男性乘客占比更大，且乘客年龄大多为 50 岁以下；二等舱中乘客性别未见明显倾向，乘客年龄跨度大，最小的仅几个月，最大的是 70 岁左右的老者；一等舱中乘客性别未见明显倾向，乘客年龄在 20 岁以下的人数较为稀疏，大于 50 岁的中老年乘客相比其他两个舱位要更多一些。

由于 stripplot()函数绘制的散点图会出现重叠遮盖的情况，可以采用 swarmplot()函数重新优化图形。swarmplot()函数在 stripplot()函数的基础上，不仅将散点图通过抖动来实现相对分离，而且会严格将各散点拆分开，从而便于直观观察散点的分布聚集情况。swarmplot()函数的语法格式如下。

```
seaborn.swarmplot(x=None, y=None, hue=None, data=None, order=None,
hue_order=None, dodge=False, orient=None, color=None, palette=None,
size=5, edgecolor='gray', linewidth=0, ax=None)
```

以泰坦尼克号数据集为例,采用和stripplot()函数相同的数据传入方式,使用swarmplot()函数绘图的程序代码如下,程序运行结果如图 7-43 所示。

1	`import pandas as pd`	#导入第三方库(统计分析)
2	`import seaborn as sns`	#导入第三方库(统计绘图)
3	`import matplotlib.pyplot as plt`	#导入第三方库(基础绘图)
4	`sns.set_style('darkgrid')`	#设置 seaborn 风格
5	`sns.set(font='SimHei')`	#设置中文字体
6	`titanic = pd.read_csv("E:\\test\\07\\data\\ titanic.csv")`	#读取泰坦尼克号数据集
7	`titanic['sex'] = ["男" if i=="male"` `else "女" for i in titanic['sex']]`	#重命名性别
8	`titanic['class'] = ['1' if i=="First"` `else "2" if i=="Second" else "3"`	#重命名舱位等级
9	`for i in titanic['class']]`	
10	`titanic = titanic.rename(columns={"class":"舱位等级",`	#对数据集列名重新命名
11	`"age":"乘客年龄",`	
12	`"sex":"乘客性别"})`	
13	`sns.swarmplot(x="舱位等级",`	#传入 x 轴数据,舱位等级
14	`y="乘客年龄",`	#传入 y 轴数据,乘客年龄
15	`hue="乘客性别",`	#传入 hue 参数,乘客性别
16	`data=titanic)`	#传入数据集
17	`plt.show()`	#显示绘制的图形

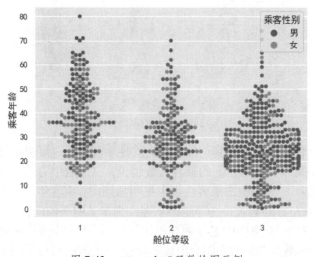

图 7-43　swarmplot()函数绘图示例

观察图 7-43 可知,swarmplot()函数绘制出的散点图对于重叠的数据进行了拆分,可以更加清晰地观察到图中每个纵向数据的信息。

（2）箱形图

分类数据可视化中另一种常见的可视化图形是箱形图，seaborn 提供了 boxplot()函数绘制基础箱形图，此外还提供了一个增强型箱形图绘制函数 boxenplot()和小提琴图绘制函数 violinplot()（一种变体的箱形图），用于绘制多样化的箱形图。

① boxplot()函数。

箱形图（也称为箱线图、盒须图）常用于观察数据的分布状态以及数据中存在的异常值、离群值。boxplot()函数的语法格式如下。

```
seaborn.boxplot(x=None,y=None,hue=None,data=None,order=None,hue_order=None,
orient=None,color=None,palette=None,saturation=0.75,width=0.8,dodge=True,
fliersize=5, linewidth=None, whis=1.5, notch=False, ax=None)
```

该函数常用参数的含义如下。

- x、y：待分析的数据字段变量名，根据实际数据，x、y 常用来指定 x、y 轴的分类名称。
- data：待分析的 DataFrame，默认为 None。
- hue：字符串变量，传入 DataFrame 中的列名，一般该列名下的数据会按类别进行划分，不同类别将生成具有不同颜色的分组变量。
- palette：调色板，用于对数据不同分类进行颜色区别。
- order、hue_order：显式地指定分类的顺序。
- orient：取值为 v、h，默认值为 None，用于控制图像是水平（Horizontal）显示，还是垂直（Vertical）显示。

以泰坦尼克号数据集为例，以默认参数绘制不同性别乘客关于"年龄-乘坐舱位"的箱形图，程序代码如下，程序运行结果如图 7-44 所示。

```
1   import pandas as pd                                      #导入第三方库（统计分析）
2   import seaborn as sns                                    #导入第三方库（统计绘图）
3   import matplotlib.pyplot as plt                          #导入第三方库（基础绘图）
4   sns.set_style('darkgrid')                                #设置 seaborn 风格
5   sns.set(font='SimHei')                                   #设置中文字体
6   titanic =pd.read_csv("E:\\test\\07\\data\\ titanic.csv")  #读取泰坦尼克号数据集
7   titanic['sex'] = ["男" if i=="male"                       #重命名性别
    else "女" for i in titanic['sex']]
8   titanic['class'] = ['1' if i=="First"                    #重命名舱位等级
    else "2" if i=="Second" else "3"
9   for i in titanic['class']]
10  titanic = titanic.rename(columns={"class":"舱位等级",       #对数据集列名重新命名
11  "age":"乘客年龄",
12  "sex":"乘客性别"})
13  sns.boxplot(x="舱位等级",                                   #传入 x 轴数据，舱位等级
14  y="乘客年龄",                                              #传入 y 轴数据，乘客年龄
15  hue="乘客性别",                                            #传入 hue 参数，乘客性别
16  data=titanic)                                            #传入数据集
17  plt.show()                                               #显示绘制的图形
```

由图 7-44 可知，三等舱乘客年龄主要在 20 岁左右，为青年人群；二等舱乘客年龄在 30 岁左右，为青壮年人群；一等舱乘客年龄偏大，主要为 40 岁及以上的中年人群。从

图 7-44 中还可以看出，三等舱和二等舱都出现了离群点，离群点主要集中在高龄乘客之间。

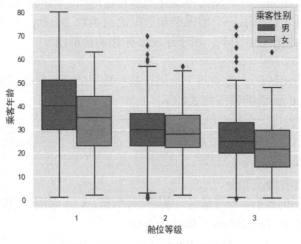

图 7-44 boxplot()函数绘图示例

② boxenplot()函数。

boxenplot()函数用于绘制增强版的箱形图，其在标准箱形图的基础上增加了更多的分位数信息，绘图效果更为美观，信息量更大。以泰坦尼克号数据集为例，传入和 boxplot()函数相同的数据，使用 boxenplot()函数绘图的程序代码如下，程序运行结果如图 7-45 所示。

```
1    import pandas as pd                              #导入第三方库（统计分析）
2    import seaborn as sns                            #导入第三方库（统计绘图）
3    import matplotlib.pyplot as plt                  #导入第三方库（基础绘图）
4    sns.set_style('darkgrid')                        #设置 seaborn 风格
5    sns.set(font='SimHei')                           #设置中文字体
6    titanic =pd.read_csv("E:\\test\\07\\data\\ titanic.csv")   #读取泰坦尼克号数据集
7    titanic['sex'] = ["男" if i=="male"              #重命名性别
     else "女" for i in titanic['sex']]
8    titanic['class'] = ['1' if i=="First"            #重命名舱位等级
     else "2" if i=="Second" else "3"
9    for i in titanic['class']]
10   titanic = titanic.rename(columns={"class":"舱位等级",   #对数据集列名重新命名
11   "age":"乘客年龄",
12   "sex":"乘客性别"})
13   sns.boxenplot(x="舱位等级",                       #传入 x 轴数据，舱位等级
14   y="乘客年龄",                                     #传入 y 轴数据，乘客年龄
15   hue="乘客性别",                                   #传入 hue 参数，乘客性别
16   data=titanic)                                    #传入数据集
17   plt.show()                                       #显示绘制的图形
```

③ violinplot()函数。

小提琴图是一种箱形图的变体，是箱形图与核密度估计图的结合，箱形图展示了分位数的位置，核密度估计图则展示了任意位置的密度。通过小提琴图可以知道哪些位置的数据点聚集得较多。小提琴图因其绘图结果形似小提琴而得名。violinplot()函数的语法格式如下。

```
seaborn.violinplot(x=None,y=None,hue=None,data=None,order=None,
hue_order=None,bw='scott',cut=2, scale='area', scale_hue=True,gridsize=100,
width= 0.8,inner='box',split=False,dodge=True,orient=None,linewidth=None,
color=None, palette=None, saturation=0.75, ax=None)
```

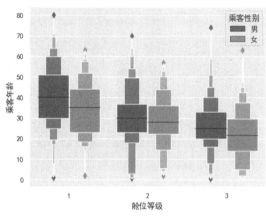

图 7-45　boxenplot()函数绘图示例

该函数主要参数的含义如下。

- bw：取值为 scott、silverman、float 其中之一，设置内置变量值或浮点数的比例因子，用来计算核密度的带宽。实际的核大小由比例因子乘以每个分箱内数据的标准差确定。
- cut：用于控制小提琴图外壳延伸超过内部极端数据点的密度。设置为 0 时，将小提琴图的范围限制在观察数据的范围内。
- scale：取值为 area、count、width 其中之一，主要用于调整小提琴图的缩放。area 表示每个小提琴图拥有相同的面域，count 根据样本数量来调节宽度，width 表示每个小提琴图拥有相同的宽度。
- inner：取值为 box、quartile、point、stick、None 其中之一，用于控制小提琴图内部数据点的形态。box 表示绘制微型小提琴图，quartile 表示显示四分位数线，point、stick 分别表示绘制点或小线，None 表示绘制不加修饰的小提琴图。
- split：布尔型，表示是否将小提琴图从中间分开。当使用能够表示两种类别特征的变量的色调嵌套时，若将 split 设置为 True，则会采用不同颜色绘制对应半边的小提琴图，从而可以更直接地比较分布情况。若将 split 设置为 False，则会绘制左右对称的小提琴图，不同颜色的半边小提琴图代表不同的类别特征。

以泰坦尼克号数据集为例，传入和 boxplot()函数相同的数据，使用 violinplot()函数绘图，程序代码如下，程序运行结果如图 7-46 所示。

1	`import pandas as pd`	#导入第三方库（统计分析）
2	`import seaborn as sns`	#导入第三方库（统计绘图）
3	`import matplotlib.pyplot as plt`	#导入第三方库（基础绘图）
4	`sns.set_style('darkgrid')`	#设置 seaborn 风格
5	`sns.set(font='SimHei')`	#设置中文字体
6	`titanic =pd.read_csv("E:\\test\\07\\data\\ titanic.csv")`	#读取泰坦尼克号数据集
7	`titanic['sex'] = ["男" if i=="male"` `else "女" for i in titanic['sex']]`	#重命名性别

8	titanic['class'] = ['1' if i=="First" else "2" if i=="Second" else "3"	#重命名舱位等级
9	for i in titanic['class']]	
10	titanic = titanic.rename(columns={"class":"舱位等级",	#对数据集列名重新命名
11	"age":"乘客年龄",	
12	"sex":"乘客性别"})	
13	sns.violinplot(x="舱位等级",	#传入 x 轴数据，舱位等级
14	y="乘客年龄",	#传入 y 轴数据，乘客年龄
15	hue="乘客性别",	#传入 hue 参数，乘客性别
16	data=titanic)	#传入数据集
17	plt.show()	#显示绘制的图形

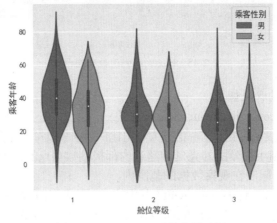

图 7-46 violinplot()函数绘图示例

观察图 7-46 可知，原来的箱形图变为结构对称的小提琴形状，相较于基础箱形图能观察到更多的分布信息。横向越"胖"表示该数值出现的次数越多，例如，一等舱男性乘客的年龄在 40 岁左右，二等舱男性乘客的年龄在 35 岁左右，三等舱男性乘客的年龄在 20 岁左右。

7.3.3 wordcloud 绘制词云图

1．词云图的概念

词云图，也叫文字云，是对文本中出现频率较高的"关键词"予以视觉化的展现。词云图能够过滤掉大量的低频、低质的文本信息，使得浏览者只要一眼扫过文本就可领略文本的主旨。

相对柱状图、折线图、饼图等用来显示数值数据的图表，词云图的独特之处在于它非常适合用于文本数据的处理和分析。它可以展示大量的文本数据，每个词的重要性以字号大小来体现，字号越大，越突出，也就越重要。通过词云图，用户可以快速感知突出的文字，迅速抓住重点。

2．词云图的绘制

wordcloud 是一款 Python 环境下的词云图展示第三方库，能够配置不同字体，支持显示中、英文词云图，还可以使用遮罩功能填充所有可利用的空间，生成自定义形状的词云图，能够通过代码的形式把关键词数据转换成直观且有趣的图文模式。接下来通过具体实例展示英文词云图、中文词云图和自定义形状的词云图的用法。

WordCloud()函数的语法格式如下。

```
wordcloud.WordCloud(width,height,min_font_size,max_font_size,font_step,
font_path,max_words,stop_words,background_color,mask)
```

该函数的常用参数的含义如下。

① width：指定词云图对象生成图片的宽度，默认为 400 px。

② height：指定词云图对象生成图片的高度，默认为 200 px。

③ min_font_size：指定词云图中的最小字号，默认为 4 号。

④ max_font_size：指定词云图中的最大字号，默认根据高度自动调节。

⑤ font_step：指定词云图中字号的步进间隔，默认为 1。

⑥ font_path：指定字体文件的路径，默认为 None。

⑦ max_words：指定词云图显示的最大单词数量，默认为 200。

⑧ stop_words：指定词云图的停用词列表，即不显示的单词列表。

⑨ background_color：指定词云图的背景颜色，默认为黑色。

⑩ mask：指定词云图的形状，默认为长方形，需要引用 imread()函数。

（1）英文词云图的绘制

英文词云图的绘制实例的程序代码如下，程序运行结果如图 7-47 所示。

```
1   from wordcloud import WordCloud                              #导入第三方库（词云）
2   import matplotlib.pyplot as plt                              #导入第三方库（绘图）
3   text=open("E:\\test\\07\\data\\英文小说.txt",'r').read()      #以读方式打开文本文件
4   wc=WordCloud(width=1000,height=800,                          #设置词云图大小
5   random_state=2021)                                          #设置词云图随机状态参数
6   my_wc=wc.generate(text)                                     #生成词云图
7   plt.imshow(my_wc)                                           #绘制词云图
8   plt.axis('off')                                            #关闭坐标轴
9   plt.show()                                                 #显示词云图
10  wc.to_file("E:\\test\\07\\img\\G828.png")                  #保存词云图
```

程序第 3 行，使用 open( )函数打开"英文小说.txt"文档并调用 read()方法读取文档内容。

程序第 4～5 行，使用 WordCloud( )函数创建词云图对象，其中 width 和 height 参数表示词云图的宽度和高度，random_state 参数表示随机状态，当 random_state 参数为固定值时，词云图内容产生变动时可方便复现相同的结果。

程序第 6 行，使用 generate()函数生成词云图。

程序第 7～10 行，使用 Matplotlib 中的 imshow()函数读取生成的词云图，关闭坐标轴并输出图片。最后，传入保存路径，使用 to_file( )函数保存词云图。

（2）中文词云图的绘制

在绘制中文词云图时，需要注意如下两个问题：①在绘制中文词云图时必须要设置中文字体，否则中文字体会变为方块形状的乱码，最简单的加载方式是配置 font_path 参数为"simhei.ttf"；②wordcloud 使用空格作为分隔符来形成词云图，但中文文本中没有空格，所以在绘制中文词云图前需要先进行分词处理。

数据可视化技术 | 第 7 章

中文词云图的绘制实例的程序代码如下，程序运行结果如图 7-48 所示。

```
1    import jieba                                              #导入第三方库（分词）
2    from wordcloud import WordCloud                           #导入第三方库（词云）
3    import matplotlib.pyplot as plt                           #导入第三方库（绘图）
4    text=open("E:\\test\\07\\data\\西游记.txt",'r',            #读取"西游记.txt"文本
5    encoding="utf-8").read()
6    cut_word="".join(jieba.cut(text))                         #使用 jieba 进行分词
7    stopwords=set(open('E:\\test\\07\\data\\stopwords.txt','r', #读取停用词文档
8              encoding="utf-8").readlines())
9    wc = WordCloud(font_path='simhei.ttf',                    #配置词云字体
10                  width=800,height=600,                      #设置词云图大小
11                  random_state=2021,                         #设置词云随机状态参数
12                  min_word_length=2,                         #设置单个词的最小长度
13                  max_words=1000,                            #设置显示的最大单词数量
14                  stopwords=stopwords)                       #加载停用词
15   my_wc = wc.generate(cut_word)                             #生成词云图
16   plt.imshow(my_wc)                                         #绘制词云图
17   plt.axis('off')                                           #关闭坐标轴
18   plt.show()                                                #显示词云图
19   wc.to_file("E:\\test\\07\\img\\G829.png")                 #保存词云图
```

图 7-47 英文词云图

图 7-48 《西游记》中文词云图

（3）自定义形状（遮罩）词云图的绘制

利用遮罩功能，可以自定义词云图的形状，让词云图不再局限于正方形框图内。以图 7-48 的《西游记》中文词云图为例，使用"唐僧"形状的图片作为遮罩图片，生成具有西游记主题特色的词云图。程序代码如下，程序运行结果如图 7-49 所示。

程序第 9 行，使用 Matplotlib 的 imread()函数读取"唐僧"形状的图片。

程序第 16～17 行，对 WordCloud()函数添加两个参数，background_color 参数表示设置的背景色，mask 参数表示传入的遮罩图片。

图 7-49 自定义形状的词云图

1	`import jieba`	#导入第三方库（分词）
2	`from wordcloud import WordCloud`	#导入第三方库（词云）
3	`import matplotlib.pyplot as plt`	#导入第三方库（绘图）
4	`text=open("E:\\test\\07\\data\\西游记.txt",'r',`	#读取"西游记.txt"文本
5	`encoding="utf-8").read()`	
6	`cut_word="".join(jieba.cut(text))`	#分词
7	`stopwords=set(open('E:\\test\\07\\data\\stopwords.txt','r',`	#读取停用词
8	`        encoding="utf-8").readlines())`	
9	`img=plt.imread('E:\\test\\07\\data\\唐僧.jpg')`	#读取自定义图片
10	`wc=WordCloud(font_path='simhei.ttf',`	#配置词云图字体
11	`        width=800,height=600,`	#设置词云图大小
12	`        random_state=2021,`	#设置词云图随机状态参数
13	`        min_word_length=2,`	#设置单个词的最小长度
14	`        max_words=1000,`	#设置显示的最大单词数量
15	`        stopwords=stopwords,`	#加载停用词
16	`        background_color='white',`	#配置词云图背景色
17	`        mask=img)`	#配置遮罩图片
18	`my_wc=wc.generate(cut_word)`	#生成词云图
19	`plt.imshow(my_wc)`	#绘制词云图
20	`plt.axis('off')`	#关闭坐标轴
21	`plt.show()`	#显示词云图
22	`wc.to_file("E:\\test\\07\\img\\G830.png")`	#保存词云图

7.3.4 NetworkX 绘制网络图

1．NetworkX 的概念

NetworkX 绘制
网络图

NetworkX 是一个 Python 编程语言软件包，可用于创建、操作和研究复杂网络的结构、动态和功能。利用 NetworkX，可以以标准化和非标准化的数据格式存储网络、生成多种随机网络和经典网络、分析网络结构、建立网络模型、设计新的网络算法、进行网络绘制等。NetworkX 是一种适用于研究社会、生物和基础设施网络结构及动态的工具，能够用于多种应用的标准编程接口和图形实现，为协作性、多学科项目提供快速发展环境，并能够轻松处理大型非标准数据集。

NetworkX 需要 Python 3.6、3.7 或 3.8 的环境，直接使用 pip 进行安装。

1	`pip install networkx`

2．绘制网络图

NetworkX 有 4 种图：Graph、DiGraph、MultiGraph 和 MultiDiGraph，分别为无多重边无向图、无多重边有向图、有多重边无向图和有多重边有向图。以最简单的无多重边无向图 Graph 为例，绘制一个网络图，程序代码如下。

```
1    import matplotlib.pyplot as plt                    #导入第三方库（绘图）
2    import networkx as nx                              #导入第三方库（复杂网络）
3    G=nx.Graph()                                       #创建无多重边无向图
4    G.add_nodes_from(["A","B","C","D","E","F","G"])     #添加节点
5    G.add_edges_from([("A","B"),("A","C"),             #添加边
6                      ("C","D"),
7                      ("A","F"),("G","F"),
8                      ("E","F"),("B","G")])
9    pos=nx.spring_layout(G,seed=2021)                  #设置网络图布局
10   nx.draw(G,pos=pos,with_labels=True)                #绘制网络图
11   plt.show()                                         #输出网络图
```

程度第3~10行，使用nx.Graph()函数创建一个无多重边无向图；使用add_nodes_from()添加节点，使用add_edges_from()添加边，add_nodes_from()和add_edges_from()均需要传入序列数据；使用 spring_layout()设置网络图的布局样式，除了 spring_layout()外，还有random_layout()、circular_layout()、shell_layout()等布局方法。在完成边、节点、布局设置后，使用nx.draw()方法绘制网络图，最后借助plt.show()显示该网络图，程序运行结果如图7-50所示。

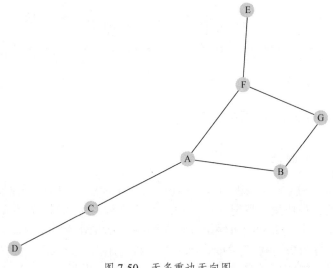

图 7-50　无多重边无向图

3．绘制《西游记》人物关系网络图

复杂网络在社交关系中有着广泛的应用，以《西游记》人物关系为例，绘制一个简单的人物关系网络图。程序代码如下，程序运行结果如图 7-51 所示。

```
1    import matplotlib.pyplot as plt                              #导入第三方库（绘图）
2    import networkx as nx                                        #导入第三方库（复杂网络）
3    plt.rcParams['font.sans-serif']=['SimHei']                   #配置中文字体
4    labels={'0':'唐僧','1':'孙悟空','2':'猪八戒','3':'沙悟净',        #设置标签
5    '4':'如来佛祖','5':'菩提祖师'}
```

```
6    G=nx.Graph()                                           #创建无多重边无向图
7    G.add_weighted_edges_from([('0','1','师徒'),('0','2','师徒'),  #添加边及其权重（或标签）
8    ('0','3','师徒'),('0','4','师徒'),
9    ('1','2','师兄弟'),('1','3','师兄弟'),
10   ('1','4','矛盾'),('1','5','师徒'),
11   ('4','5','师兄弟')])
12   edge_labels=nx.get_edge_attributes(G,'weight')          #获取边的权重
13   pos=nx.circular_layout(G)                               #配置网络图的布局
14   nx.draw_networkx_nodes(G,pos,                           #绘制网络图的节点
15   node_color='skyblue',                                   #设置节点颜色
16   node_size=3650,                                         #设置节点大小
17   node_shape='s')                                         #设置节点形状
18   nx.draw_networkx_edges(G,pos,                           #绘制网络图的边
19   width=1.0,alpha=0.5,                                    #设置边的粗细和透明度
20   edge_color=['b','b','b',                                #设置边的颜色
21   'b','r','r',
22   'y','b','b'])
23   nx.draw_networkx_labels(G,pos,labels,font_size=16)      #绘制网络图的节点权重
24   nx.draw_networkx_edge_labels(G,pos,edge_labels,         #绘制边的权重
25   font_size=10,label_pos=0.6)                             #设置字号大小和位置
26   plt.show()                                              #输出网络图
```

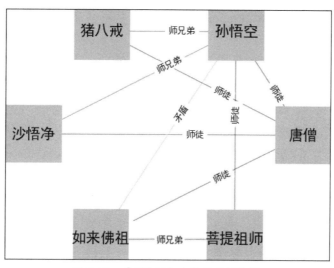

图 7-51 《西游记》人物关系网络图

程序第 4～5 行，通过字典序列定义需要绘制的权重。

程序第 7～12 行，通过 add_weighted_edges_from()方法创建不同边对应的权重，其形式为[节点 1,节点 2,权重]。再使用 get_edge_attributes()方法保存权重。

程序第 13 行，通过 circular_layout 布局样式配置网络图的布局。

程序第 14～17 行，使用 draw_networkx_nodes()方法绘制网络图的节点，node_color 表示设置节点颜色，node_size 表示设置节点大小，node_shape 表示设置节点形状。

程序第 18~22 行，使用 draw_networkx_edges()方法绘制网络图的边，width 表示边的粗细，alpha 表示边的透明度，edge_color 表示边的颜色，其在数量上与边的数量要保持一致，在序列顺序上与创建边的顺序一一对应。

程序第 23 行，使用 draw_networkx_labels()方法绘制节点权重，font_size 参数表示字号大小。

程序第 24~25 行，使用 draw_networkx_edge_labels()方法绘制边的权重。

掌握 NetworkX 的基本代码即可快速绘制一些具备"节点-边"属性的网络图，以进行数据分析或者数据可视化。NetworkX 中还有很多丰富的复杂网络实现（如随机图、小世界网络、无标度网络等）。更多应用可参考 NetworkX 在线文档。

7.3.5 案例：重庆公开庭审数据可视化

2016 年中国庭审公开网正式开通，进一步以庭审公开方式提升了庭审质量、效率和效果，已有 520 多家地方各级法院实现平台联通。通过这一方式，既有助于确保庭审公开工作规范有序、安全稳定，也能够为人民群众提供一个权威、便捷、可靠的庭审视频观看平台。本小节以重庆市 2021 年的公开庭审刑事案件数据为例，对公开庭审数据进行可视化案例分析。

1．公开庭审的案由类型比例可视化展示

统计公开庭审中各种案由类型，可以快速了解到一年之中何种庭审的案由发生比例最高，可以采用整体、局部对比明显的饼图进行展示。程序代码如下。

```
1   import numpy as np                                              #导入第三方库（计算）
2   import pandas as pd                                             #导入第三方库（分析）
3   import matplotlib.pyplot as plt                                 #导入第三方库（绘图）
4   import seaborn as sns                                           #导入第三方库（统计图）
5   plt.style.use('seaborn-whitegrid')                             #设置背景
6   sns.set_style("white")                                         #设置风格
7   plt.rcParams['font.sans-serif']=['SimHei']                    #设置中文字体
8   data=pd.read_excel('E:\\test\\07\\data\\重庆公开庭审数据.xlsx')  #读取数据
9   crime_info=data.groupby('案由',).size().reset_index(name='次数') #案由类型统计
10  crime_info = crime_info.sort_values('次数',ascending=False)     #统计信息排序
11  crime_counts = crime_info['次数']                              #案由类型的次数
12  crime_categories = crime_info['案由']                          #案由类型
13  explode = [0]*len(crime_info['案由'])                          #分块与中心的距离
14  explode[1] = 0.1                                               #分块与中心的距离
15  text = lambda x:"{:.2f}% ({:d})".format(x,                    #图片标签信息
16      int(x/100.*np.sum(crime_counts))) if x > 2 else " "
17  fig, ax = plt.subplots(figsize=(7, 7), dpi= 80)               #创建图像窗口
18  wedges, texts, autotexts = ax.pie(x=crime_counts,            #绘制饼图
19                      autopct=text ,                            #控制饼图百分比
20                      colors=plt.cm.Dark2.colors,               #配置颜色
21                      startangle=150,                           #起始绘制角度
22                      explode=explode)                          #分块与中心的距离
23  ax.legend(crime_categories,                                   #创建图例
```

24	title="案 由 类 型",	#图例标题
25	loc="center left",	#配置坐标方向
26	bbox_to_anchor=(1, 0, 0, 1))	#配置边界着陆点
27	plt.setp(autotexts, size=12, weight=700, color="w")	#设置元素属性
28	plt.savefig(' E:\\test\\07\\img\\G833.png', bbox_inches = 'tight')	#保存图形
29	plt.show()	#输出图形

程序第 8 行，使用 pandas 读取 Excel 文件的数据。

程序第 9～12 行，主要功能是对读取的数据进行处理。使用 groupby()函数按案由进行分组，使用 size()函数统计分组数量，并使用 reset_index()函数重命名列名为次数，得到一个由案由类型和案由次数组成的新表单。注意，在 pandas 中使用 count()函数也可以进行计数统计，size()函数和 count()函数的区别在于 size()函数计数时包含 NaN 值，而 count()函数不包含 NaN 值。使用 sort_values()函数对新表单的次数进行降序排列，并分别保留案由类型和案由次数。

程序第 13～14 行，创建一个列表，用于计算饼图分块与中心的距离，不需要重点突出的部分为 0，需要重点突出的部分为 0.1。

程序第 15～16 行，使用 lambda 函数创建饼图标签，设置选择条件对百分比小于 2%的扇形分块利用空字符串令其不显示标签。

程序第 17～29 行，主要功能是绘制图表。在 ax.pie()函数中，autopct 参数表示百分比标签，colors 参数表示颜色，startangle 参数表示饼图起始的角度，explode 参数表示扇形分块与中心的距离。配置好的 ax.pie()函数将返回一组参数元组(wedges, texts, autotexts)，元组中的 3 个值均为列表形式。在 ax.legend()函数中指定各扇形的图例标签（title 参数）、图例位置（loc 参数）、图例坐标（bbox_to_anchor 参数）；使用 plt.setp()函数设置文本标签的样式；最后保存和输出图形。

程序运行结果如图 7-52 所示。

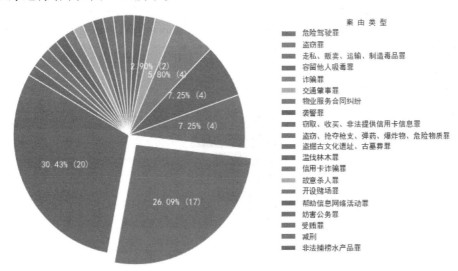

图 7-52　公开庭审的案由类型比例的饼图

从饼图中可以看出，重庆市 2021 年公开庭审数据中，危险驾驶罪和盗窃罪的案由类型比例比较高。

2. 高关注度的庭审直播可视化展示

公开庭审以直播形式对外公开，其中观看人数可以代表民众对庭审的关注度，通过统计排序，对关注度排名前10的庭审直播进行柱状图展示。程序代码如下。

```
1   import pandas as pd                                        #导入 pandas
2   import matplotlib.pyplot as plt                            #导入第三方库 plt
3   import seaborn as sns                                      #导入 seaborn
4   plt.style.use('seaborn-whitegrid')                         #设置背景
5   sns.set_style("white")                                     #设置风格
6   plt.rcParams['font.sans-serif']=['SimHei']                 #设置中文字体
7   data=pd.read_excel('E:\\test\\07\\data\\重庆公开庭审数        #读取数据
    据.xlsx')
8   hotop=data.sort_values('观看人数',ascending=False)[:10]      #数据排序
9   plt.figure(figsize=(10,6))                                 #创建图对象
10  sns.barplot(x='观看人数',y='庭审标题',                        #绘制柱状图
11  palette="Reds_d",data=hotop)
12  ax=plt.gca()                                               #获取坐标信息
13  ax.spines['right'].set_color('none')                       #取消右边框
14  ax.spines['top'].set_color('none')                         #取消上边框
15  ax.set_title("重庆公开庭审直播关注度 TOP10")                    #设置标题
16  ax.set_ylabel("")                                          #设置 y 轴标签
17  ax.set_xlabel("观看人数(人)",fontsize=15)                     #设置 x 轴标签
18  plt.tick_params(labelsize=15)                              #设置刻度标签
19  plt.savefig('E:\\test\\07\\img\\G834.png',dpi=800,bbox_inches='tight')  #保存图形
20  plt.show()                                                 #输出图形
```

程序第8行，使用 pandas 对观看人数进行降序排列，使用索引[:10]获取前10场的数据。

程序第9～20行，主要功能是绘制图表。使用 seaborn 绘制柱状图，在 sns.barplot()函数中，x 参数表示横坐标数据列名，y 参数表示纵坐标数据列名，data 参数表示传入的 pandas 数据，palette 参数表示颜色配置。

程序运行结果如图 7-53 所示。

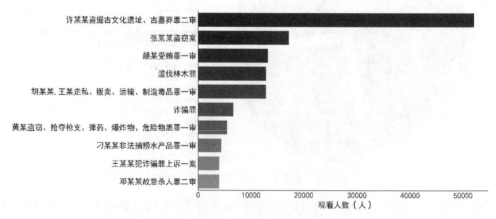

图 7-53 公开庭审关注度前 10 的庭审直播的柱状图

3．公开庭审的词云图的绘制

词云图可以帮助用户快速发现信息主旨。以每场公开庭审标题作为文本输入，绘制开庭数据的词云图。程序代码如下，程序运行结果如图 7-54 所示。

```
1    import jieba                                         #导入第三方库（分词）
2    import pandas as pd                                  #导入第三方库（分析）
3    import matplotlib.pyplot as plt                      #导入第三方库（绘图）
4    from wordcloud import WordCloud                       #导入第三方库（词云）
5    data=pd.read_excel('E:\\test\\07\\data\\重庆公开庭审数据.xlsx')   #读取数据
6    title=".".join(data["庭审标题"])                      #获取标题并拼接
7    cut_word=",".join(jieba.cut(title))                  #获取人名停用词
8    stopwords=data["被告人"]                              #分词
9    wc=WordCloud(font_path='simhei.ttf',                 #配置词云字体
10                 width=800,height=600,                   #设置词云图大小
11                 random_state=2021,                      #设置随机状态
12                 min_word_length=2,                      #设置单词最小长度
13                 max_words=1000,                         #设置最大单词数量
14                 stopwords=stopwords)                    #加载停用词
15   my_wc=wc.generate(cut_word)                          #生成词云图
16   plt.imshow(my_wc)                                    #绘制词云图
17   plt.axis('off')                                      #关闭坐标轴
18   plt.show()                                           #显示词云图
19   wc.to_file("E:\\test\\07\\img\\G835.png")            #保存词云图
```

程序第 5～8 行，主要功能是数据处理，使用 pandas 读取数据后，使用","join 以逗号为分隔符拼接庭审标题，再对拼接文本进行分词。因为庭审标题中存在大量的姓名信息，影响了分词结构，可以采用原始数据中的被告人姓名作为停用词，在词云图绘制中过滤人名的影响。

程序第 9～15 行，是词云图的绘制部分，与前文中的中文词云图绘制程序的配置参数一致。

图 7-54 公开庭审信息的词云图

4．公开庭审的网络图的绘制

各级法院之间存在网络关系，法院之间网络关系的可视化有助于发现潜在的联系。程序代码如下。

```
1    import pandas as pd                                              #导入第三方库（分析）
2    import matplotlib.pyplot as plt                                  #导入第三方库（绘图）
3    import networkx as nx                                            #导入第三方库（绘图）
4    plt.rcParams['font.sans-serif']=['SimHei']                       #配置中文字体
5    data=pd.read_excel('E:\\test\\07\\data\\重庆公开庭审数据.xlsx')    #读取数据
6    cqhc=data[data["开庭法院"]=='重庆市合川区人民法院']                  #获取特定法院数据
7    cq2c=data[data["开庭法院"]=='重庆市第二中级人民法院']                #获取特定法院数据
8    e11=zip(cqhc["开庭法院"],cqhc["案由"])                             #获取数据节点对
9    e12=zip(cqhc["开庭法院"],cqhc["被告人"])                           #获取数据节点对
10   e13=zip(cqhc["案由"],cqhc["被告人"])                              #获取数据节点对
11   e21=zip(cq2c["开庭法院"],cq2c["案由"])                            #获取数据节点对
12   e22=zip(cq2c["开庭法院"],cq2c["被告人"])                          #获取数据节点对
13   e23=zip(cq2c["案由"],cq2c["被告人"])                             #获取数据节点对
14   color=[]                                                        #创建边的颜色列表
15   color.extend(['red']*cqhc.shape[0]*3)                           #新增边的颜色
16   color.extend(['blue']*cq2c.shape[0]*3)                          #新增边的颜色
17   G=nx.Graph()                                                    #创建无向图
18   G.add_edges_from(e11)                                           #添加节点对
19   G.add_edges_from(e12)                                           #添加节点对
20   G.add_edges_from(e13)                                           #添加节点对
21   G.add_edges_from(e21)                                           #添加节点对
22   G.add_edges_from(e22)                                           #添加节点对
23   G.add_edges_from(e23)                                           #添加节点对
24   pos=nx.spring_layout(G,seed=42)                                 #设置布局样式
25   nx.draw_networkx_nodes(G,pos,alpha=0.2,node_size=600)           #绘制节点
26   nx.draw_networkx_edges(G,pos,alpha=0.3,edge_color=color)        #绘制边
27   nx.draw_networkx_labels(G,pos,font_family='sans-serif',         #绘制节点标签
28   alpha=0.8,font_size=8)
29   ax=plt.gca()                                                    #获得图边框信息
30   for i in ['left','top','bottom','right']:                       #除去图表边框
31       ax.spines[i].set_color('none')
32   plt.savefig('E:\\test\\07\\img\\G836.png',bbox_inches='tight')  #保存图形
33   plt.show()                                                      #输出图形
```

程序第5~16行，主要功能是数据处理。使用pandas读取数据，分别获取特定法院的数据表单。以"重庆市合川区人民法院"和"重庆市第二中级人民法院"两个法院为例，分别获取(开庭法院，案由)、(开庭法院，被告人)、(案由，被告人)3组节点对，并以zip()函数将其压缩为元组。创建一个空列表存储节点对之间边的颜色信息，使用extend()函数添加颜

色，用红色表示重庆市合川区人民法院的节点对之间边的颜色，用蓝色表示重庆市第二中级人民法院的节点对之间边的颜色。

程序第 17~33 行，主要功能是绘制网络图。使用 nx.Graph()函数创建无向图，使用 add_edges_from()函数顺次添加创建 6 组节点对，使用 spring_layout()函数设置布局样式，使用 draw_networkx_nodes()函数绘制网络图的节点，使用 draw_networkx_edges()函数绘制网络图的边，使用 draw_networkx_labels()函数绘制网络图的节点标签，使用 plt.gca()函数获取边框信息，并关闭上、下、左、右的边框显示，最后保存图形并输出。

程序运行结果如图 7-55 所示。

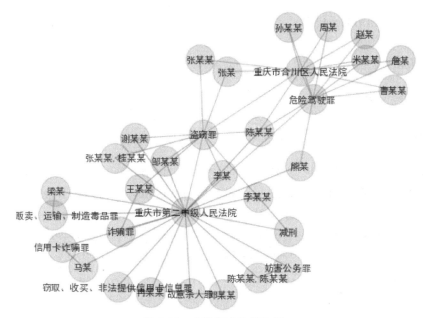

图 7-55　公开庭审的网络图

7.4　pyecharts 数据可视化方法

pyecharts 数据
可视化方法

在大数据时代，让个人制作的图表能够在网页中相互交互，实现个性化的定制，这是一件很有意义的事情。pyecharts 库可以为用户提供直观生动、可交互、可高度个性化定制的数据可视化图表，赋予了用户对数据进行挖掘、整合的能力。

7.4.1　pyecharts 简介

pyecharts 作为一个用于生成 ECharts 图表的类库，凭借着良好的交互性，精巧的图表设计，得到了众多开发者的认可。pyecharts 提供了简洁的 API 设计，支持链式调用，使用者易上手。

pyecharts 囊括了 30 多种常见图表，配置项设置高度灵活，可以轻松搭配出精美图表；多达 400 多种地图文件以及原生百度地图，为地理数据可视化提供了强有力的支持；支持 Jupyter Notebook 和 JupyterLab 的 Notebook 环境，可轻松集成到 Flask、Django 等主流 Web 框架。其官网提供了详细的使用文档和示例，可以帮助开发者快速掌握其使用方法。

pyecharts 安装简单，使用 CMD 命令提示符窗口，输入以下命令进行安装。

```
1    pip install pyecharts
```

安装完成后，可以输入以下代码，检查安装是否成功。若成功输出版本号，则表示已安装成功。

```
1    import pyecharts
2    print("pyecharts 的版本: {}".format(pyecharts.__version__))
     >>>    pyecharts 的版本: 1.9.1
```

7.4.2 pyecharts 应用

1．基础函数

pyecharts 常用的基础函数如下。

（1）add()：添加数据的主要函数，用于添加图表的数据和设置各种数据配置项。

（2）set_global_opts()：全局配置函数，用于配置通用图表的各种配置项，例如标题、图例等。

（3）render()：默认会在根目录下生成一个 render.html 文件，支持使用 path 参数对文件的保存位置进行设置。例如，render(r"e:my_first_chart.html")，可以在 E 盘根目录中生成一个 HTML 文件，用浏览器即可打开。

（4）render_notebook()：在 Jupyter Notebook 环境下展示交互图表，如果要在 JupyterLab 中输出图表，需要预先导入 Lab 环境并加载一次 bar.load_javascript()。参考代码如下。

```
1    from pyecharts.globals import CurrentConfig, NotebookType
2    CurrentConfig.NOTEBOOK_TYPE=NotebookType.JUPYTER_LAB
     #render_notebook()之前先加载 JavaScript
3    Your_chart_name.load_javascript()
```

2．数据格式

在对 pyecharts 图表进行数据导入时，还需要考虑数据格式的问题，pyecharts 本质上就是将 ECharts 的配置项由 Pythondict 序列化为 JSON 格式，所以 pyecharts 支持何种格式的数据类型取决于 JSON 支持的数据类型。因此，在将数据传入 pyecharts 时，需要自行将数据格式转换成表 7-1 所示的 Python 原生的数据格式。

表 7-1　Python 中对 JSON 的格式转换

Python 格式	JSON 格式
int，float	number
str	string
bool	boolean
dict	object
list	array

在使用 Python 进行数据清洗和分析过程中往往需要用到 NumPy 和 pandas，但是 NumPy 的 numpy.int64 和 numpy.int32 等数据类型并不继承 Python.int。pyecharts 作为一个通用的第三方库，

并未引入 NumPy 和 pandas 这两个库，需要使用者自行转换数据格式。这里提供两种方法。

（1）列表表达式

```
1   #for int
    [int(x) for x in your_numpy_array_or_something_else]
2   #for float
    [float(x) for x in your_numpy_array_or_something_else]
3   #for str
    [str(x) for x in your_numpy_array_or_something_else]
```

（2）tolist()函数

```
1   your_numpy_array_or_something_else.tolist()
```

3．主题样式

默认的主题样式基本已经可以满足需求，但对实际场景的展示中往往对数据可视化组件的颜色、样式以及美观程度等有着更高的追求。pyecharts 内置了 10 多种不同的主题风格：LIGHT、DARK、CHALK、ESSOS、INFOGRAPHIC、MACARONS、PURPLE_PASSION、ROMA、ROMANTIC、SHINE、VINTAGE、WALDEN、WESTEROS、WONDERLAND 等。同时，pyecharts 也支持自定义构建主题，需要将 ECharts 提供的主题构建工具和 JavaScript 联合使用，本书在此不做详细讨论。

7.4.3　案例：2020 年东京奥运会奖牌看板

本案例的数据来自中国奥委会官网，通过官网接口可以获取 2020 年东京奥运会奖牌榜单数据。本案例旨在通过 pyecharts 绘图工具更多元化地展现获奖排行与分布、获奖项目来源分布、中国队夺取金牌的时间线等情况。

1．确定可视化内容

本案例的目的是通过 pyecharts 对获奖情况进行基本分析，并将结果通过可视化看板的方式呈现出来。首先，设计看板的整体布局，将整个看板划分为 3 块区域：左侧展示统计信息，中间展示时间信息，右侧展示排行信息，如图 7-56 所示。

2．可视化模块的实现过程

图 7-56　看板整体布局设计

本案例的数据存放在"Test/07/data"目录中，案例实现过程中主要用到 pandas 和 pyecharts 两个库。

（1）各个国家获奖 Top10 榜单

通常，对于各个国家获奖 Top10 榜单这种排行榜的可视化图表会选择使用柱状图呈现。考虑到体育运动的奖牌类别包含金牌、银牌、铜牌 3 种，若希望图表既可以呈现奖牌总量的差异情况，也能够表现出不同奖牌类别的差异，可以采用柱状图类别中的堆叠柱状图，并采用横向的方式来展示奖牌榜单。堆叠柱状图，又称堆叠柱形图，是一种用来分解整体、比较各部分的图形。与柱状图类似，堆叠柱状图常用于比较不同类别的数值。此外，它的每一类数值内部又可以划分为多个子类别，这些子类别一般用不同的颜色表示。如果说柱状图可以帮助我们观察"总量"，那么堆叠柱状图则可以同时反映"总量"与"结构"，即总量是多少，它又是由哪些部分构成的。此外，堆叠柱状图还可以展示哪一部分的比例最大，以及每一部分的变动情况。展示各个国家获奖 Top10 榜单的程序代码如下。

1	`import pandas as pd`	#导入第三方库（分析）
2	`from pyecharts.charts import Bar`	#导入柱状图
3	`from pyechartsimportoptions as opts`	#导入配置
4	`df=pd.read_excel("./data/奖牌榜单数据集.xlsx")`	#读取数据
5	`df=df.sort_values(by="奖牌总数",axis=0,ascending=False)`	#排序数据
6	`nation=df['国家名称'].values[:10][::-1].tolist()`	#获取国家名称
7	`gold=df['金牌'].values[:10][::-1].tolist()`	#获取金牌数量
8	`silver=df['银牌'].values[:10][::-1].tolist()`	#获取银牌数量
9	`copper=df['铜牌'].values[:10][::-1].tolist()`	#获取铜牌数量
10	`bar=Bar(init_opts=opts.InitOpts(width='1000px',height='600px'))`	#创建柱状图对象
11	`bar.add_xaxis(nation)`	#添加 x 轴数据
12	`bar.add_yaxis('金牌',gold,stack='stack1',`	#添加 y 轴数据
13	`category_gap="50%",color="#e5b751")`	
14	`bar.add_yaxis('银牌',silver,stack='stack1',`	#添加 y 轴数据
15	`category_gap="50%",color="#f1f0ed")`	
16	`bar.add_yaxis('铜牌',copper,stack='stack1',`	#添加 y 轴数据
17	`category_gap="50%",color="#fed71a")`	
18	`bar.set_series_opts(label_opts=opts.LabelOpts(is_show=False))`	#配置序列选项
19	`bar.set_global_opts(title_opts=opts.TitleOpts(`	#配置全局选项
20	`title="东京奥运会奖牌榜 Top10"))`	#设置标题
21	`bar.reversal_axis()`	#翻转坐标轴
22	`bar.render("E:\\test\\07\\html\\G838.html")`	#生成 HTML 文件

程序第 4～9 行，主要功能是数据处理。第 1 步，使用 pd.read_excel()函数打开并读取"奖牌榜单数据集.xlsx"文件。第 2 步，使用 sort_values()函数对数据进行降序排列，设置指定依据为按照"奖牌总数"降序排列，axis=0 表示对行排序，ascending=False 表示降序排列。第 3 步，分别取出数据列中对应"国家名称""金牌""银牌""铜牌"的列名，选取前 10 个数据，并进行列表反转。对数据进行反转操作是因为如果在 pyecharts 中开启横向图表设置，则只会对坐标轴进行互换，不会匹配坐标轴上的数据是否顺序正常，所以需要提前调整数据的升/降序方式。

程序第 10～22 行，主要功能是使用 pyecharts 进行绘图。第 1 步，创建一个柱状图对象 Bar，将其作为图表对象，并使用 init_opts()的参数设置图表的宽度和高度。第 2 步，通过 add_xaxis()函数添加 y 轴数据,将"国家名称"列表作为参数传递。第 3 步,通过 add_yaxis()函数分别添加对应"金牌""银牌""铜牌"的 3 组 x 轴数据。第 4 步，设置 set_series_opts()函数，通过 LabelOpts()函数对标签进行设置，这里使用 is_show=False 关闭标签显示。第 5 步，全局设置 set_global_opts()函数，使用 TitleOpts()函数给图表添加名为"东京奥运会奖牌榜 Top10"的标题。第 6 步，使用 reversal_axis() 函数反转图表，变为横向展示。第 7 步，生成并保存 HTML 文件。

在上述流程中可以发现，在 pyecharts 的代码中包含许多以 _opts 结尾的参数，在 pyecharts 1.0 后，其书写方式就以这种"万物皆可 opts"的方式构成。打开生成的 HTML 文件，可以看到绘制好的图表，如图 7-57 所示。

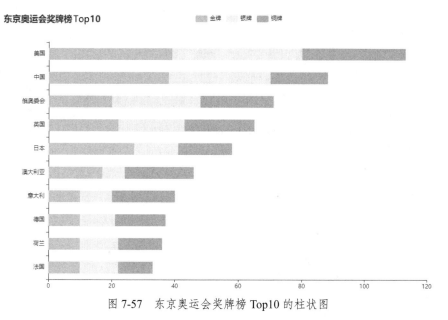

图 7-57　东京奥运会奖牌榜 Top10 的柱状图

从获奖总体上看，美国位居第一，中国紧随其后，东道主日本在第 5 名的位置。对比中、美两国的获奖情况，可以发现在金牌争夺上中国与美国不相上下，差距主要集中在铜牌的数量上。

（2）运动项目奖牌汇聚国家桑基图

通过柱状图可以从宏观角度分析参赛国家和奖牌总量的整体情况，为了进一步观察和发现运动项目和奖牌数量以及参赛国家之间的关系，可以采用桑基图。其中，参赛国家选取美国、中国、日本为代表进行分析。桑基图（Sankey Diagram）是一种表现流程的示意图，用于描述一组值到另一组值的流向。分支的宽度对应了数据流量的大小。这种图包含流入、流出的节点，以及曲线形的边，往往呈现出彩带一般的效果。其特点在于"能量守恒"，即起始流量和结束流量相同。不能在中间过程中创造出流量，流失的流量也不应莫名消失（可以流向表示损耗的节点）。因为流出等于流入，所以桑基图每条边的宽度应是保持不变的。程序代码如下。

```
1   import pandas as pd                                    #导入 pandas
2   from pyecharts import options as opts                  #导入地图
3   from pyecharts.charts import Sankey                    #导入配置
4   df = pd.read_excel("./data/参赛运动员数据集.xlsx")      #读取数据
5   medals = ["金牌","银牌","铜牌"]                         #获奖奖牌
6   countries = ["美国","中国","日本"]                      #国家名称
7   sports = set([j for i,j in zip(df['国家'],df['项目名']) if i in   #运动项目
8   countries])
```

```python
9        sport_medal = {}                                          #项目奖牌字典
10       medal_country = {}                                        #奖牌国家字典
11       for sport in sports:                                      #添加数据
12           group = df[df['项目名'] == sport]                      #筛选项目
13           sport_medal[sport] = {                                #添加对应键值
14        "金牌": group[group["获奖名次"] == "金牌"].shape[0],        #添加金牌数据
15        "银牌": group[group["获奖名次"] == "银牌"].shape[0],        #添加银牌数据
16        "铜牌": group[group["获奖名次"] == "铜牌"].shape[0]}        #添加铜牌数据
17       for medal in medals:                                      #添加数据
18           group = df[df['获奖名次'] == medal]                    #筛选项目
19           medal_country[medal] = {                              #添加对应键值
20        "美国":group[group["国家"] == "美国"].shape[0],            #添加美国数据
21        "中国":group[group["国家"] == "中国"].shape[0],            #添加中国数据
22        "日本":group[group["国家"] == "日本"].shape[0]}            #添加日本数据
23       nodes = [{"name":i} for i in medals]                      #添加奖牌节点
24       nodes += [{"name":i} for i in countries]                  #添加国家节点
25       nodes += [{"name":i} for i in sports]                     #添加项目节点
26       links = [{"source": sport, "target": "金牌",               #添加各类关系
27        "value": sport_medal[sport]["金牌"]} for sport in sports]
28       links += [{"source": sport, "target": "银牌",              #添加各类关系
29        "value": sport_medal[sport]["银牌"]} for sport in sports]
30       links += [{"source": sport, "target": "铜牌",              #添加各类关系
31        "value": sport_medal[sport]["铜牌"]} for sport in sports]
32       links += [{"source": medal, "target": "美国",              #添加各类关系
33        "value": medal_country[medal]["美国"] } for medal in medals]
34       links += [{"source": medal, "target": "中国",
35        "value": medal_country[medal]["中国"] } for medal in medals]
36       links += [{"source": medal, "target": "日本",
37        "value": medal_country[medal]["日本"] } for medal in medals]
38       charts = Sankey(init_opts=opts.InitOpts(theme='light',    #创建桑基图
39           width='600px',height='700px'))                        #设置图片大小
40       charts.add("sankey",nodes,links,pos_left="15%",           #配置细节
41           pos_top="12%", node_gap=10,
42           linestyle_opt=opts.LineStyleOpts(opacity=0.25,        #配置线条细节
43           curve=0.5, color="source"),
44           label_opts=opts.LabelOpts(position="left"))           #配置标签细节
45       charts.set_global_opts(                                   #配置全局细节
46           legend_opts=opts.LegendOpts(is_show=False),           #取消图例显示
47           title_opts=opts.TitleOpts(                            #设置标题
48           title="东京奥运会项目奖牌汇聚国家（美|中|日）"))
49       charts.render("./html/G739.html")                         #生成 HTML 文件
```

程序第 4~37 行，主要功能是数据处理。第 1 步，使用 pandas 打开并读取"参赛运动员数据集.xlsx"文件。第 2 步，统计流入、流出关系的数量，使用循环操作查询对应数据的条数，并制作成可查询的字典列表。第 3 步，制作桑基图的节点，将奖牌、国家名称、运动项目添加到一组由节点字典构成的列表中，完成节点列表的制作。第 4 步，制作桑基图的流入、流出关系，将运动项目到奖牌的流入、流出关系更新到关系字典中，完成关系列表的制作。

程序第 38~49 行，主要功能是使用 pyecharts 进行绘图。第 1 步，创建一个桑基图对象 Sankey，将其作为图表对象，并使用 init_opts 参数设置图表的主题。第 2 步，通过 add() 添加桑基图数据项，设置桑基图的底图为"sankey"，表示默认桑基图，传入桑基图节点和流入、流出关系，并配置图表位置、颜色等参数。第 3 步，全局设置 set_global_opts()，使用 legend_opts 关闭图例显示，并且使用 title_opts 给图表添加一个名为"东京奥运会项目奖牌汇聚国家（美|中|日）"的标题。第 4 步，保存生成的 HTML 文件。

程序运行结果如图 7-58 所示。

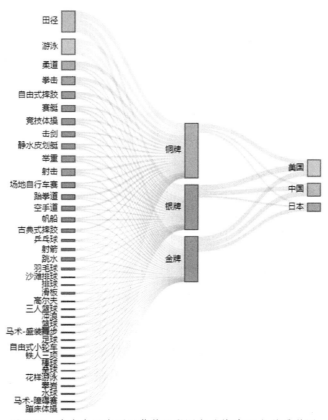

图 7-58　东京奥运会项目奖牌汇聚国家（美|中|日）的桑基图

观察桑基图最左侧节点，可以发现美国、中国、日本在田径、游泳、柔道、拳击、自由式摔跤、赛艇、竞技体操、击剑、举重等项目上获得的奖牌较多，而其余项目相对较少；观察中间节点至最右侧节点的连边的宽度，可以发现金牌较为均匀地分散在美国、中国、日本，而银牌和铜牌则美国占比较大，中国和日本明显较少，尤其是日本的银牌数量明显较少。

（3）中国获奖参赛项目所占比例展示

　　使用圆环图展示中国、中国香港、中国台北的获奖参赛项目所占比例。圆环图（也称为环形图）在功能上与饼图相同，整个环被分成不同的部分，用各个圆弧来表示每项数据所占的比例值。其中心的空白可用于显示其他相关信息，相比于标准的饼图，圆环图提供了更丰富的数据信息输出。程序代码如下。

```
1    import pandas as pd                                          #导入 pandas
2    from pyecharts.charts import Pie                              #导入圆环图
3    from pyecharts import options as opts                         #导入配置
4    df = pd.read_excel("E:\\test\\07\\data\\参赛运动员数据集.xlsx")  #导入数据
5    region_list = ["中国", "中国香港", "中国台北"]                   #区域列表
6    dataItems, pos_xs, pos_ys = [], [], []                        #创建 3 组列表
7    pie = Pie(init_opts=opts.InitOpts(theme='light',              #创建圆环图
8                          width='600px',height='700px'))
9    titles = [dict(                                               #创建大图标题
10       text='2020 年东京奥运会中国获奖参赛项目比例',               #标题名称
11       left='center', top='0%',                                  #标题居中
12       textStyle=dict(color='#000', fontSize=20))]               #文字样式
13   for i, r in enumerate(region_list):                           #循环（处理数据）
14       sortdata = df[df["国家"] == r].groupby('项目名')['项目名']\  #排序数据
15           .count().sort_values(ascending=False)
16       names = sortdata.index.tolist()                           #获得获奖参赛项目名称
17       values = sortdata.values.tolist()                         #获得项目获奖数目
18       dataItem = [list(z) for z in zip(names, values)]          #组合数据
19       dataItems.append(dataItem)                                #添加到列表
20       pos_x = '{}%'.format(int(i / 3) * 30 + 52)                #创建 x 坐标标签
21       pos_xs.append(pos_x)                                      #添加到列表
22       pos_y = '{}%'.format(i % 3 * 30 + 24)                     #创建 y 坐标标签
23       pos_ys.append(pos_y)                                      #添加到列表
24       titles.append(dict(text=r + ' ', left=pos_x, top=pos_y,   #创建圆环图标题
25                       textAlign='center',                       #文字居中
26                       textVerticalAlign='middle',               #垂直居中
27                       textStyle=dict(color='#603d30',           #配置文字颜色
28                       fontSize=12)))                            #配置字体大小
29   for r,d,x,y in zip(region_list,dataItems,pos_xs, pos_ys):     #循环（绘图）
30       pie.add(r,d, center=[x, y],                               #添加数据
31           radius=['8%', '12%'],                                 #控制内、外半径
32           label_opts=opts.LabelOpts(is_show=True,               #显示标签
33           formatter='{b}:{d}%'))
34   pie.set_global_opts(                                          #配置全局选项
35       legend_opts=opts.LegendOpts(is_show=False),               #关闭图例显示
36       title_opts=titles)                                        #配置图表标题
37   pie.render("E:\\test\\07\\html\\G840.html")                   #生成 HTML 文件
```

程序第 6 行，分别创建 dataItems、pos_xs、pos_ys 这 3 个空列表，分别用于存储数据、标题的 x 轴坐标、标题的 y 轴坐标。

程序第 7 行，通过 Pie() 函数创建圆环图对象。

程序第 9～12 行，创建标题列表。先创建整张图片的标题，参数 left 和 top 控制文字显示的坐标，参数填写时可采用百分比或字符串，参数 textStyle 用于设置文字的样式。

程序第 13～28 行，主要功能是数据处理。采用循环结构对"中国""中国香港""中国台北"分别进行数据处理。第 1 步，统计获奖参赛项目，得到获奖参赛项目名称及其计数统计量，通过 zip() 函数将其组成元组添加到 dataItems 列表中。第 2 步，生成 pos_x 和 pos_y 作为标题的坐标数据，添加到对应的 pos_xs 和 pos_ys 列表中。第 3 步，配置标题信息，参数 left 和 top 分别传入生成的 pos_x 和 pos_y，参数 textAlign 表示文字对齐方式，设置为 "center" 居中显示。参数 textVerticalAlign 表示垂直对齐方式，设置为垂直居中对齐。

程序第 29～37 行，主要功能是使用 pyecharts 进行绘图。循环遍历 3 组数据和配置信息，通过 pie.add() 函数绘制圆环图，加载全局设置并关闭图例显示，加载标题信息选项，生成 HTML 文件。

程序运行结果如图 7-59 所示。

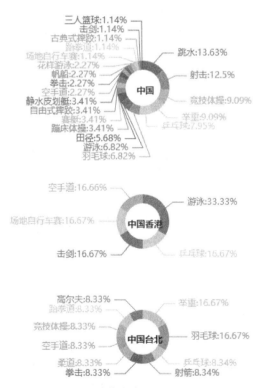

图 7-59　中国获奖参赛项目所占比例的圆环图

从获奖参赛项目的所占比例来看，跳水、射击、竞技体操、举重、乒乓球这 5 类获奖参赛项目占中国队总获奖数的一半多。中国香港队的强项是游泳，中国台北队的强项是举重和羽毛球。

（4）勇夺金牌的时间轴展示

通常展示一组时间序列的数据变化或趋势时会采用折线图。折线图是由笛卡儿坐标系（直角坐标系）、一些点和线组成的统计图，常用来表示数值关于连续时间间隔或有序类别的变化。在折线图中，x轴通常用于表示连续时间间隔或有序类别（比如阶段 1、阶段 2、阶段 3……）；y轴用于表示量化的数据，如果为负值则绘制在 y轴下方；连线用于连接两个相邻的数据点；折线的方向表示正/负变化；折线的斜率表示变化的程度。从数据上看，折线图需要一个连续时间字段或一个分类字段和至少一个连续数据字段。程序代码如下。

```
1   import pandas as pd                                               #导入 pandas
2   from pyecharts import options as opts                             #导入配置
3   from pyecharts.charts import Line                                 #导入折线图
4   df = pd.read_excel("E://test//07//data//参赛运动员数据集.xlsx")      #读取数据
5   y_data = []
6   counter = 0
7   position = ['left', 'right']
8   for idx,row in df[(df['英文缩写']=='CHN') &                        #处理
    (df['奖牌类型']==1)].iterrows():
9       msg = '{bbb|%s}\n{aaa|%s}\n{bbb|%s/%s}' % \                    #标签名
10      (row['获奖时间'][:10],row['运动员'],row['项目名'],row['子项目名称'])
11      l_item = opts.LineItem(
12          name=10,value=counter,symbol='emptyCircle',symbol_size=10,
13          label_opts=opts.LabelOpts(
14              is_show=True,font_size=16,position=position[counter % 2],   #显示标签
15              formatter=msg,
16              rich={'aaa': {'fontSize': 18,'color': 'red',          #格式参数配置
17                          'fontWeight': 'bold',
18                          'align': position[(counter + 1) % 2]},
19                  'bbb': {'fontSize': 15,'color': '#000',           #格式参数配置
20                          'align': position[(counter + 1) % 2]}}))
21      y_data.append(l_item)
22      counter += 1                                                   #技术序号
23  line = Line(init_opts=opts.InitOpts(theme='light',width='1000px',\ #绘图
24  height='2000px',bg_color='white'))                                 #设置高、宽颜色
25  line.add_xaxis(['CHN'])                                            #添加 x 轴数据
26  line.add_yaxis('',y_data,                                          #添加 y 轴数据
27      linestyle_opts={                                               #设置折线图
28          'normal':{'width':4,'color':'red',                         #配置样式参数
29              'shadowColor':'rgba(155,18,184,.3)',
30              'shadowBlur':10,'shadowOffsetY':10,
```

31	`'shadowOffsetX':10}},`	
32	`itemstyle_opts={`	#配置数据参数
33	`'normal':{'color': 'red',`	
34	`'shadowColor': 'rgba(155, 18, 184, .3)',`	
35	`'shadowBlur': 10,'shadowOffsetY': 10,`	
36	`'shadowOffsetX': 10}},`	
37	`tooltip_opts=opts.TooltipOpts(is_show=False))`	#配置工具参数
38	`line.set_global_opts(`	#设置全局参数
39	`xaxis_opts=opts.AxisOpts(is_show=False, type_='category'),`	#x轴参数
40	`yaxis_opts=opts.AxisOpts(is_show=False, type_='value',`	#y轴参数
41	`max_=len(y_data)),`	
42	`title_opts=opts.TitleOpts(title="夺金时刻",pos_top='2%',`	#标题参数
43	`pos_left='center',`	
44	`title_textstyle_opts=\`	
45	`opts.TextStyleOpts(color='red',font_size=20)))`	#文字参数
46	`line.render("E://test//07//html//G841.html")`	#保存结果

程序第 4~22 行，主要功能是数据处理。第 1 步，使用 pandas 打开并读取"参赛运动员数据集.xlsx"文件。第 2 步，筛选出中国队和奖牌类型为金牌的数据并对其进行遍历。第 3 步，msg 变量以字符串形式存储参赛运动员的获奖信息，配置 opts.LineItem()函数，该函数用于生成折线图的数据项，其中 name 表示名称，value 表示数量，symbol 表示形状标记，symbol_size 表示形状标记的大小，label_opts 表示标签的配置选项。

程序第 23~46 行，主要功能是使用 Line()进行绘图。第 1 步，通过 Line()创建一个折线图对象 line，并配置对应的初始化参数。第 2 步，通过 line.add_xaxis()添加 x 轴的数据。第 3 步，通过 line.add_yaxis()添加 y 轴的数据，第 1 个参数为序列名称，传入空字符串则不做处理，第 2 个参数为传入序列，传入处理后的 y_data 数据项，之后对参数项进行配置，包括 linestyles_opts（折线样式参数）、itemstyle_opts（数据项样式参数）和 tooltip_opts（工具参数）。第 4 步，通过 line.set_global_opts()配置全局参数，对坐标轴选项设置控制 is_show 等参数，完成坐标轴的隐藏。对标题参数进行设置，包括居中、位置调整以及文字样式调整。第 5 步，生成 HTML 文件。

程序运行结果如图 7-60 所示。

3．可视化看板的组合

在 pyecharts 中，使用组合插件可以实现对图表的组合，从而构建一个多图展示的可视化看板。这需要将每个图表的代码转化为函数，返回对应的图表类。以第一幅横向堆叠柱状图为例，定义完函数名后，使用"->"映射到 pyecharts 的柱状图 Bar。在函数的结束部分，不需要通过 render 生成 HTML 文件，而是通过 return 返回创建的图表。函数化柱状图的程序代码如下。

1	`def bar_medals()->Bar:`
2	`df = pd.read_excel("./data/奖牌榜单数据集.xlsx")`
3	`df = df.sort_values(by="奖牌总数",axis=0,ascending=False)`

4	`nation = df['国家名称'].values[:10][::-1].tolist()`
5	`gold = df['金牌'].values[:10][::-1].tolist()`
6	`silver = df['银牌'].values[:10][::-1].tolist()`
7	`copper = df['铜牌'].values[:10][::-1].tolist()`
8	`bar = Bar(init_opts=opts.InitOpts(width='1000px',height='600px'))`
9	`bar.add_xaxis(nation)`
10	`bar.add_yaxis('金牌', gold, stack='stack1',category_gap="50%",color="#e5b751")`
11	`bar.add_yaxis('银牌', silver, stack='stack1',category_gap="50%",color="#f1f0ed")`
12	`bar.add_yaxis('铜牌', copper, stack='stack1',category_gap="50%",color="#fed71a")`
13	`bar.set_series_opts(label_opts=opts.LabelOpts(is_show=False))`
14	`bar.set_global_opts(title_opts=opts.TitleOpts(title="东京奥运会奖牌榜 Top10"))`
15	`bar.reversal_axis()`
16	`return bar`

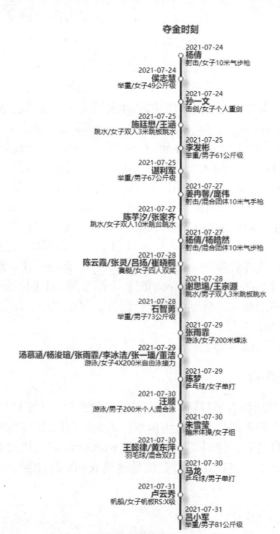

图 7-60　中国运动员获得金牌的时刻表

函数化图表完成后，可以进行组合图表的操作。组合图表也以函数形式表示。所有图表函数化之后，可以通过主函数来生成组合图表和配置组合图表。程序代码如下。

```
1      from pyecharts.charts import *                      #导入所有图表库
...    #图表函数化的过程（此处省略）...
155    def pageCharts():                                   #定义页面函数
156        page = Page(page_title="2020年东京奥运会数据可视化",  #配置页面标题
157            layout=Page.DraggablePageLayout)            #配置页面布局
158        page.add(                                       #添加绘制图表
159            timeline(),                                 #时间轴
160            sankey_chart(),                             #桑基图
161            bar_medals(),                               #堆叠柱状图
162            pie_china())                                #圆环图
163        page.render("./html/G742.html")                 #生成HTML文件
164    if __name__ == '__main__':                          #主函数
165        if os.path.exists("./html/G742.html") is False: #判定有无HTML文件
166            page = pageCharts()
167    if os.path.exists("./html/chart_config.json") is False:  #判定有无配置文件
168        print("当前无配置文件等待添加")
169    else:
170        a = Page.save_resize_html(source='./html/G742.html',  #加载原始HTML文件
171            cfg_file='./html/chart_config.json',        #加载配置文件
172            dest='./html/743.html')                     #生成新的HTML文件
```

程序第155～163行，组合图表函数的过程。第1步，创建一个Page对象，在layout中设置布局方式，这里采用拖曳布局（DraggablePageLayout）。第2步，通过add()添加图表函数，添加上述图表，添加顺序等同于图表的覆盖上下位置关系，可以根据实际情况进行调整。第3步，生成并保存HTML文件。

程序第164～172行，该部分代码是主函数语句，调用函数生成组合图表HTML文件，通过人工调整得到配置文件后，再次运行得到配置完成的可视化看板HTML文件。

主函数的逻辑和注意事项如下。

（1）调用os检测组合页面HTML文件是否存在，如果不存在，则调用组合函数生成HTML文件；如果存在，则检查配置文件是否存在，如果配置文件不存在则会显示需要添加配置文件，如果配置文件存在则会根据配置文件生成新的HTML文件。

（2）pyecharts每次生成的HTML文件是有独立ID的，新生成的组合HTML文件可能和旧的配置文件无法匹配成功。因此，使用os检测，可以防止新的HTML文件覆盖的问题。

（3）文件名不一致容易引发错误。程序运行时，需要两次调用主函数，第1次调用主函数会加载pageCharts()函数生成组合图表HTML文件。所有图表都可以进行拖曳排版，调整为前期看板设计的状态，单击左上方的"Save Config"按钮可生成配置文件config.json，如图7-61所示。

config.json文件的路径要和组合图表HTML文件所在的路径一致，将config.json文件放入test/07/html文件夹中。第2次调用主函数将得到加载配置文件后新生成的HTML文件，如图7-62所示。

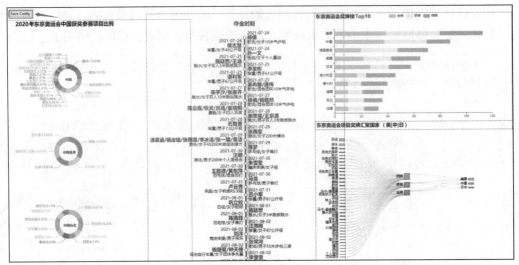

图 7-61　拖曳排版大屏

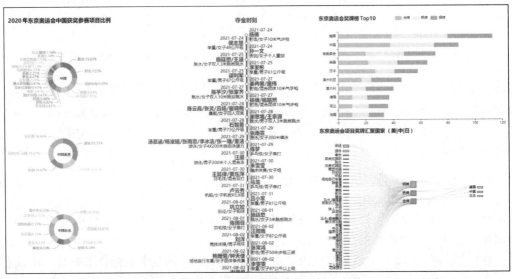

图 7-62　东京奥运会奖牌数据可视化大屏

本案例应用 pyecharts 分析了 2020 年东京奥运会的奖牌获奖数据的情况。pyecharts 作为 Python 可视化库中一款广受欢迎的开源项目,使读者在学到一些有趣的数据处理技巧时,还能够让数据可视化的门槛得以降低。读者可以通过 pyecharts 工具体会到很多可视化工作的流程和元素,并吸收相关知识,达到学以致用的目的。

7.5　本章小结

本章从数据可视化的概述入手,介绍了数据可视化的定义、发展历程和作用,讨论了数据可视化的理论基础,讲述了数据可视化的流程、设计要素、基础图表以及常见工具的相关知识。本章的核心目的是采用理论和实践相结合的方式,并辅以两个综合数据可视化案例融会贯通众多知识点,使读者熟练掌握使用 Python 进行数据可视化的方法和技巧,为读者的数据可视化理论和技能提升奠定基础。

7.6 习题

1. 什么是数据可视化？数据可视化的作用是什么？
2. 数据可视化发展历程分为哪几个阶段？
3. 简述数据可视化的流程和设计原则。
4. 列举一些常用的数据可视化工具和软件。
5. 常见的数据可视化图表有哪些？简述各种图表的特点和适用场景。
6. 结合网络热点新闻采集相关数据，使用学习到的数据可视化方法进行可视化并对图表进行分析。

参考文献

[1] 崔贯勋. Python 程序设计基础[M]. 北京：清华大学出版社，2021.

[2] 嵩天，礼欣，黄天羽. Python 语言程序设计基础[M]. 北京：高等教育出版社，2017.

[3] 易建勋. Python 应用程序设计[M]. 北京：清华大学出版社，2021.

[4] 达恩·巴德尔. 深入理解 Python 特性[M]. 孙波翔，译. 北京：人民邮电出版社，2019.

[5] 黄源，涂旭东. 数据清洗[M]. 北京：机械工业出版社，2020.

[6] 韦斯·麦金尼. 利用 Python 进行数据分析[M]. 徐敬一，译. 2 版. 北京：机械工业出版社，2018.

[7] IDRIS. Python 数据分析基础教程：NumPy 学习指南[M]. 张驭宇，译. 2 版. 北京：人民邮电出版社，2014.

[8] 林子雨. 大数据导论[M]. 北京：人民邮电出版社，2020.

[9] 米洪，张鸰. 数据采集与预处理[M]. 北京：人民邮电出版社，2019.

[10] 林子雨. 数据采集与预处理[M]. 北京：人民邮电出版社，2022.

[11] 陈为，沈则潜，陶煜波. 数据可视化[M]. 2 版. 北京：电子工业出版社，2019.

[12] 雷婉婧. 数据可视化发展历程研究[J].电子技术与软件工程，2017(12): 195-196.

[13] WARE C. Information Visualization[M]. San Francisco: Morgan Kaufmann, 2004.

[14] 马里奥·多布勒，蒂姆·高博曼. Python 数据可视化[M]. 李瀛宇，译. 北京：清华大学出版社，2020.

[15] 杜小勇. 数据科学与大数据技术导论[M]. 北京：人民邮电出版社，2021.

[16] 冯登国. 大数据安全与隐私保护[M]. 北京：清华大学出版社，2018.

[17] 王瑞民. 大数据安全：技术与管理[M]. 北京：机械工业出版社，2021.

[18] 宋吉鑫，魏玉东. 大数据伦理学[M]. 沈阳：辽宁人民出版社，2021.

[19] 李伦. 人工智能与大数据伦理[M]. 北京：科学出版社，2018.

[20] 张梅芳，李蓉. 大数据鸿沟的伦理风险治理研究[J]. 编辑学刊，2022(3): 68-73.